Werner Erhard / Michael Gutzmann

ASL – Portable Programmierung
massiv paralleler Rechner

ASL – Portable Programmierung massiv paralleler Rechner

Von Prof. Dr.-Ing. Werner Erhard
und Dr.-Ing. Michael M. Gutzmann,
Universität Jena

unter Mitwirkung
von Dipl. Inf. Uwe Heise
und Dipl. Inf. Uwe Henkelmann,
Universität Erlangen-Nürnberg

Springer Fachmedien Wiesbaden GmbH 1995

Prof. Dr.-Ing. Werner Erhard

Geboren 1949 in Nürnberg. Studium der Mathematik von 1968 bis 1974, Promotion 1986 und Habilitation im Fachgebiet Rechnerarchitektur 1990 in Erlangen. 1991 bis 1993 Professur für Verteilte Systeme an der Universität Ulm. Seit 1993 Inhaber des Lehrstuhls Rechnerarchitektur und -kommunikation an der Friedrich-Schiller-Universität Jena.

Dr.-Ing. Michael M. Gutzmann

Geboren 1964 in Drensteinfurt. Studium der Informatik von 1983 bis 1988 in Erlangen, dort wiss. Mitarbeiter am Lehrstuhl für Rechnerarchitektur und Verkehrstheorie von 1989 bis 1993 mit Promotion 1993. Wiss. Assistent seit 1993 am Lehrstuhl für Rechnerarchitektur und -kommunikation in Jena.

Die Deutsche Bibliothek – CIP-Einheitsaufnahme

Erhard, Werner:
ASL : portable Programmierung massiv paralleler Rechner /
von Werner Erhard ; 3001. Unter der Mitw. von Uwe Heise und
Uwe Henkelmann. – Stuttgart : Teubner, 1995

ISBN 978-3-519-02294-7   ISBN 978-3-322-94716-1 (eBook)
DOI 10.1007/978-3-322-94716-1

NE: Gutzmann, Michael M.:

Vorwort

Dieses Buch ist im Rahmen des PEPSIM-Projekts (Performance Evaluation of Parallel Synchronous Instruction Modells) am Lehrstuhl für Rechnerarchitektur und Verkehrstheorie der Universität Erlangen-Nürnberg entstanden.

Auf der Basis der Dissertationen von Dr. Ing. K. Thalhofer und Dr. Ing. A. Strey wurden von Dipl. Inf. X. Xiong, Dipl. Inf. W. Gellerich, Dipl. Inf. U. Heise und Dipl. Inf. U. Henkelmann vier Diplomarbeiten durchgeführt, deren Ziel die Konzeption, der Entwurf und die Validierung einer neuartigen Programmiersprache für massiv parallele leistungsstarke Parallelrechner war.

Als Ergebnis dieser Arbeiten entstand die Sprache ASL (Algorithm Specification Language). In diesem Buch werden unter großem Einsatz und wertvoller Mithilfe von Herrn U. Heise und U. Henkelmann neben der Sprache ASL auch die wissenschaftlichen Grundlagen, die konzeptionellen Hintergründe und die wichtigsten Entwurfskriterien in detaillierter Form präsentiert.

Mit ASL wird ein Vorschlag zur Standardisierung von Programmiersprachen für eine große Klasse von Parallelrechnern erarbeitet. Bei diesem wird insbesondere auf die Portierbarkeit und Skalierbarkeit der Programme Wert gelegt. Von Bedeutung ist auch die automatische Transformation der Programme. Eine Vielzahl praxisnaher Beispiele runden die Thematik dieses Buchs ab.

Das vorliegende Werk ist interessant für Wissenschaft, Forschung und Lehre, da elementare mathematische Problemstellungen auf abstrakte Weise behandelt werden. Mit der hardwareunabhängigen Betrachtung von konkreten Problemen werden zusätzlich die Anwender aus nahezu allen ingenieurswissenschaftlichen Bereichen angesprochen.

Die Terminologie 'massiv paralleler Rechner' bezeichnet im klassischen Sinn Rechner mit 1024 und mehr Prozessoren, vorzugsweise synchrone SIMD-Rechnertypen (Single Instruction Multiple Data). Dieser Konvention folgt auch das vorliegende Buch. Neuerdings werden bereits Rechner ab 8 Prozessoren als 'massiv parallel' deklariert, meistens asynchrone MIMD-Rechnertypen (Multiple Instruction Multiple Data). Die Entwurfsprinzipien von ASL (und damit auch die Algorithmusbeschreibungen in ASL) sind unabhängig vom Rechnertyp. Die Transformationsregeln für ASL sind Teil des Compilers, daher sind viele dieser Regeln abhängig vom Rechnertyp. Asynchrone Rechner verlangen zahlreiche und umfangreiche Transformationsregeln, synchrone Rechner nur eine (echte) Teilmenge davon.

Jena, im Herbst 1994

Werner Erhard
Michael M. Gutzmann

Inhaltsverzeichnis

Kapitel 1

Einleitung

Die Programmierung verschiedener Parallelrechner bereitet bei dem gegenwärtigen Stand der Entwicklung erhebliche Schwierigkeiten. In der Regel muß beim Wechsel auf einen anderen Rechner auch eine andere Programmiersprache verwendet werden. Der Benutzer ist somit gezwungen, ein weiteres Programm für die gleiche Problemstellung zu schreiben. Dieses verletzt die wesentliche, an moderne Programmiersprachen gestellte Forderung der *Portabilität*. Das heißt: Die in einer parallelen Sprache entwickelten Programme sind ohne größeren Aufwand nicht auf andere Rechnertypen übertragbar.

1.1 Motivation

Häufig erfordert bereits die Änderung einer Problemgröße auch Änderungen am zugehörigen Programm. In einfachen Fällen sind Anpassungen innerhalb des vorhandenen Programms ausreichend. Diese können jedoch aufgrund der verschiedenen strukturellen Anforderungen der unterschiedlichen Problemgrößen zu Leistungseinbußen führen. So kann es passieren, daß bei aufwendigeren Problemstellungen ein vollständig neues Programm erstellt werden muß. Die für Parallelrechner erstellten Programme können in der Regel nicht unterschiedlichen Problemgrößen angepaßt werden.

Diese Programme sind weder flexibel, noch anpaßbar, portabel oder skalierbar. Sie werden abhängig von der vorgegebenen Problemgröße individuell für den zur Verfügung stehenden Parallelrechner entwickelt. Dadurch erfolgt eine sehr starke Bindung des Programms an die spezifischen Hardware-Eigenschaften des jeweiligen Rechners.

Dieser Eindruck wird bei Betrachtung der Veröffentlichungen zu diesem Themenbereich noch verstärkt. Die meisten Artikeln befassen sich mit dem Entwurf paralleler Programme zur Lösung spezieller Probleme auf einer bestimmten Architektur. Des öfteren wird neben dem zur Lösung eines speziellen Problems notwendigen Programms zusätzlich eine passende parallele Architektur entwickelt. Es erfolgt somit eine starke Bindung an eine spezifische Architektur. Durch dieses Vorgehen kann aus vielen Ansätzen aufgrund der Spezialisierung kein Nutzen für die Entwicklung einer allgemeinen Vorgehensweise bei der Programmierung von Parallelrechnern gezogen werden.

Dieser Zustand ist aus wissenschaftlicher Sicht nicht vertretbar. Die Bindung der Software-Entwicklung an die speziellen Eigenschaften einer bestimmten Klasse von Parallelrechnern entspricht nicht dem aktuellem Entwicklungsstand. Die heute bei der Programmierung zur Verfügung stehenden Möglichkeiten müssen auch zur Erstellung adaptiver, skalierbarer, portierbarer und flexibler Programme für Parallelrechner ausreichen.

Da diese Art der Programmierung für jeden Rechnertyp eine Anpassung vorhandener Programme – beziehungsweise die Erstellung von neuen Programmen – notwendig macht, steht der Aufwand für die Programmierung und Wartung der Programme in keinem wirtschaftlichen Verhältnis zu deren Leistung.

Zur Beseitigung dieser ungünstigen Situation existieren vielfältige Überlegungen. Der im Folgenden vorgestellte Ansatz entstand im Rahmen des PEPSIM–Projekts (PEPSIM: *Performance Evaluation of Parallel Synchronous Instruction Models*) am Lehrstuhl für Rechnerstrukturen und Verkehrstheorie an der Friedrich-Alexander-Universität Erlangen-Nürnberg.
Das Ziel dieses Projekts ist eine neue Vorgehensweise bei der Programmierung von Parallelrechnern und die Entwicklung einer dazu notwendigen, abstrakten und von der Hardware unabhängigen Programmiersprache. Dabei erfolgt die automatische Generierung von effizienten Programmen für die verschiedenen Klassen von Rechnerstrukturen aus einer rechnerunabhängigen Problembeschreibung.
Bei diesem Vorgehen ist die effektive Algorithmisierung des vorgegebenen Problems die zentrale Aufgabe. Mit Hilfe des zu erstellenden Programms muß jetzt die ideale Abbildung des zu behandelnden Problems auf die zur Verfügung stehende Hardware gefunden werden.

Dieser Ansatz ermöglicht mit Hilfe einer mathematischen Notation, ein gegebenes Problem unabhängig von speziellen Hardware-Eigenschaften zu beschreiben. Aus dieser rechnerunabhängigen Beschreibung wird in einem ersten Schritt mit Hilfe der zur Verfügung stehenden Werkzeuge ein effektiver Algorithmus erzeugt, welcher an keine spezifische Hardware gebunden ist. Die Bindung an einen bestimmten Rechner erfolgt erst in den nächsten Bearbeitungsschritten. Da diese Vorgänge beliebig oft wiederholbar sind, kann eine einmal erstellte Problembeschreibung ohne zusätzliche Änderungen auf beliebig viele verschiedene Rechnerstrukturen abgebildet werden.

Im Gegensatz zu dem bisherigen Vorgehen bei der Programmierung von Parallelrechnern werden jetzt Programme erstellt, die sowohl flexibel, portabel, adaptiv als auch skalierbar sind. Die für die effiziente und effektive Nutzung von leistungsstarken Architekturen notwendige individuelle Anpassung der Problembeschreibung erfolgt dabei automatisch durch die zur Verfügung gestellten Werkzeuge.

1.2 Klassifizierung

Die in diesem Abschnitt vorgestellte Klassifizierung ist an die Ergebnisse der Arbeit von Gellerich angelehnt, die im Rahmen des PEPSIM-Projekts durchgeführt wurde [Gel93]. Dort wird eine Vielzahl implementierter paralleler Programmiersprachen bezüglich ihrer Eigenschaften untersucht, bewertet und aufgrund ihrer Art der Unterstützung der Parallelverabeitung in verschiedene Klassen eingeteilt. Abbildung 1.1 enthält einen Ausschnitt der Klassifizierung. In diesem Schema ist die im folgenden vorzustellende Sprache ASL besonders hervorgehoben.

Sprachen mit impliziter Parallelität		
	Sequentielle Sprachen mit parallelisierendem Compiler	: Cyber-200-Fortran [Per88] : CFT [Per88]
	Datenflußsprachen	: VAL [McG82] : Sisal [MSA$^+$85]
	Logik-basierte Sprachen	: Concurrent Prolog [Sha88] : Guarded Horn Clauses [Ued88]
	Spezifikationssprachen	: **ASL** [Xio92], [Hei92] : Crystal [Che86a]
Sprachen mit expliziter Parallelität		
	Sequentielle Sprachen mit parallel implementierten Operatoren	: DAP-Fortran [FST89]
	Sprachen mit parallelen Kontrollstrukturen	
		Bezug auf Maschinendetails : CFD [Ste75] : Glypnir [LLBR75]
		Bezug auf ein Maschinenmodell : Parallaxis [Bra90] : Occam [DU87]
	Sprachen mit Konstrukten zur Darstellung von Parallelität in den Algorithmen	: Modula-2* [TH90] : Actus [Per79]
	Sprachen mit Prozessen oder Coroutinen	: Ada [Dei84] : Modula-2 [Wir85]

Abbildung 1.1: Klassifizierung von Parallelrechnersprachen

Die kommende Darlegung der Eigenschaften bezieht sich auf die Klassifikation aus Abbildung 1.1. Neben einer kurzen Charakterisierung der einzelnen Klassen von Sprachen erfolgt zusätzlich eine Beurteilung der wesentlichen Eigenschaften.

1.2.1　Sprachen mit impliziter Parallelität

Sequentielle Sprachen mit parallelisierendem Compiler

Hierbei handelt es sich um sequentielle Sprachen, die durch den Compiler an die Anforderungen der parallelen Programmierung angepaßt werden. Dies heißt insbesondere, daß bestimmte Anweisungen bei der Übersetzung automatisch vektorisiert beziehungsweise parallelisiert werden.

Bewertung: Der Vorteil dieser Sprachen ist die Verwendung bereits vorhandener Software und der damit verbundene geringe Einarbeitungsaufwand. Dem gegenüber stehen ein aufwendiger Compiler und Algorithmen, die die Ressourcen eines Parallelrechners in der Regel nur schlecht ausnutzen. Hinzukommt, daß der Programmierer einen Programmierstil verwenden muß, der den Forderungen einer strukturierten Programmierung widerspricht.

Datenflußsprachen

Bei diesen Sprachen wird die Ausführungsreihenfolge nur durch die Datenabhängigkeiten des Problems festgelegt. Eine Operation kann erst dann ausgeführt werden, wenn bereits alle notwendigen Operanden vorliegen. Die Syntax und Semantik sind so gewählt, daß durch die Notation keine zusätzlichen Datenabhängigkeiten eingeführt werden. Dadurch wird keine nur durch die Notation bedingte Ausführungsreihenfolge festgelegt.

Bewertung: Durch die von der Ausführungsreihenfolge unabhängige Darstellung sind einfache Analysen und Transformationen möglich. Weitere Vorteile sind der klare Programmierstil und die unbegrenzte Skalierbarkeit eines Problems. Durch die Bindung an das Single-Assignment-Prinzip (siehe Kapitel 3.4.1) kann einem Bezeichner während des gesamten Programms nur ein Wert zugewiesen werden. Durch diese eindeutige Verwendung von Bezeichnern treten bei der Zuweisung von Werten keine unerwünschten Nebenwirkungen auf. Aufgrund des neuartigen Programmierstils bedarf es zum einen einer intensiven Einarbeitung und zum anderen ist keine Portierung vorhandener sequentieller Programme möglich. Die Verbreitung dieser Sprachen wird zusätzlich durch Hardware–Probleme gebremst.

Logik-basierte Sprachen

Diese Sprachen basieren auf einem durch die Aussagenlogik festgelegten mathematischen Modell. Der Vorteil für die Parallelverarbeitung ist, daß dieses mathematische Modell keine Vereinbarungen über die Ausführungsreihenfolge der Befehle vorgibt.

Bewertung: Diese Sprachen zeichnen sich durch ein besonders hohes Abstraktionsniveau sowohl bei seriellen als auch bei parallelen Programmen aus. Da kein bestimmtes Maschinenmodell zugrunde gelegt wurde, ist eine gute Portierbarkeit garantiert. Der Nachteil dieser Sprachen liegt in ihren begrenzten Einsatzmöglichkeiten. Viele ingenieurwissenschaftliche und mathematisch-technische Aufgabenstellungen lassen sich nur bedingt formulieren. Weitere Probleme treten bei der Umwandlung von seriellen in parallele Programme auf.

Spezifikationssprachen
Bei diesen Sprachen erfolgt eine mathematische Formulierung des zu beschreibenden Problems mit Hilfe einer häufig verwendeten mathematischen Notation. Bei der Problembeschreibung braucht der Benutzer nur die numerischen Abhängigkeiten zwischen den einzelnen vorkommenden Größen festzulegen. Die Abbildung der mathematischen Beschreibung auf eine gegebene Architektur wird vollständig dem zur Implementierung verwendeten System überlassen.
Bewertung: In Analogie zu den Datenflußsprachen arbeiten diese Sprachen nach dem Single-Assignment-Prinzip, wodurch bei der Verwendung von Bezeichnern keine Nebeneffekte auftreten können. Ein weiterer Vorteil ist die für den natur- oder ingenieurwissenschaftlichen Anwender bekannte Notation, die wenig Einarbeitung erfordert. Aufgrund dieser Vorteile erscheint die Klasse der Spezifikationssprachen als die am meisten geeignete Form der parallelen Programmierung.

1.2.2 Sprachen mit expliziter Parallelität

Sequentielle Sprachen mit parallel implementierten Operatoren
Die Basis dieser Sprachklasse wird durch bereits vorhandene sequentielle Sprachen gebildet. Damit die Resourcen von Parallelrechnern ausgenutzt werden können, erfolgt eine Erweiterung der Sprachen um spezielle Operatoren und Datenstrukturen. In der Regel handelt es sich hierbei um Erweiterungen für die Verarbeitung von Vektoren und Matrizen.
Bewertung: Diese Sprachen lassen sich leicht implementieren und erlernen. Da die sequentielle Sprache nur erweitert wurde, ist eine Anpassung der seriellen Programme an die Parallelverarbeitung mit nur geringem Aufwand möglich. Der Nachteil dieser Portierungen ist in der Regel eine schlechte Auslastung des Parallelrechners. Da bei diesen Ansätzen ein bestimmtes Rechnermodell als Basis verwendet wird, sind die Programme nicht portierbar. Durch das Aufsetzen auf eine sequentielle Sprache bleiben außerdem die die Parallelverarbeitung störenden Eigenschaften der sequentiellen Sprache erhalten.

Sprachen mit parallelen Kontrollstrukturen
Neben den Operatoren und Datenstrukturen der oben vorgestellten Klasse werden hier Kontrollstrukturen eingeführt, die die Parallelverarbeitung unterstützen. Diese Kontrollstrukturen können sich auf ein Maschinenmodell oder auf Maschinendetails beziehen. Im ersten Fall wird ein Klasse von Parallelrechnern – zum Beispiel die Feldrechner – abgedeckt. Im zweiten Fall erfolgt die individuelle Anpassung an eine spezielle Maschine.
Bewertung für Verwendung von Maschinendetails: Diese Sprachen ermöglichen die Erstellung von effektiven Programmen, für deren Umsetzung nur einfache Compiler und keine Transformationen benötigt werden. Da die Abbildung auf die Hardware die Aufgabe des Programmierers ist, sind gute Kenntnisse der Architektur notwendig. Tatsächlich werden Programme erstellt, die weder skalierbar noch portabel sind.

Bewertung für Verwendung eines Maschinenmodells: In Analogie zu der Verwendung von Maschinendetails ist es möglich, mit einfachen Compilern effektiven Code zu erzeugen. Der Vorteil dieser Sprachklasse besteht darin, daß keine konkreten Maschinenkenntnisse notwendig sind. Neben einem hohen Abstraktionsniveau bieten die Programme zusätzlich die Portabilität innerhalb der durch das Rechnermodell vorgegebenen Klasse. Dem gegenüber steht ein hoher Einarbeitunsgsaufwand und ein erheblicher Effizienzverlust durch die automatische Abbildung auf die physikalische Topologie.

Sprachen mit Konstrukten zur Darstellung von Parallelität in Algorithmen

Im Gegensatz zu den bisher vorgestellten Sprachklassen ist hier die parallele Struktur der Hardware nicht der Ausgangspunkt der Überlegungen. Bei der Entwicklung steht die Frage im Vordergrund, welche Strukturen des Algorithmus parallel ausgeführt werden können. Die für die Darstellung dieser Art paralleler Verarbeitung notwendigen Konstrukte werden in die als Basis verwendete sequentielle Programmiersprache aufgenommen.

Bewertung: Bei dieser Art von Sprachen sind bei der Erstellung von Programmen keine Hardwarekenntnisse notwendig. Die Programme bieten einen hohen Grad an Portabilität und sind gut skalierbar. Da nur die parallelisierbaren Teile eines Programms angeben werden müssen, besteht die Aufgabe des Benutzers darin, diese selber zu ermitteln. Neben diesem erheblichen Aufwand ist die Verwendung der notwendigen komplexen Compiler ein weiterer Nachteil.

Sprachen mit Prozessen oder Coroutinen

Diese Art der Parallelverabeitung stammt aus dem Bereich der Betriebssysteme und ermöglicht eine sehr grobkörnige Parallelität.

Bewertung: Der Vorteil dieser Sprachen liegt in den bereits vorliegenden theoretischen Untersuchungen und Implementierungen. Der Nachteil dieser Sprachen ist der durch Effizienzüberlegungen stark eingeschränkte Einsatzbereich. Da das Umschalten zwischen den einzelnen Prozessen beziehungsweise Coroutinen viel Zeit kostet, empfiehlt sich ein Einsatz nur bei Problemen mit grobkörniger Parallelität.

1.3   Prinzipien der parallelen Programmierung

Ein Großteil der gerade vorgestellten Programmiersprachen hat den Nachteil, daß die meisten Aufgaben der parallelen Programmierung durch den Benutzer ausgeführt werden müssen. Neben der Beschreibung der Problemstellung ist er auch für die in der Regel aufwendige Abbildung des Problems auf eine bestimmte Rechnerarchitektur zuständig.

Diese Situation kann durch ein **Transformations-Compiler-System** verbessert werden, welches mit Ausnahme der Problembeschreibung alle Aufgaben der parallelen Programmierung automatisch durchführt. Dafür ist die **exakte Trennung von**

paralleler (räumlicher) und sequentieller (zeitlicher) Problematik bei der Erstellung der Problembeschreibung notwendig. Dadurch können bei der Festlegung der Anforderungen und Abhängigkeiten keine die Parallelverarbeitung erschwerenden künstlichen Zeitabhängigkeiten entstehen.

Die Ursache für diese Situation ist die historische Entwicklung der parallelen Sprachen aus der Klasse der sequentiellen Sprachen, denn im Gegensatz zur parallelen Progammierung ist die in einem abstrakten Algorithmus enthaltene Parallelität bei der sequentiellen Programmierung nicht von Interesse. Dadurch werden viele nicht für die Darstellung von Parallelität geeignete Konstrukte in die parallele Programmiersprache übernommen.

Für die Erzeugung von effizientem parallelen Programmcode ist jedoch eine exakte Darstellung der in einem abstrakten Algorithmus enthaltenen Parallelität notwendig. Dazu müssen die zu einem Informationsverlust führenden Strukturen der sequentiellen Programmierung aus der parallelen Sprache entfernt werden. Diese *transformationsbehindernden Strukturen* können in folgende Kategorien eingeteilt werden:

- Durch die *notationelle Sequentialisierung* wird die Ausführungsreihenfolge aufgrund der Reihenfolge der Anweisungen im Programmtext festgelegt.

- Konzepte, die unnötige Datenabhängigkeiten einführen oder die Analyse der tatsächlich vorhandenen Abhängigkeiten erschweren. Dazu gehören mehrfache Wertzuweisungen an Variablen, die Verwendung globaler Variablen, Unterprogramme, Operatoren mit Seiteneffekten, Zeiger, sowie Konstrukte für die Ablage mehrerer Variablen am gleichen Speicherplatz.

- Unzureichende Möglichkeiten zur Darstellung von Iterationen. Eine μ-rekursive Schleife – wie das `while` in C – ist aus berechenbarkeitstheoretischer Sicht ausreichend, um alle Arten der Iteration zu programmieren. Spezielle Unterklassen der allgemeinen Iteration sind aber parallel ausführbar und daher zur Darstellung der Parallelität erforderlich.

Falls die Sprache transformationsbehindernde Strukturen enthält, muß die Information über die parallele Ausführbarkeit – soweit überhaupt noch möglich – durch aufwendige Analysen wiederbeschafft werden.

1.4 Die wesentlichen Entwurfsziele von ASL

Bei der Entwicklung von ASL stand die automatische Generierbarkeit von effektivem Programmcode im Vordergrund. Neben einer einfachen Analyse sind hierfür Transformationen für die Abbildung auf eine bestimmte Rechnerarchitektur notwendig. Die Erfahrungen mit sequentiellen Sprachen, die einen parallelisierenden Compiler besitzen, haben gezeigt, daß dann in ASL keine *transformationsbehindernden Strukturen* vorkommen dürfen.

In Verbindung mit dem **Single-Assignment-Prinzip** führt dieser Verzicht bei den Datenflußsprachen zu positiven Ergebnissen. Bei dieser Art von Sprachen ist die Darstellung der existierenden Abhängigkeiten ohne die Verwendung künstlicher Abhängigkeiten möglich. Neben vielen anderen Spezifikationssprachen nutzt auch ASL den Vorteil dieses Prinzips, so daß bei der Zuweisung eines Wertes zu einer Variablen keine Nebeneffekte auftreten können.

Im Gegensatz zu den Datenflußsprachen wird bei ASL jedoch das Single-Assignment-Prinzip in der Transformationsphase aufgehoben. Dadurch kann eine Variable innerhalb des aus einer ASL-Beschreibung erzeugten Programmcodes mehrfach verwendet werden. Somit erfolgt auch die sonst oft dem Benutzer überlassene Variablenoptimierung automatisch. Durch dieses Vorgehen können einige zu der schweren Implementierbarkeit von Datenflußsprachen führende Nachteile umgangen werden.

Durch ihr hohes Abstraktionsniveau ermöglichen die Datenflußsprachen die Erstellung von größen- und architekturunabhängigen Beschreibungen; sie kommen also den obigen Forderungen am nächsten. Nachteilig sind die aufwendigen Transformationen und die Unentscheidbarkeit bezüglich Komplexität und Terminierung.

Aufgrund dieser Forderungen ergaben sich folgende Entwurfskriterien für ASL:

- Die Beschreibungen enthalten nur die mathematischen Zusammenhänge, haben also ein **hohes Abstraktionsniveau** (siehe Kapitel 3.2.1.3).

- Damit der Benutzer keine Architekturkenntnisse benötigt, erfolgt die Abbildung durch **automatische Transformationen** (siehe Kapitel 3.2.1.4).

- Eine **portable** Problembeschreibung ermöglicht die Abbildung auf eine Vielzahl von verschiedenen Architekturen (siehe Kapitel 3.3.1 und 3.3.2.1).

- Die **Skalierbarkeit** einer Problembeschreibung ermöglicht eine einfache Anpassung an eine aktuelle Größe (siehe Kapitel 3.4.2).

- Die Problembeschreibungen müssen **statisch** sein, damit die **Komplexität** und **Terminierung** bereits vor der Laufzeit entschieden werden kann.

Im Sinne der Benutzerfreundlichkeit waren ein geringer *Einarbeitungsaufwand* und die *Abstimmung* zwischen der Klasse der zu beschreibenden Probleme und der dafür zu verwendenden *Notation* weitere Entwurfsziele.
Bei diesem Ansatz wurde auch berücksichtigt, daß die Datenflußsprachen trotz ihrer Qualitäten nur eine geringe Akzeptanz aufgrund ihres andersartigen Programmierstils haben.

Aus diesen Überlegungen ergaben sich weitere Entwurfskriterien für ASL:

- Die **mathematische Notation** ermöglicht den typischen Anwendern eine leichtere Einarbeitung (siehe Kapitel 3.2.1.1).

- Die Parallelrechner eignen sich für die Lösung von **natur- und ingenieur-wissenschaftlichen Problemen** (siehe Kapitel 3.2.1.2). Somit bietet sich die Notation der Rekurrenzgleichungen an.

- Die **Anlehnung an andere Programmiersprachen** ermöglicht dem Benutzer die Verwendung seiner bisherigen Erfahrungen (siehe Kapitel 3.2.1.5).

- Durch eine **einheitliche syntaktische Darstellung** wird in den einzelnen Bearbeitungsschritten keine Zwischensprache benötigt (siehe Kapitel 3.2.2.1).

Da die Sprache ASL nur die Klasse der primitiv-rekursiven Probleme beschreiben kann, ist sie nicht funktional vollständig. Diese Einschränkung basiert auf der hier im Vordergrund stehenden Untersuchung der analytischen Eigenschaften, wie zum Beispiel der Komplexität und der Terminierung. Es konnte gezeigt werden, daß bereits ein großer Teil der praktischen Probleme mit ASL beschreibbar ist. Daneben gibt es Überlegungen zur Realisierung der funktionalen Vollständigkeit. Aufgrund ihrer Komplexität würden diese Ansätze jedoch den Rahmen des Buchs sprengen. Für den interessierten Leser sei auf die Arbeit von Gutzmann verwiesen [Gut93].

1.5 Aufbau

Im nächsten Kapitel werden einige Grundbegriffe der Programmierung vorgestellt, inklusive einer Gegenüberstellung der Anforderungen an sequentielle und parallele Programme. Dabei wird berücksichtigt, welche Schwierigkeiten bei dem Übergang von sequentiellen zu parallelen Programmen entstehen können.

Das dann folgende Kapitel befaßt sich mit der Entwicklungsphase von ASL. Bei der Vorstellung der Vorgängersprache RGL wird insbesondere auf die Punkte eingegangen, die berücksichtigt werden müssen, damit die Implementierung einer derartig abstrakten Spezifikationssprache möglich ist. Hierbei werden auch Schwachstellen von RGL aufgedeckt. Danach werden die aus den Untersuchungen resultierenden und bei der Entwicklung von ASL zusätzlich zu berücksichtigenden Kriterien vorgestellt.

Die Vorstellung der Semantik wird in zwei Teile zerlegt. Zuerst erfolgt eine Übersicht zum Aufbau einer Problembeschreibung und der dazu erforderlichen elementaren Konstrukte. Im zweiten Teil werden alle zur Verfügung stehenden Sprachkonstrukte anhand einfacher Beispiele vorgestellt.

Nachdem die Sprachbeschreibung abgeschlossen ist, wird gezeigt, wie eine Problembeschreibung automatisch in eine Form transformiert wird, die beliebig oft für die Abbildung auf verschiedene Rechnerarchitekturen verwendet werden kann.

Die beiden letzten Kapitel behandeln eine Vielzahl von Problemstellungen aus den verschiedenen mathematisch-technischen Bereichen, die sowohl für die Forschung als auch für die Anwender aus nahezu allen ingenieurwissenschaftlichen Bereichen von

Interesse sind. Neben der kurzen Erklärung der Problemstellung wird die rechnerunabhängige Beschreibung des benötigten Algorithmus vorgestellt. Zusätzlich wird gezeigt, wie diese hardwareunabhängige Form auf spezielle Parallelrechnerarchitekturen abgebildet wird.

Im Schlußkapitel werden die wesentlichen Aussagen dieses Buchs zusammengefaßt. Im Rahmen des Ausblicks werden derzeit diskutierte konzeptionelle Erweiterungen von ASL angesprochen.

Kapitel 2

Grundlagen der Programmierung

Dieses Kapitel gibt einen Überblick über die wichtigsten Aspekte bei der Erstellung von Programmen. Neben allgemeinen Kriterien werden auch die speziellen Kriterien für sequentielle und parallele Programme angesprochen. Dieser Abschnitt orientiert sich an der Klassifizierung (siehe Abbildung 1.1) aus der Arbeit von Gellerich [Gel93].

2.1 Kriterien für die Programmerstellung

Die wichtigste Anforderung an ein Computersystem ist die korrekte Funktionsweise. Es muß in allen denkbaren Situationen korrekt und ohne unerwünschte Nebenwirkungen arbeiten. Die Korrektheit eines Programms hängt sowohl von den eingesetzten Programmier- und Testmethoden als auch von den speziellen Eigenschaften der verwendeten Programmiersprache ab.

Es empfiehlt sich, möglichst viele Restriktionen im Sinne semantischer Eindeutigkeit in die Programmiersprache aufzunehmen. Auf diese Weise kann eine große Klasse von Fehlern bereits zur Übersetzungszeit erkannt werden. Eine weitere Klasse von Fehlern kann durch eine der menschlichen Denkweise angepaßte Notation vermieden werden.

2.1.1 Adaptivität und Skalierbarkeit

Die Anpassung eines bereits erstellten Programms an eine geringfügig modifizierte Aufgabenstellung soll mit nur geringem Änderungsaufwand realisierbar sein. Diese Änderungen können sowohl die Problemgröße (*Skalierbarkeit*) als auch die Struktur (*Adaptivität*) des Problems betreffen.

2.1.2 Portabilität

Ein Programm ist dann *portierbar*, wenn es an keine bestimmte Kombination von Hardware und Betriebssystem gebunden ist. Die Verwendung eines Programms auf einer anderen Maschine oder unter einem anderen Betriebssystem bedarf dann keiner oder nur geringfügiger Modifikationen. In Verbindung mit den Parallelrechnern ist die Portabilität von besonderem Interesse. Sie vereinfacht die Verwendung eines Programms auf verschiedenen Rechnern mit unterschiedlichen Strukturen.

Im Zusammenhang mit der hier vorzunehmenden Betrachtung von Programmen für Parallelrechner ist die Portierung von sequentiellen in parallele Programme von besonderem Interesse. Von Bedeutung ist auch die Anpassung von parallelen Programmen an Architekturen mit unterschiedlichen Anzahlen von Prozessoren und verschiedenen Topologien.

2.1.3 Robustheit

Bei der Entwicklung eines Programms müssen Bedienungsfehler des Benutzers berücksichtigt werden. Ein fehlertolerantes Programm muß die falschen Eingaben erkennen, den Benutzer auf seinen Fehler hinweisen und die Bearbeitung zumindest vorübergehend abbrechen. Bei dieser Art von Programmen kann es zum Beispiel nicht passieren, daß aufgrund der falschen Eingabewerte eine Endlosschleife entsteht oder eine Verarbeitung zu unsinnigen Ergebnissen erfolgt.

2.2 Eigenschaften von Programmiersprachen

Dieser Abschnitt befaßt sich mit allgemeinen Kriterien, die sowohl an klassische sequentielle als auch an moderne parallele Programmiersprachen gestellt werden.

2.2.1 Lesbarkeit

Die heutzutage existierenden höheren Programmiersprachen stellen Notationen zur Verfügung, die eine der menschlichen Denkweise angepaßte Beschreibung beliebiger Problemstellungen ermöglichen. Zusätzlich kann die Übersichtlichkeit eines Programms durch die Verwendung geeigneter Techniken gesteigert werden. Hierzu zählen insbesondere die modulare Programmierung und die Erstellung einer aussagekräftigen Dokumentation. Im Idealfall werden diese die Übersichtlichkeit steigernden Maßnahmen durch die Programmiersprache unterstützt.

Die Berücksichtigung dieser Aspekte bei der Programmentwicklung vereinfacht die Wartung und Anpassung an geänderte Anforderungen.

In der Regel wird bei der Programmentwicklung über das zu erstellende Programm gesprochen. Damit eine effektive Diskussion möglich ist, ist es notwendig, daß eine Programmiersprache ein geeignetes Vokabular für Schlüsselwörter und Anweisungen zur Verfügung stellt. Dieses Vokabular muß zumindestens in der englischen Sprache eindeutig und auch leicht verständlich sein.

2.2.2 Implementierbarkeit und Effizienz

Eine Programmiersprache muß so beschaffen sein, daß sie nicht nur effektiv, sondern auch effizient implementiert werden kann. Dafür ist es notwendig, daß sich die Programmiersprache und auch die in dieser Sprache geschriebenen Programme an den aktuellen Stand der Technologie anpassen. Dieses gilt insbesondere für den Bedarf an Betriebsmitteln, wie zum Beispiel die benötigte Rechenzeit und den Speicherplatzbedarf.

2.2.3 Abstraktionsniveau

Eine Programmiersprache mit einem hohen Abstraktionsniveau bietet dem Programmierer den Vorteil, daß er nur wenige oder keine Implementierungsdetails berücksichtigen muß. In diesem Fall kann sich der Programmierer vollständig auf die Beschreibung seiner Problemstellung konzentrieren. Im Gegensatz dazu müssen bei der Verwendung einer Programmiersprache mit niedrigem Abstraktionsniveau viele Implementierungsdetails in die zu erstellende Problembeschreibung integriert werden.

Unter *Abstraktion* ist das Zusammenfassen verschiedener Objekte, die bezüglich einer gewissen Eigenschaft identisch sind, zu einer Klasse zu verstehen. Mathematisch formuliert ist ein Abstraktionsschritt der Übergang von einer Menge von Einzelobjekten zu einer Menge von Äquivalenzklassen.

Da die Programmiersprache die Verbindung zwischen einer vorgegebenen Problemstellung und der zu verwendenden Hardware aufbaut, besteht ein enger Zusammenhang zwischen dem Abstraktionsniveau der Programmiersprache und dem für die Übersetzung eines Programms notwendigen Aufwand. Ein auf hohem Abstraktionsniveau geschriebenes Programm ist weitestgehend maschinenunabhängig formuliert, enthält also nur wenige Informationen über die Implementierung, so daß bei der Übersetzung somit zusätzliche Transformationen des Programms notwendig sind. Sprachen mit einem niedrigen Abstraktionsniveau benötigen diese Transformationen nicht, da die Details über die Implementierung bereits in dem Programm enthalten sind.

Bei der Verwendung einer Programmiersprache mit hohem Abstraktionsniveau ist der Programmierer in der Lage, seine Programme für verschiedene Rechnerarchitekturen zu erstellen. Die für die Abbildung auf eine spezielle Hardware benötigten Informationen werden bei der Transformation des Programms automatisch generiert. Es werden also portable, von Maschinendetails unabhängige Programme erstellt. Aufgrund der erhöhten Lesbarkeit der Programme ist somit eine leichtere Anpassung und Wartung möglich. Neben einer Steigerung der Zuverlässigkeit können so auch die Kosten für die Software gesenkt werden.

2.2.4 Umfang

Zur Steigerung der Benutzerfreundlichkeit ist es notwendig, daß eine Programmiersprache dem Benutzer nur eine kleine Menge von Anweisungen und Konstrukten zur Verfügung stellt. Es muß aber darauf geachtet werden, daß die Reduzierung des Sprachumfangs keine negativen Auswirkungen auf die Funktionalität der Programmiersprache hat. Eine eingehende Diskussion der allgemeinen Anforderungen an Programmiersprachen und Programme befindet sich in [TS85] und in [GJ89].

2.3 Eigenschaften von Parallelrechnersprachen

Im Bereich der parallelen Programmierung gelten teilweise andere Gesetze als in der sequentiellen Programmierung. So kann z.B. in der sequenziellen Programmierung die Effizienz eines Algorithmus allein durch die **berechenbarkeitstheoretische Komplexibilität** bestimmt werden. Bei parallelen Algorithmen ist diesbezüglich zwischen **Raumkomplexibilität** und **Zeitkomplexibilität** zu unterscheiden.

Die Effekte, die in diesem Zusammenhang durch unterschiedliche *parallele Varianten* eines *sequentiellen Algorithmus* auftreten können, lassen Spielraum für nahezu beliebige Effizienz. Im folgenden werden einige hierbei relevante Aspekte diskutiert.

2.3.1 Sequentialität

Ein sequentielles Programm wird als eine Folge von Befehlen, die in der angegebenen Reihenfolge ausgeführt werden, interpretiert. Durch die Datenabhängigkeiten ist eine von der Reihenfolge unabhängige partielle Ordnung auf der Menge aller Befehle vorgegeben. In Verbindung mit der angegebenen Reihenfolge ergibt sich eine totale Ordnung für die Ausführung der einzelnen Befehle.

2.3.2 Parallelität

Das primäre Ziel von parallelen Programmen ist die gleichzeitige Ausführung einer möglichst großen Anzahl von Befehlen. Ein Programm wird deshalb als eine Menge von Befehlen betrachtet. In der ursprünglichen Form gibt es auf dieser Menge keine Ordnungsrelation. Erst durch die Berücksichtigung der Datenabhängigkeiten wird eine partielle Ordnung auf der Befehlsmenge eingeführt. Alle Befehle, die bezüglich dieser Ordnung nicht vergleichbar sind, können parallel zueinander ausgeführt werden, da sie nicht von den gegenseitigen Ergebnissen abhängig sind.

2.3.3 Problem-immanente Parallelität

Diese Größe gibt Auskunft über den maximal erreichbaren Parallelisierungsgrad eines Algorithmus. Der Wert wird durch die Bildung der Differenz zwischen der totalen Ordnung der sequentiellen Bearbeitung und der partiellen Ordnung der parallelen Bearbeitung ermittelt. Wird diese Parallelität zumindestens teilweise aufgehoben, weil die Programmiersprache eine über die Datenabhängigkeit hinausgehende Festlegung von Ausführungsreihenfolgen erzwingt, so spricht man von *notatieller Sequentialisierung*.

2.3.4 Skalierbarkeit

Die Skalierbarkeit einer Programmiersprache kann bezüglich der Hardware oder der Software angegeben werden. Die Software-Skalierbarkeit gibt Auskunft über den Aufwand für die Anpassung eines Programms an eine geänderte Problemgröße. Die Hardware-Skalierbarkeit gibt die Flexibilität bezüglich einer unterschiedlichen Anzahl von physikalischen Prozessoren an.

2.3.5 Transformierbarkeit

Besitzt eine Programmiersprache eine gute Hardware-Skalierbarkeit, so können bei der Implementierung eines Programms eine unterschiedliche Anzahl von Prozessoren berücksichtigt werden. Auf diese Weise kann die Portabilität von Programmen zumindestens für eine Rechnerfamilie sichergestellt werden. Diese wird durch eine Transformation des Programms auf die Hardware erreicht. Für die korrekte Transformation ist die Verwendung einer Programmiersprache mit einem genügend hohen Abstraktionsniveau notwendig.

2.3.6 Kommunikation

Ein Parallelrechner besteht aus mehreren gleichzeitig aktiven Verarbeitungseinheiten. Diese sind zum Teil gegenseitig auf ihre Ergebnisse angewiesen. Die für den Austausch von Daten notwendige Kommunikation ist eine wichtige Große fur die Beurteilung von Programmen beziehungsweise Programmiersprachen. Dieser Aufwand wirkt sich sehr stark auf die Effizienz der Programmausführung aus. Wichtig ist, daß die für eine Programmausführung notwendigen Kommunikationsvorgänge auf der zu verwendenden Topologie entweder direkt oder indirekt über zusätzliche Verbindungen mit anderen Einheiten realisiert werden können.

2.3.7 Granularität

Die Größe der parallel arbeitenden Einheiten gibt Auskunft über die Granularität der Parallelität. Diese Unterteilung kann sowohl für die Hardware als auch für die Software vorgenommen werden. Bei der Hardware ist eine Unterscheidung zwischen vollständigen Prozessoren (bei MIMD-Rechnern), arithmetisch-logischen Einheiten (bei SIMD-Rechnern) und arithmetischen Einheiten (bei Datenflußrechnern) möglich. Bei der Betrachtung der Software wird zwischen der parallelen Ausführung von ganzen Programmen, einzelnen Befehlssequenzen, einzelnen Befehlen oder sogar einzelnen Befehlsphasen unterschieden.

Kapitel 3

Entwicklung der Sprache ASL

Ausgehend von der bereits in der Motivation beschriebenen Situation bei der Programmierung von SIMD-Parallelrechnern (SIMD: *Synchronous Instructions Multiple Data*) befaßt sich Thalhofer mit der Frage:
„*Wie kann ich einen verfügbaren (SIMD-)Parallelrechner, dessen Einsatzmöglichkeiten nicht auf spezielle Algorithmen beschränkt sind, für möglichst viele Anwendungen effizient einsetzen?*" [Tha89].
Bei seinen Untersuchungen kommt er zu dem Ergebnis, daß die bei der Programmierung von SIMD-Rechnern auftretenden Probleme im wesentlichen auf die unterschiedlichen Operationsprinzipien von seriellen und parallelen Rechnern zurückzuführen sind.

3.1 RGL – der Vorgänger von ASL

Der von Thalhofer entwickelte Sprachvorschlag RGL (RGL: *RekurrenzGLeichungen*) ermöglicht die Erstellung von abstrakten Spezifikationen für gegebene Algorithmen. Dabei werden keine Kenntnisse über die speziellen Eigenschaften der zu verwendenden Hardware benötigt. Allerdings beinhaltet das Konzept von RGL kein eigenes Typkonzept, so daß diese Sprache letztendlich nicht implementiert werden kann. Dies führte dann zu der Weiterentwicklung zu der Spezifikationssprache ASL (*Algorithm Specification Language*), die ein eigenes Typkonzept besitzt und auch implementiert wurde.

3.1.1 Entwurfsprinzipien

RGL ist *nicht-operationell*, die Angabe der Berechnungsvorschriften muß also nicht mit der Berechnungsreihenfolge übereinstimmen. Weiterhin wurde Wert auf eine mathematisch orientierte Notation gelegt. Diese Überlegung führte zur Verwendung von Rekurrenzgleichungen zur Beschreibung der mathematischen Zusammenhänge. Durch diese Notation werden gleichzeitig auch die unter dem Aspekt der Parallelisierung interessanten strukturellen Eigenschaften eines Algorithmus besonders hervorgehoben.

3.1.2 Bewertung

Die Sprache RGL bedarf sowohl einiger Einschränkungen als auch Erweiterungen der Funktionalität. So wurde bewußt auf die Einführung eines Typkonzepts verzichtet, da die primären Aufgaben der Spezifikationssprache RGL in der Darstellung der strukturellen Eigenschaften eines Algorithmus gesehen wurden [Tha89]. Im folgenden wird auf verschiedene Aspekte eingegangen, unter denen RGL in Hinblick auf die Weiterentwicklung zu ASL bewertet werden kann.

3.1.2.1 Anwendbarkeit

Für die praktische Anwendung (dies erfordert insbesondere die Implementierbarkeit) von RGL ist die Einführung eines Typkonzepts unabdingbar. In diesem Zusammenhang muß auch der Umfang der zur Verfügung stehenden mathematischen Standardfunktionen eindeutig festgelegt werden.

3.1.2.2 Darstellbare Probleme

Neben den für die praktische Anwendung relevanten Kriterien gibt es auch einige Schwachstellen in dem Konzept der Spezifikationssprache RGL. Da in dieser Sprache rekursive Aufrufe anderer Spezifikationen erlaubt sind, können alle μ-rekursiven Problemstellungen in Form von einer oder mehreren RGL-Spezifikationen dargestellt werden.

Da einige Probleme dieser Art auf einem konkreten Rechner nicht berechenbar sind, erscheint es prinzipiell sinnvoll, die Funktionalität einer Spezifikationssprache soweit einzuschränken, daß nur noch die tatsächlich lösbaren Problemstellungen beschrieben werden können (siehe Kapitel 3.4.4).

3.1.2.3 Analysierbarkeit

Bei der Erzeugung von Pseudocode aus einer abstrakten RGL-Spezifikation werden vor der Laufzeit umfangreiche Untersuchungen durchgeführt [Tha89]. Hierbei geht es insbesondere um die Komplexität und Terminierung der durch die Spezifikation beschriebenen Berechnung. Damit diese Entscheidungen schon zum Analysezeitpunkt getroffen werden können, muß ein statisches System vorliegen, bei dem alle relevanten Werte bereits vor der Laufzeit bekannt sind. Im Widerspruch zu dieser Forderung enthält die Spezifikationssprache RGL mehrere Sprachkonstrukte, die die Erstellung von Spezifikationen zur Beschreibung von nicht statischen Systemen ermöglichen. In diesem Fall können die Aussagen über Komplexität und Terminierung erst zur Laufzeit getroffen werden, da die Datenabhängigkeiten erst aufgrund der während der Laufzeit zu berechnenden Werte bestimmt werden können. Damit diese Untersuchungen bereits vor der Laufzeit abgeschlossen werden können, ist ein Verbot dieser Art von Konstrukten notwendig (siehe Kapitel 3.4.5).

Wie bereits in Abschnitt 3.1.2.2 erwähnt, kann ein gegebenes Problem in RGL mit Hilfe von rekursiven Aufrufen anderer Spezifikationen beschrieben werden. Da die

Anzahl der Rekursionsschritte von den aktuellen Werten und Zwischenergebnissen abhängig ist, können Aussagen über die Terminierung und Komplexität der Berechnung einer RGL-Spezifikation mit rekursiven Aufrufen anderer Spezifikationen erst zur Laufzeit ermittelt werden. Dieser Punkt ist ein weiteres Argument für das Verbieten von rekursiven Aufrufen anderer Spezifikationen (siehe Kapitel 3.4.5).

3.1.2.4 Benutzerfreundlichkeit

Die angestrebte Benutzerfreundlichkeit der Spezifikationssprache RGL wird nur zum Teil erreicht. Der Benutzer hat die Möglichkeit, eine Problemstellung unabhängig von einer bestimmten Hardware zu spezifizieren. Eine einmal geschriebene Spezifikation kann dann mehrfach für die Abbildung auf verschiedene Rechnertypen verwendet werden. Hierfür werden Werkzeuge zur Verfügung gestellt, die die Transformation der Spezifikation automatisch durchführen.

Die Änderung der Problemgröße erfordert hingegen die Erstellung einer neuen Spezifikation. In dieser müssen alle die Größe festlegenden Werte an die geänderten Anforderungen angepaßt werden. Die Spezifikationssprache RGL ermöglicht somit nur die Erstellung von rechnerunabhängigen aber nicht von größenunabhängigen Spezifikationen (siehe Kapitel 3.4.2).

3.1.2.5 Weiterentwicklung

Die hier aufgeführten Überlegungen haben einen wesentlichen Teil zu der Entwicklung der Nachfolgesprache ASL beigetragen. Diese und auch weitere von der Spezifikationssprache RGL unabhängige Überlegungen werden im folgenden ausführlich behandelt.

3.2 Forderungen an die Sprache ASL

Aus der Betrachtung der vorgestellten Spezifikationssprachen lassen sich einige Anforderungen für die Gestaltung von ASL ableiten. Diese Kriterien stammen zum größten Teil aus dem Pflichtenheft von RGL. Da viele dieser Punkte bereits von RGL erfüllt werden, können die entsprechenden RGL-Konstrukte in unveränderter Form in ASL übernommen werden. Für die bislang nicht erfüllten Anforderungen müssen in ASL neue Prinzipien erarbeitet und die zugehörigen Konstrukte definiert werden.

3.2.1 Von RGL übernommene Anforderungen

Die im folgenden aufgelisteten Anforderungen an die Sprache RGL werden in unveränderter Form auch an die Sprache ASL gestellt. Da sie schon in RGL erfüllt sind, reicht eine Übernahme der RGL-Konstrukte in ASL aus.

3.2.1.1 Verwendung einer mathematischen Notation

Diese Forderung wird durch die einheitliche Verwendung von Rekurrenzgleichungen erfüllt. Rekurrenzgleichungen bilden die Basis für die Beschreibung der mathematischen Zusammenhänge zwischen den zu berechnenden Bezeichnern und Werten. Diese Notation dürfte den meisten Anwendern aus den mathematisch-technischen und ingenieurwissenschaftlichen Bereichen bekannt sein, trägt also zur Steigerung der Benutzerfreundlichkeit bei.

3.2.1.2 Natur- und ingenieurwissenschaftliche Probleme

Mit der Sprache ASL sollen Anwender aus den mathematisch-technischen und ingenieurwissenschaftlichen Bereichen angesprochen werden. Es ist also offensichtlich, daß die Notation der Sprache ASL für die Darstellung dieser Art von Problemen geeignet sein muß. Die Beschreibung von Problemen mit Hilfe von Rekurrenzgleichungen ist Standard, erleichtert somit die Arbeit des Benutzers.

Langfristig ist zu überlegen, ob es sinnvoll ist, die Klasse der behandelbaren Probleme durch geeignete Erweiterungen der Funktionalität von ASL auch auf andere Anwendungsgebiete auszudehnen.

3.2.1.3 Hohes Abstraktionsniveau

Die Sprache ASL soll dem Benutzer die Erstellung abstrakter Spezifikationen ermöglichen. Dadurch kann er sich vollständig auf die Beschreibung der Problemstellung konzentrieren. Da in die Problembeschreibung keine Details über die zu verwendende Hardware eingebettet werden müssen, kann die einmal erstellte Beschreibung mehrfach für die Abbildung auf verschiedene Typen von Parallelrechnern verwendet werden.

Die Notation mit Hilfe der Rekurrenzgleichungen bietet weiterhin den Vorteil, daß nur die mathematischen Zusammenhänge dargestellt werden müssen. Durch den Verzicht auf die Festlegung der Bearbeitungsreihenfolge wird das Abstraktionsniveau ein weiteres Stück angehoben. Die für die Abbildung auf einen bestimmten Rechner benötigte Bearbeitungsreihenfolge wird in einer späteren Phase automatisch generiert.

3.2.1.4 Automatische Transformation

Die einzelnen Sprachkonstrukte von ASL müssen so gewählt werden, daß ihre Behandlung, Umwandlung oder Auflösung automatisch in den entsprechenden Bearbeitungsphasen erfolgen kann. Dabei ist wichtig, daß bei der Behandlung eines Konstrukts keine unerwünschten oder fehlerhaften Nebenwirkungen auftreten.

Aufgrund der automatischen Transformation einer Spezifikation braucht sich der Benutzer nicht um die Zwischenergebnisse bei der Behandlung einer Spezifikation zu kümmern. Nach der Eingabe einer abstrakten in ASL geschriebenen Spezifikation wird daraus in mehreren Arbeitsschritten automatisch ein ausführbarer Pseudocode generiert.

3.2.1.5 Anlehnung an andere Sprachen

Damit die Spezifikationssprache ASL leicht zu erlernen ist, wurde sie soweit wie möglich an andere geläufige Programmiersprachen angelehnt. Dadurch kann der Benutzer bei der Verwendung von ASL auf seine Erfahrungen im Zusammenhang mit geeigneten anderen Programmiersprachen zurückgreifen. Zusätzlich kann die einmal angeeignete Denk- und Programmierweise weitestgehend beibehalten werden.

3.2.2 An ASL neu gestellte Anforderungen

Bei der Entwicklung von ASL wurden gegenüber RGL einige neue Anforderungen an die Sprache gestellt. Die folgende Übersicht zeigt sowohl Einschränkungen als auch Erweiterungen der Funktionalität.

3.2.2.1 Einheitliche syntaktische Darstellung

Dieser Aspekt wurde von Thalhofer bei der Entwicklung von RGL nicht berücksichtigt [Tha89]. Aus seinen Arbeiten können keine Informationen über die Handhabung der als Zwischenergebnisse gelieferten Spezifikationen entnommen werden. Bei der Entwicklung von ASL wurde auf eine einheitliche syntaktische Darstellung Wert gelegt. Eine in ASL geschriebene Spezifikation kann nach jeder Bearbeitungsphase erneut mit Hilfe von Rekurrenzgleichungen und den vorhandenen ASL-Konstrukten beschrieben werden. Für das Verständnis der einzelnen Bearbeitungsphasen und Zwischenergebnisse reicht somit die Kenntnis der Spezifikationssprache ASL aus. Im Gegensatz zu anderen Übersetzungssystemen kann bei ASL auf die Verwendung einer oder mehrerer Zwischensprachen verzichtet werden. Hierfür ist eine geringfügige Erweiterung des Sprachumfangs von ASL notwendig. So werden neue Sprachkonstrukte aufgenommen, die insbesondere bei der Erzeugung des Pseudocodes benötigt werden.

3.2.2.2 Erweiterbarkeit bezüglich der Zielrechnerarchitekturen

In den Arbeiten von Thalhofer wird dieses Thema nicht angesprochen [Tha89]. An vielen Stellen ist jedoch anhand von Formulierungen wie zum Beispiel „*Shift*" oder „*Broadcast*" zu erkennen, daß von einem Feldrechner DAP ausgegangen wird. Diese Reduzierung auf einen bestimmten Typ von Parallelrechner widerspricht dem eigentlichen Ziel dieser Spezifikationssprache. Um diese Einschränkung zu vermeiden, wurde bei der Entwicklung von ASL kein bestimmter Parallelrechnertyp zugrunde gelegt. In ASL geschriebene Problemspezifikationen können unter Verwendung der entsprechenden Rechnerbeschreibung auf beliebige Rechnertypen abgebildet werden. Damit dieses auch bei der Beschreibung der Sprache besser zur Geltung kommt, wurde dort auf rechnerspezifische Ausdrücke wie zum Beispiel „*Shift*" verzichtet.

Die Rechnerbeschreibungen können in einer eigenen Bibliothek gehalten werden. Bei der Abbildung einer Spezifikation auf einen konkreten Rechner kann dann auf das entsprechende Modell zugegriffen werden. Bei der Einführung von neuen Rechnern können deren Modelle problemlos in die Bibliothek aufgenommen werden. So kann die Bibliothek auf diese Weise permanent gewartet und aktualisiert werden.

Im Gegensatz zu RGL erlaubt ASL die Berücksichtigung von hardwarespezifischen Eigenschaften und Funktionen. Es stehen Sprachkonstrukte zur Verfügung, die bei der Abbildung einer Spezifikation auf einen bestimmten Rechnertyp den Aufruf von speziellen rechnerabhängigen Funktionen ermöglichen.

3.2.2.3   Modularität bezüglich der anzuwendenden Verfahren

Thalhofer hat klare Vorstellungen von der Bearbeitung einer vorgegebenen Spezifikation, trifft jedoch keine Vereinbarungen bezüglich der Organisation der einzelnen Bearbeitungsschritte [Tha89]. Bei der Entwicklung von ASL wurden gleichzeitig auch die Richtlinien für die Bearbeitung von Spezifikationen festgelegt.

Diese Vereinbarungen legen eine eindeutige Bearbeitungsreihenfolge für die Erzeugung des Pseudocodes aus einer ASL-Spezifikation fest. Die einzelnen dabei anfallenden Transformations- und Optimierungsschritte werden unabhängig von den anderen ausgeführt. Diese Unabhängigkeit ermöglicht das Durchlaufen der einzelnen Bearbeitungsphasen in beliebiger Reihenfolge und Anzahl. Dieses ermöglicht auch ein eventuell gezieltes Überspringen einzelner Bearbeitungsphasen.

Durch die Modularisierung der Verarbeitung können auch Aktivitäten eingebunden werden, die nicht direkt für die Erzeugung des Pseudocodes benötigt werden. Für die Steigerung der Funktionalität ist zum Beispiel die Einbettung von beliebigen textuellen Ersetzungsschritten oder auch von Formelmanipulationssystemen denkbar.

3.2.2.4   Entscheidbarkeit bezüglich Terminierung und Komplexität

Für eine in RGL erstellte Spezifikation werden keine Aussagen bezüglich der Entscheidbarkeit von Terminierung und der Bestimmung der Komplexität getroffen. Diese Aussagen können nur dann entschieden werden, wenn die Spezifikation ein statisches System beschreibt. Bei dieser Art von Systemen sind alle für diese Entscheidungen relevanten Werte bereits zur Analysezeit bekannt.

Bei der genaueren Betrachtung der Konstrukte von RGL fällt auf, daß die obige Bedingung nicht generell erfüllt ist. Bei rekursiven Aufrufen anderer Spezifikationen hängt die Anzahl der Aufrufe – und somit das Verhalten der Spezifikation – von den zur Laufzeit zu berechnenden Werten ab. Weitere Konstrukte ermöglichen die Erstellung von Berechnungsvorschriften, die ebenfalls von Werten abhängen, die erst zur Laufzeit berechenbar sind.

Damit eine in einer ASL-Spezifikationen beschriebene Problemstellung bezüglich
Terminierung und Komplexität entscheidbar ist, reicht das Verbot der entsprechenden RGL-Konstrukte aus. Diese Einschränkung der Funktionalität garantiert, daß
nur noch statische Systeme beschrieben werden können. Da bei diesen alle relevanten Werte bereits zur Analysezeit vorliegen, sind obige Fragen generell entscheidbar.

3.3 Forderungen an ASL-Spezifikationen

Bislang wurden nur die von der Spezifikationssprache ASL geforderten Eigenschaften
vorgestellt. In diesem Abschnitt werden die an eine in ASL erstellte Spezifikation
gestellten Anforderungen diskutiert. Neben den bereits von RGL-Spezifikationen
erfüllten Eigenschaften gibt es eine weitere Gruppe von Anforderungen, die nur von
ASL-Spezifikationen erfüllt sein müssen.

3.3.1 Von RGL übernommene Anforderungen

Eine gegebene Problemstellung kann mit Hilfe der Spezifikationssprache RGL theo-
retisch, also bis auf die bereits erwähnten Einschränkungen, unabhängig von einem
bestimmten Rechnertyp beschrieben werden. Diese Eigenschaft wird letztlich in unveränderter Form auch für ASL-Spezifikationen gefordert. Im Gegensatz zu RGL ist
die **Architekturunabhängigkeit** von Spezifikationen in ASL für die wesentlichen
Merkmale einer Architektur realisiert (siehe Kapitel 3.3.2.1). Dagegen sind in RGL
erstellte Spezifikationen nur bezüglich der Anzahl von Prozessoren portabel.

3.3.2 Von ASL-Spezifikationen erfüllte Anforderungen

Neben der Architekturunabhängigkeit von Spezifikationen werden von ASL zwei
weitere Anforderungen erfüllt, nämlich die Konfigurations- und Problemgrößenunabhängigkeit.

3.3.2.1 Architekturunabhängigkeit

Zusätzlich zur **Portabilität** bezüglich der Anzahl von Prozessoren sind die in ASL
erstellten Spezifikationen auch unabhängig von der Verbindungstopologie der einzelnen Prozessoren. Diese auch für RGL-Spezifikationen geforderte Eigenschaft
wurde durch die Aufnahme spezieller Konstrukte in den Sprachumfang von ASL
realisiert. Eine Spezifikation darf somit nicht von den folgenden Eigenschaften eines
oder mehrerer Prozessoren abhängen:

- Arbeitsprinzip (data-driven, command-driven, ..)

- Synchronität (synchron, asynchron, Mischformen)

- Funktionseinheiten (Steuer-, Logik-, Integer-, Gleitpunkteinheit)

- Pipelining (Funktionseinheitenanzahl, Ordnung, Granularität)

Für ASL-Spezifikationen wird die Unabhängigkeit von der Art der Prozessoren gefordert.

3.3.2.2 Konfigurationsunabhängigkeit

Im Gegensatz zu RGL-Spezifikationen wird von ASL-Spezifikationen explizit die Unabhängigkeit von einer bestimmten Konfiguration gefordert. Die **Adaptivität** wird im wesentlichen durch die Verwendung verschiedener Rechnermodelle bei der Abbildung auf einen konkreten Rechner erreicht. Da bei der Entwicklung von RGL hauptsächlich mit einem DAP-Feldrechner gearbeitet wurde, gibt es keine Überlegungen bezüglich der Adaptivität von RGL-Spezifikationen [Tha89].

3.3.2.3 Problemgrößenunabhängigkeit

Diese bereits für RGL-Spezifikationen geforderte Eigenschaft ist erst bei der Entwicklung der Sprache ASL realisiert worden. Eine in RGL erstellte Spezifikation ist für eine bestimmte Problemgröße festgelegt, kann also nicht mehr geändert werden. Die **Skalierbarkeit** fordert jedoch, daß eine einmal erstellte Spezifikation mit relativ geringem Änderungsaufwand an andere Problemgrößen angepaßt werden kann. Bei einer in ASL erstellten Spezifikation ist dieses aufgrund einiger neu eingeführter Sprachkonstrukte möglich (siehe Kapitel 3.4.2).

3.4 Entwurfskriterien für ASL

Aufgrund der Untersuchungen zu den bereits vorgestellten Arten von abstrakten Sprachen ergaben sich die obigen Forderungen an die Spezifikationssprache ASL. Die zur Realisierung der einzelnen Forderungen notwendigen Maßnahmen und die dabei zu beachtenden Besonderheiten werden im folgenden vorgestellt.

3.4.1 Single-Assignment-Prinzip

Jeder der vorkommenden Variablen darf nur an einer Stelle und damit auch nur einmal innerhalb der Spezifikation ein Wert zugewiesen werden. Die Variablen werden als unveränderbare Objekte betrachtet. Der Name einer Variablen repräsentiert in der gesamten Spezifikation einen festen Wert. Aufgrund dieser Anforderungen ist der Begriff *Variable* verwirrend. Im folgenden wird deshalb von **Bezeichnern** gesprochen. Jeder **Bezeichner** ist während der ganzen Spezifikation ein Symbol für einen bestimmten Wert.

Da jeder Bezeichner nur in einem Zusammenhang verwendet werden darf, können bei der Ausführung der einzelnen Berechnungen keine unerwünschten Seiteneffekte auftreten. Aufgrund des Verbots von mehrfachen Wertzuweisungen an einen Bezeichner muß eine neue Notation für die Darstellung von Schleifen gefunden werden.

3.4.2   Erstellung von größenunabhängigen Spezifikationen

Eine wichtige von ASL-Spezifikationen geforderte Eigenschaft ist die **Skalierbarkeit**
der Problembeschreibung. Eine einmal erstellte Spezifikation soll mit möglichst
geringem Aufwand an geänderte Anforderungen bezüglich der Problemgröße anpaßbar sein. Damit diese bei RGL-Spezifikationen nicht vorhandene Eigenschaft realisiert werden kann, sind in ASL Erweiterungen der Funktionalität notwendig.

3.4.2.1   Das INIT-Konzept

In einem am Anfang der Spezifikation stehenden Teil können Initialisierungen vorgenommen werden. Den einzelnen innerhalb der Spezifikation vorkommenden Bezeichnern können an dieser Stelle beliebige Anfangswerte zugewiesen werden. In
diesem Abschnitt ist auch die Definition von benutzerdefinierten Konstanten (siehe
Kapitel 4.2.2.5) möglich. Es wird jetzt gezeigt, wie dieses Konstrukt im Zusammenhang mit den größenbestimmenden Parametern die Erstellung von *skalierbaren*
Spezifikationen ermöglicht.

3.4.2.2   Problemgrößenbestimmende Parameter

Bei der Erstellung einer ASL-Spezifikation werden für diese Parameter symbolische
Bezeichner verwendet. Damit wird zum Ausdruck gebracht, daß die Spezifikation
für beliebige Werte dieser Parameter verwendet werden kann. Aufgrund der noch
nicht festgelegten Werte dieser Parameter erfolgt zu diesem Zeitpunkt auch noch
keine Bindung an eine bestimmte Problemgröße.
Die konkreten Werte für die Problemgröße werden erst zum Analysezeitpunkt angegeben. Anstelle der symbolischen Bezeichner werden dann die vom Benutzer zur
Verfügung gestellten größenbestimmenden Parameter verwendet. Nach dieser Ersetzung ist die Spezifikation nur noch für eine bestimmte Problemgröße geeignet. Durch
die erneute Analyse der ursprünglichen Spezifikation mit anderen problemgrößen-
bestimmenden Parametern wird automatisch eine neue, an die geänderten Anforderungen angepaßte Spezifikation erzeugt.
Für den Benutzer hat die Skalierbarkeit der Spezifikationen den Vorteil, daß eine einmal größenunabhängig erstellte Spezifikation beliebig oft als Basis für die Erzeugung
von Spezifikationen für spezielle Problemgrößen verwendet werden kann.

3.4.2.3   Größenbestimmende Parameter und Eingabedaten

Aufgrund einer eigenen Notation für jede dieser beiden funktionell unterschiedlichen
Arten von variablen Eingabedaten wird das Verständnis einer ASL-Spezifikation
erleichtert. Die größenbestimmenden Parameter müssen bereits zur Analysezeit
angegeben werden.
Die Angabe der für die Berechnungen notwendigen Daten braucht erst zu Beginn der
Laufzeit zu erfolgen. Da zu diesem Zeitpunkt die Problemgröße bereits festgelegt ist,
wird die Bereitstellung der notwendigen Eingabedaten für den Benutzer erleichtert.

3.4.3 Spezifikationsaufrufe

Bei der Erstellung neuer ASL-Spezifikationen kann auf vorhandene Spezifikationen (zum Beispiel aus Bibliotheken für Standardanwendungen) zugegriffen werden. Ein spezielles Sprachkonstrukt (siehe Kapitel 5.5) ermöglicht den Aufruf dieser Spezifikationen aus der zu erstellenden Spezifikation heraus.

3.4.3.1 Interpretation

Ein Spezifikationsaufruf darf nicht mit dem Aufruf von Prozeduren in sequentiellen Programmen verglichen werden. Beim Auftreten eines Prozeduraufrufs wird die Ausführung des aufrufenden Programms unterbrochen. Erst wenn die aufgerufene Prozedur beendet ist, wird mit der Ausführung des aufrufenden Programms fortgefahren.

Da dieses Vorgehen prinzipiell Möglichkeiten einer effizienten Nutzung von Parallelrechnern nicht nur erschwert, sondern oft auch verhindert, wurde in ASL für die Aufrufe anderer Spezifikationen eine neue Semantik definiert. Anstelle der getrennten Bearbeitung erfolgt zuerst eine Einbindung der Berechnungsvorschriften der aufgerufenen Spezifikation in die der aufrufenden Spezifikation. Danach wird die Menge der gemeinsamen Berechnungen durch die Abbildung auf einen speziellen Rechnertyp parallelisiert. Im Idealfall können also die aufrufende und die aufgerufene Spezifikation gleichzeitig ausgeführt werden.

3.4.3.2 Vererbung der größenbestimmenden Parameter

Ein weiterer Unterschied gegenüber Prozeduraufrufen in sequentiellen Programmen ist die individuelle Anpassung der aufgerufenen Spezifikation an die aktuelle Problemgröße. Dieses geschieht durch die Angabe der von der aufzurufenden Spezifikation benötigten größenbestimmenden Parameter.

3.4.4 Klasse der beschreibbaren Probleme

Mit Hilfe der Spezifikationssprache RGL können alle Aufgabenstellungen aus der Klasse der μ-rekursiven Probleme beschrieben werden. Damit dies möglich ist, sind in RGL-Spezifikationen rekursive Aufrufe anderer Spezifikationen erlaubt.

Bei der Entwicklung von ASL wurden dagegen rekursive Aufrufe anderer Spezifikationen verboten. Auf den ersten Blick erscheint dies als eine Reduzierung der Funktionalität, doch eine genauere Betrachtung zeigt, daß dies nicht der Fall ist. Mit Hilfe von rekursiven Aufrufen können in RGL-Spezifikationen auch solche Problemstellungen beschrieben werden, die nicht berechenbar sind.

Durch das Verbot der rekursiven Aufrufe entfällt in ASL genau die Möglichkeit, diese nicht lösbaren Probleme zu beschreiben. Bezüglich der Behandlung von berechenbaren Problemstellungen bieten die beiden Spezifikationssprachen die gleiche Mächtigkeit. Mit Hilfe von ASL können alle praktisch relevanten Arten von Iterationen beschrieben werden. Die Sprache ASL deckt somit die Klasse der *primitiv-rekursiven* Probleme vollständig ab.

3.4.5 Analysierbarkeit

Die vollständige Untersuchung einer Spezifikation zum Analysezeitpunkt ist nur dann möglich, wenn sie ein statisches System beschreibt, das nur von bereits zur Analysezeit bekannten Werten abhängt. Bei diesen Untersuchungen geht es insbesondere um die Komplexität und Terminierung der Berechnung.

Diese Eigenschaft kann aufgrund der Möglichkeit von rekursiven Aufrufen anderer Spezifikationen und weiterer Konstrukte für die Darstellung von Berechnungsvorschriften in Abhängigkeit von aktuell zu berechnenden Werten nicht für alle RGL-Spezifikationen garantiert werden (siehe Kapitel 3.1.2.3).

Damit ASL-Spezifikationen generell nur statische Systeme beschreiben können, sind einige Einschränkungen bei der Funktionalität notwendig. Da die rekursiven Aufrufe von anderen Spezifikationen bereits im Zusammenhang mit den behandelbaren Problemen verboten wurden, brauchen nur die Sprachkonstrukte überarbeitet zu werden, die die Beschreibung von Berechnungsvorschriften in Abhängigkeit von erst zur Laufzeit bestimmbaren Werten ermöglichen. Durch diese Reduzierungen können Aussagen über die Komplexität und die Terminierung aller ASL-Spezifikationen zum Analysezeitpunkt getroffen werden.

3.4.6 Automatische Transformation von Spezifikationen

Diese bereits bei der Entwicklung von RGL gestellte und auch realisierte Forderung wurde unverändert für den Entwurf der Sprache ASL übernommen. Gemäß den Anforderungen an die beiden Spezifikationssprachen soll eine vom Benutzer erstellte Spezifikation ohne dessen weiteres Zutun automatisch in eine für die Abbildung auf einen bestimmten Rechnertyp notwendige Form transformiert werden. Damit dieses möglich ist, muß die Semantik und Syntax von jedem Sprachkonstrukt in jedem Kontext genau untersucht werden. Es ist wichtig, daß keines der Konstrukte die automatische Umwandlung behindert.

3.5 Beschränkung auf affine Indexausdrücke

Zur Beschreibung von *indizierten Bezeichnern* (siehe Kapitel 4.2.2.2) werden Indexausdrücke benötigt. Anstelle eines einzelnen Zahlenwertes repräsentiert dieser Bezeichnertyp eine Menge von Werten, die in der Form eines Felds angelegt sind. Der Zugriff auf die einzelnen Komponenten erfolgt über die an den Bezeichner angehängten Indexausdrücke.

Die syntaktischen Anforderungen an die Sprache ASL erlauben die Verwendung beliebiger Indexausdrücke (siehe Kapitel 4.3.2.4). Für die Erzeugung der rechnerunabhängigen Normalform wird jedoch von der Spezifikation gefordert, daß sie nur affine Indexausdrücke beinhaltet. Da die affinen eine Teilmenge der allgemeinen Indexausdrücke sind und in RGL beliebige Indexausdrücke verwendet werden dürfen, bewirkt diese semantische Anforderung eine Einschränkung der Mächtigkeit von ASL gegenüber RGL. Im folgenden soll untersucht werden, welche Überlegungen zu dieser Einschränkung geführt haben.

3.5.1 Begriffe

Nach der Definition und kurzer Vorstellung der Begriffe werden zuerst die sich unmittelbar mit den Sprachen RGL und ASL befassenden Arbeiten betrachtet. Danach wird in den Veröffentlichungen anderer Autoren nach weiteren Begründungen gesucht. Abschließend folgen einige Überlegungen für die praktische Arbeit mit affinen Indexausdrücken.

3.5.1.1 Formale Definitionen

Die Definitionen für affine Funktionen und Indexfunktionen wurden von Thalhofer bei der Entwicklung der Sprache RGL festgelegt [Tha89].

Definition: Affine Funktion

Eine Funktion $g : Z^n \to Z$ heißt *affin*, wenn gilt:

$$g : (x_1, ..., x_n) \mapsto \sum_{i=1}^{n} b_i * x_i + c$$

wobei die Koeffizienten b_i und c nicht von den Variablen x_i abhängen.

3.5.1.2 Indexausdruck und Indexfunktion

Im Gegensatz zu dem bislang verwendeten Begriff *Indexausdruck* wird in den Definitionen von *Indexfunktion* gesprochen. Prinzipiell haben beide Begriffe die gleiche Bedeutung; durch die verschiedenen Notationen entsteht jedoch eine unterschiedliche Namensgebung. Die Zusammenhänge zwischen diesen beiden Begriffen werden jetzt anhand eines einfachen Beispiels gezeigt. Der Bezeichner $a(f(x,y))$ besitzt die von den Bezeichnern x und y abhängige Indexfunktion f. Gemäß der Definition hat diese zum Beispiel folgende Form:

$$f(x,y) = (f_1(x,y), f_2(x,y))$$
$$\text{mit:} \quad f_1(x,y) = 3 * x \text{ und } f_2(x,y) = 4 * y$$

Definition: Affine Indexfunktion

Sei f eine Indexfunktion der Form

$$f : (x_1, ..., x_n) \mapsto (g_1(x_1, ..., x_n), ..., g_k(x_1, ..., x_n)).$$

f ist eine *affine Indexfunktion*, wenn alle Funktionen $g_i, i = 1, ..., k$,
affine Funktionen sind, eine *teilweise affine Indexfunktion*, wenn einige der Funktionen g_i affin sind.

Unter Berücksichtigung dieser Vorgaben für die Indexfunktion kann der am Anfang gegebene Bezeichner auch als $a(3 * x, 4 * y)$ geschrieben werden. Diese Darstellung zeigt die zu der gegebenen Indexfunktion äquivalenten Indexausdrücke. Für die Verwendung im Zusammenhang mit ASL-Spezifikationen ist die Schreibweise mit Hilfe von Ausdrücken geeigneter. Die Darstellung mit Hilfe von Funktionen und Abbildungen ist für formale Zwecke günstiger.

3.5.1.3 Beispiele

Zur Verdeutlichung erfolgt hier eine weniger formale Beschreibung der Anforderungen an einen *affinen* Indexausdruck. Mit Hilfe dieser Richtlinien kann der Benutzer bei der Erstellung einer ASL-Spezifikation sofort erkennen, ob ein affiner oder ein allgemeiner Indexausdruck vorliegt.

Ein affiner Indexausdruck liegt vor, wenn folgende Kriterien erfüllt sind.

1. Bei der Verwendung der Operatoren $+$ und $-$ gibt es keine Einschränkungen bezüglich der linken und rechten Operanden.

2. Bei der Verwendung des Operators $*$ sind nur zwei Kombinationen von linkem und rechtem Operanden affin:

   - *Bezeichner * Konstante*
   - *Konstante * Bezeichner*

3. Ein Indexausdruck ist nur dann affin, wenn außer den drei genannten Operatoren keine weiteren Operatoren und Funktionen vorkommen.

Die folgende Auflistung zeigt Beispiele für affine Indexausdrücke:

1. **a(i):** Der Indexausdruck i beschreibt die Summenbildung über einen Bezeichner. Dieser Bezeichner wird mit dem Faktor 1 gewichtet. Die gemäß Definition notwendige additive Konstante hat den Wert 0.

2. **a(4):** Auch dieser Indexausdruck beschreibt eine Summenbildung. Da die einzelnen Bezeichner mit dem Faktor 0 gewichtet werden, kann auf deren explizite Angabe verzichtet werden. Der Indexausdruck besteht nur aus der additiven Konstante 4.

3. **a(i+j+4):** Dieser Indexausdruck beschreibt die Summenbildung über zwei mit dem Faktor 1 gewichtete Bezeichner. Die additive Konstante hat den Wert 4.

4. **a(2*i+4*j):** Im Gegensatz zu dem vorangegangenen Beispiel besitzen die beiden Bezeichner von 1 verschiedene Faktoren. Die additive Konstante hat den Wert 0.

Die nächsten beiden Beispiele enthalten zwei nicht affine Indexausdrücke:

1. **a(i*j+4):** Der Ausdruck besteht aus zwei Komponenten. Die zweite enthält die erlaubte additive Konstante. Die erste ist das Produkt zweier Bezeichner. Gemäß Definition darf der Multiplikationsoperator in einem affinen Ausdruck nicht mit zwei Bezeichnern vorkommen.

2. **a(2*i,i*j):** Hierbei handelt es sich um eine *teilweise affine Indexfunktion*. Der erste Index ist das Produkt einer Konstanten mit einem Bezeichner, ist also affin. Der zweite Index ist die bereits als nicht affin bekannte Produktbildung zweier Bezeichner.

3.5.2 Vorarbeiten zu RGL und ASL

Die folgenden Abschnitte widmen sich der Begründung von Entwurfskriterien für RGL und ASL hinsichtlich der affinen Indexausdrücke.

3.5.2.1 Entwicklung von RGL

Die Verwendung von Indexausdrücken wird von Thalhofer wie folgt begründet:
„Sowohl was die Bedeutung für die Praxis der Anwender angeht, als auch was die mathematische Handhabbarkeit betrifft, spielen die affinen Indexausdrücke eine hervorragende Rolle." [Tha89].

Auf Basis der besonderen Eigenschaften dieser Klasse von Indizes wird eine Erweiterung der Kompression bei der Transformation in die Normalform entwickelt [Tha89]. Jeder affine Indexausdruck läßt sich in Form eines Tupels darstellen. Dabei erhält jeder Bezeichner seine eigene Komponente und kann somit unabhängig von den anderen Bezeichnern betrachtet und bearbeitet werden. Diese Komponenten erhalten die jeweiligen Faktoren als Gewicht zugewiesen. Die additive Konstante des affinen Ausdrucks wird in einem eigenen Tupel-Eintrag abgelegt.
Ein weiterer Vorteil der affinen Indexausdrücke besteht in der Möglichkeit, eindeutige Darstellungen von bestimmten Teilmengen der ganzen Zahlen realisieren

zu können [Tha89]. Hierfür brauchen bei affinen Ausdrücken nur die Gültigkeitsbereiche der einzelnen Bezeichner eingeschränkt zu werden. Für eine detaillierte
Betrachtung dieser Art von Ausdrücken wird auf [Hel89] verwiesen.
Aus der Sicht der Autoren stellt die Behandlung der affinen Ausdrücke in [Tha89]
eine denkbare Erleichterung bei der Bearbeitung von Spezifikationen dar. Es wird
an keiner Stelle explizit gefordert, daß die Indexausdrücke der Bezeichner innerhalb
von Gleichungsschablonen affin seien müssen. Dieser Abschnitt ist vielmehr als eine
denkbare Modifikation für die Behandlung eines in der Praxis relativ häufig auftretenden Falls zu verstehen. Somit ist auch verständlich, daß hier keine ausführlicheren
Begründungen angegeben sind.

3.5.2.2 Eindeutigkeit- und Vollständigkeit

Die Arbeit von Helm befaßt sich mit der Entwicklung der theoretischen Grundlagen für die Verfahren der Eindeutigkeits- und Vollständigkeitsanalyse [Hel89]. Diese
Phasen müssen nach der Transformation in die Normalform ausgeführt werden und
enthalten auch indirekt die Ermittlung der Abhängigkeiten. Helm trifft gleich zu
Beginn mehrere Einschränkungen, die im wesentlichen das Vorkommen der verschiedenen Formen von Ausdrücken betreffen:
*„Diese Einschränkung betrifft die zur Verwendung erlaubten Ausdrücke (< expr >):
alle auftretenden Ausdrücke, sowohl innerhalb der Gültigkeitsbereiche der gebundenen Bezeichner, als auch die zur Indizierung eines Bezeichners verwendeten Ausdrücke, müssen affin sein."* [Hel89].

Die dafür angegebene Begründung lautet wie folgt:
*„Die in der Praxis auftretenden Spezifikationen sind zum überwiegenden Teil charak-
terisiert durch affine Indexausdrücke."* [Hel89].

Weiterhin wird auf ähnliche Untersuchungen anderer Autoren verwiesen:
*„Dies kommt auch darin zum Ausdruck, daß einige Autoren, die sich mit ver-
gleichbaren Problemen beschäftigen, wie sie in dieser Arbeit behandelt werden sollen
(...), eine Einschränkung ihrer Untersuchungen, z.T. nach allgemeineren Betrachtungen, auf affine (Index-)Ausdrücke vornehmen."* [Hel89].
Untersucht man die Einschränkungen und die dafür gegebenen Begründungen ge-
nauer, so stellt man fest, daß einige Punkte nicht eindeutig formuliert sind. Während
Thalhofer den Fall der affinen Indexausdrücke gesondert behandelt [Tha89], fordert
Helm generell diese Einschränkung [Hel89]. Zusätzlich verlangt Helm noch, daß die
Ober- und Untergrenzen von Bereichsangaben in Form von affinen Indexausdrücken
definiert werden müssen. Diese Forderung stellt eine Einschränkung – gegenüber
[Tha89] – dar, die die Ermittlung der Abhängigkeiten vereinfacht.

Die ungenaue Formulierung der oben zitierten Begründungen läßt verschiedene Interpretationen zu. Es wird von *„allen vorkommenden Ausdrücken"* gesprochen. In
der zugehörigen Auflistung wird jedoch auf die Erwähnung der Ausdrücke auf der
rechten Seite einer Gleichung verzichtet. So können aus der obigen Begründung

folgende beiden Aussagen gewonnen werden:

- Alle vorkommenden Ausdrücke müssen affin sein. Somit dürfen auch auf den rechten Gleichungsseiten nur affine Funktionen vorkommen. (Nach Meinung der Autoren ist diese Interpretation richtig.)

- Im Gegensatz zur ersten Interpretation wird hier die angegebene Liste als korrekt betrachtet. In diesem Fall gilt die Einschränkung auf Affinität nicht für Ausdrücke auf rechten Gleichungsseiten. Nur die Ausdrücke auf den linken Gleichungsseiten müssen affin sein. (Nach Meinung der Autoren ist diese Interpretation falsch.)

Ausgehend von diesen Einschränkungen wird ein Verfahren für die Eindeutigkeits- und Vollständigkeitsanalyse entwickelt. Die Grundlage dieses Verfahrens ist die Darstellung von affinen Indexausdrücken in Form von Matrizen. Die Details dieser mit Restklassenarithmetik und verschiedenen Klassifikationsverfahren arbeitenden Methode können aus [Hel89] entnommen werden.

Im Gegensatz zu Thalhofer erfolgt bei Helm erstmals die explizite Einschränkung auf affine Indexausdrücke. Es ist anzunehmen, daß diese Einschränkung die Verfahren für die Eindeutigkeits- und Vollständigkeitsanalyse wesentlich vereinfacht hat.

3.5.2.3 Transformation von RGL-Spezifikationen

Stroiczek beschreibt Möglichkeiten der Implementierung der theoretischen Ansätze von Thalhofer [Str91b]. Auch hier wird eine Einschränkung auf die Behandlung von affinen Indexausdrücken eingeführt. Diese wird unter Verweis auf Thalhofer wie folgt begründet:
„Die Transformation von RGL-Spezifikationen beschränkt sich auf die Klasse der affinen Indexausdrücke. Affine Funktionen erleichtern die mathematische Handhabung deutlich, sie schränken jedoch die Klasse der handhabbaren Probleme praktisch nicht ein.“ [Str91b].

In Analogie zu Helm ist anzunehmen, daß die Einschränkung auf affine Indexausdrücke hauptsächlich die Realisierung des Transformationsverfahrens erleichtert. Als Beispiel sei hier die Transformation für die *„Ersetzung linker Seiten durch entsprechende rechte Seiten“* erwähnt.
Die theoretischen Grundlagen hierfür wurden von Thalhofer übernommen. Für die Implementierung dieses Transformationsschrittes vereinbart Stroiczek folgende Erleichterung:
„Der Vergleich der Indexfunktionen beschränkt sich auf den Vergleich der Indexfaktoren, da die Funktionen affin sind.“ [Str91b].

3.5.2.4 Entwicklung von ASL

Xiong beschreibt die Problematik der affinen Indexausdrücke wie folgt:
„Es ist sehr schwer, eine allgemeine Methode zur Eindeutigkeits- und Vollständig-

*keitsanalyse bzw. zur Transformation der ASL Spezifikation zu formulieren. Eine
große Klasse davon läßt sich jedoch lösen, nämlich die Klasse der affinen Indexausdrücke. In dieser Klasse sind alle Indexausdrücke eines Bezeichners affine Funktionen.
Der Grund für deren Lösbarkeit ist ihre mathematische Handhabbarkeit."* [Xio92].

3.5.3 Betrachtung weiterer Literatur

Da die bisherigen Begründungen für die Einschränkung auf affine Indexausdrücke
nicht sehr aussagekräftig sind, wird jetzt versucht, anhand weiterer Literatur die
Vorteile der affinen Indexausdrücke zu ermitteln. Gleichzeitig wird nach Begründungen für die Reduzierung auf diese Klasse von Indexausdrücken gesucht.

Die bei einer umfangreichen Recherche gefundene Literatur läßt sich inhaltlich in
folgende Kategorien einteilen:

- Ansätze auf der Basis von linearen Gleichungssystemen. Diese Kategorie kann
  wie folgt unterteilt werden:

    - Ansätze für das *Time-Space-Mapping*
    - Ansätze für das Lösen von linearen Gleichungssystemen
    - Berechnung von Zeit- und Prozessorkomplexitäten

- Behandlung von nicht linearen Gleichungssystemen

- Durchführung von Abhängigkeitstests

- Statistische Angaben

In den folgenden Abschnitten werden diese Kategorien detailiert betrachtet.

3.5.3.1 Ansätze für das Time-Space-Mapping

Zu diesem Themenbereich wurde eine Vielzahl von Artikel mit zum Teil unterschiedlichen Ansätzen gefunden. Bei der Vorstellung der für diese Recherche relevanten Aspekte geht es weniger um die Verfahren selbst, als vielmehr um die in
den Artikeln enthaltene Diskussion der Begriffe *„affin"* und *„Rekurrenzgleichung"*.
Genauere Informationen über die entwickelten Ansätze können aus der jeweiligen
Literaturstelle entnommen werden.

Chen stellt ein alternatives Verfahren vor, bei dem die Datenabhängigkeiten durch
die Einführung neuer Variablen reduziert werden [Che86b]. Für die Abbildung auf
die Architektur und Zeit („ Time-Space") werden lineare Mappingfunktionen verwendet. Dieses Verfahren wird mit der Begründung des Aufwands auf affine Funktionen beschränkt. Im nicht affinen Fall beruht der höhere Aufwand auf der Erzeugung des nicht affinen Mappings. (Unter Mapping ist im folgenden generell das
Time-Space-Mapping zu verstehen).

Bei der Vorstellung des Werkzeugs SYSTOL beschränken sich Mongenet und Perrin ebenfalls auf die Behandlung von affinen Ausdrücken [MP87]. Hier wird explizit die Existenz einer affinen Obergrenze für die Laufweite des Index gefordert, ohne dieses näher zu begründen. Das von den beiden Autoren entwickelte Verfahren für das Mapping basiert – ähnlich wie bei Chen – auf linearen Funktionen.

Fortes und Moldovan entwickeln verschiedene Verfahren zur Ersetzung von großen Broadcasts durch eine Anzahl von kleineren – und somit weniger zeitintensiven – Broadcasts [FM84], [FM85]. Gleich zu Beginn erfolgt die Einschränkung der Behandlung auf Variablen mit linearen Indexfunktionen. Alle anderen Typen von Problemen sind in dieser Arbeit nicht von Interesse.

Die dem Werkzeug DIASTOL zugrundeliegenden Verfahren werden von Quinton vorgestellt [Qui84]. Die Aufgabe dieses Werkzeugs besteht in der automatischen Generierung des *Time-Space-Mappings* für systolische Architekturen.
Dabei beschränkt sich der Autor auf den einfachen Fall uniformer Rekurrenzgleichungen. Unter Verwendung des zu einer Gleichung gehörigen Abhängigkeitsvektors können mit Hilfe dieses Werkzeugs automatisch *„quasi affine timing and allocation functions"* [Qui84] für das Mapping generiert werden. Da sich dieser Artikel nur mit der einfachsten Art von Rekurrenzgleichungen befaßt, konnten hieraus keine neuen Erkenntnisse gewonnen werden.

Einige Grundideen für ein generelles *Time-Space-Mapping* von systolischen Arrays werden von Clauss, Mongenet und Perrin vorgestellt [CMP92]. Die Überlegungen der Autoren basieren auf *„systems of affine recurrence equations"*, ohne daß diese Einschränkung der behandelbaren Probleme begründet wird.

Mongenet, Perrin und Clauss behandeln die geometrische Abbildung von durch affine Rekurrenzgleichungen definierten Algorithmen auf reguläre und synchrone Prozessor-Arrays [MPC91]. Dabei gehen sie von der Tatsache aus, daß uniforme Rekurrenzgleichungen für systolische Arrays mit ihren regulären und lokalen Verbindungen gut geeignet sind. Da dieser Typ von Rekurrenzgleichungen nur eine eingeschränkte Klasse von praktischen Problemen darstellen kann, wird eine Erweiterung auf affine Rekurrenzgleichungen vorgenommen. Diese wird durch die geeignete Transformation von affinen in uniforme Rekurrenzgleichungen realisiert. Die Beschränkung auf affine Rekurrenzgleichungen wird hingegen nicht weiter begründet.

Rajopadhye begründet die Einschränkung auf affine Rekurrenzgleichungen mit folgenden Argumenten [Raj89]:

- *„The starting point for the synthesis is an affine recurrence equation – a generalization of the simple recurrences encountered in mathematics."*

- *„A large class of programs, including (most single and multiple) nested-loop programs can be described by such recurrences."*

Hier wird ein zweistufiges Verfahren zur Erzeugung von einfachen systolischen Arrays aus affinen Rekurrenzgleichungen vorgestellt.

Yaacobi und Capello weisen darauf hin, daß für uniforme Rekurrenzgleichungen in der Regel die Möglichkeit eines linearen Mappings besteht [YC88]. Dieses gilt jedoch nicht mehr für affine Rekurrenzgleichungen. Deshalb besteht das Ziel darin, eine Klasse von affinen Indexausdrücken zu finden, die sich in *quasi-uniforme* Rekurrenzgleichungen umformen lassen. Nach dieser Argumentation ist anzunehmen, daß für Rekurrenzgleichungen höherer Ordnung keine einfachen Verfahren für das Mapping existieren.

Am Rande sei erwähnt, daß Bokhari die Lösbarkeit des allgemeinen Mappingproblems prinzipiell in Frage stellt [Bok81]:
„*This mapping problem is formulated in graph theoretic terms and shown to be equivalent, in its most general form, to the graph isomorphismen problem*" [Bok81].
Hierbei handelt es sich um: „*one of the classical unsolved combinatorial problems.*"[Bok81]
Der Autor sieht deshalb die Hauptaufgabe nicht in der Lösung des allgemeinen Problems, sondern in der Entwicklung guter Heuristiken.

3.5.3.2 Ansätze für das Lösen von linearen Gleichungssystemen

Zu diesem Bereich wurden – insbesondere in der mathematischen Fachliteratur – viele Ansätze gefunden, die auf linearen beziehungsweise affinen Funktionen und Gleichungen basieren. Mit Ausnahme von Kogge und Stone erfolgt jedoch keine Begründung, warum nur mit affinen Funktionen beziehungsweise Gleichungen gearbeitet wird [KS73]. Sie entwickeln eine Methode zur Lösung von linearen Rekurrenzen m-ter Ordnung mit Hilfe des *rekursiven Doppelns*. Die Autoren begründen die Beschränkung auf die Klasse der *first order recurrence equations* wie folgt:
„*The limitation to first-order equations is not as restrictive as it might first appear, since it is often the case that we can very easily reformate a more general m-th-order problem as a first-order problem.*" [KS73]

Da in den weiteren Artikeln keine Begründungen gefunden wurden, folgt hier nur eine kurze Übersicht über die gefundenen Lösungsansätze:

- Stone [Sto73]:
  Stone entwickelt einen Algorithmus zur effizienten parallelen Lösung von tridiagonalen Systemen beliebiger Ordnung. Der Algorithmus basiert auf dem Konzept des *rekursiven Doppelns*.

- Bojanczyk, Brent und Kung [BBK84]:
  Die Autoren entwickeln ein Verfahren zur Lösung von Systemen von n linearen Gleichungen mit Hilfe von Multiprozessoren. Im ersten Schritt erfolgt die Reduzierung zu einer oberen Dreiecksmatrix. Nach der *Givens-Rotation* wird auf dieser neuen Form der Matrix ein Substitutionsschritt angewendet. Laut

den Autoren ist dieses Verfahren insbesondere für Systeme mit identischen Prozessoren geeignet, die durch einfache und reguläre Kommunikationsmuster miteinander verbunden sind.

- Heller [Hel76]:
  Heller stellt in diesem Artikel ein Verfahren zur Lösung von tridiagonalen Systemen vor. Unter gewissen Voraussetzungen kann die Lösung mit Hilfe der *zyklischen odd-even-Reduktion* erfolgen. Laut Heller eignet sich dieses Verfahren besonders für die Parallelverarbeitung.

- Hwang und Cheng [HC80]:

  Die Autoren stellen in diesem Artikel verschiedene Lösungsverfahren für große Gleichungssysteme vor. Insbesondere wird auf die für die *Gauss-Elimination, LU-Dekomposition* und *Pivotisierung* notwendigen Verbindungsnetze der „*pipelined VLSI cellular arithmetic networks*" eingegangen.

3.5.3.3　Berechnung von Zeit- und Prozessorkomplexitäten

Diese Problematik wird von Chen und Kuck ausführlich besprochen [CK75]. Mit der Begründung, daß in der Praxis hauptsächlich lineare Rekurrenzgleichungen vorkommen, werden nur Verfahren für die Berechnung der Komplexitäten bei linearen Rekurrenzgleichungssystemen betrachtet.

3.5.3.4　Durchführung von Abhängigkeitstests

Rajopadhye beschreibt das Vorgehen bei der Behandlung von Rekurrenzgleichungen mit linearen Abhängigkeiten [RF87]. Am Rande werden noch uniforme Gleichungen – also der einfachere Fall – behandelt. Alle anderen Typen von Rekurrenzgleichungen werden weder erwähnt, noch ein Fehlen begründet.

Der in diesem Zusammenhang entwickelte *Banerjee-Test* wird von Psarris, Klappholz und Kong ausführlich vorgestellt [PKK91]. Für die Untersuchung ist dabei weniger der eigentliche Test, als vielmehr die folgende Bemerkung interessant:
„*We assume, for the sake of simplicity, that ... is a linear function*" [PKK91].

Vergleichbare Aussagen finden sich auch in folgenden Artikeln im Rahmen der Durchführung von Abhängigkeitstests:

- Wallace [Wal88]:
  „*In the most common case ... functions ... are linear.*"

- Burke und Cytron [BC86]:
  „*Our dependence analysis considers only those subscript functions that are linear in terms of iteration variables.*"

- Kuck, Kuhn, Padua, Leasure und Wolfe [KKP$^+$81]:
  „An intermediate case is when the subscript of V in $A_1(\bar{i})$ is a (possibly multidimensional) function $\bar{f}(\bar{i})$, and $A_2(\bar{j})$ a function $\bar{g}(\bar{j})$. U. Banerjee has developed efficient algorithms to determine whether $\bar{f}(\bar{i}) = \bar{g}(\bar{j})$ for some $\bar{i}$ and $\bar{j}$ when both $\bar{f}$ and $\bar{g}$ are polynomials (which is often the case). We do not know of any efficient algorithm to make such a determination when any of $\bar{f}$ or $\bar{g}$ is a more general nonlinear function."

3.5.3.5 Statistische Angaben

Shen, Li und Yew betrachten die Häufigkeiten, mit denen die verschiedenen Typen von Gleichungen auftreten [SZY89]. Dabei fällt auf, daß die nichtlinearen Funktionen mit Ausnahme der eindimensionalen Fälle nur einen sehr geringen oder gar keinen Anteil an allen Funktionen haben. Außerdem werden Bedingungen für die Nicht-Linearität vorgestellt:

- **Grund 1:** Im Index kommt ein unbekannter Bezeichner vor. Dieser Fall von Nicht-Linearität läßt sich relativ leicht beheben. Es reicht aus, wenn diesem Bezeichner während der Laufzeit ein fester Wert zugewiesen wird. Dieses kann zum Beispiel durch Zuweisung durch den Benutzer geschehen. Dieses Verfahren reduziert gemäß den Testergebnissen das Vorkommen von nichtlinearen Indizes bei eindimensionalen Bezeichnern von 47% auf 27%. Bei zweidimensionalen Bezeichnern erfolgt eine Verringerung der nichtlinearen Indizes von 44% auf 14% aller Fälle.

- **Grund 2:** In den Indexausdrücken kommt ein weiterer indizierter Bezeichner vor, der indirekt selbst ein Element des zu berechnenden Bezeichner-Felds ist.

3.5.3.6 Behandlung von nicht linearen Systemen

Da die Suche nach dem Stichwort *„affin"* beziehungsweise *„linear"* nur im begrenzten Rahmen verwendbare Ergebnisse lieferte, wurde auch nach dem jeweilig konträren Begriff gesucht. Dabei wurde der Artikel von Forsythe und Moler gefunden[FM67]. In diesem wurde hauptsächlich auf die negativen Eigenschaften von nichtlinearen Systemen eingegangen. Insbesondere fällt dabei auf, daß keine einheitliche Handhabung möglich ist, da jedes Problem individuell behandelt werden muß. Die Situation zu dem damaligen Zeitpunkt wurde von den Autoren wie folgt beschrieben: *„Relatively little is reported about the solution of nonlinear systems."* [FM67].

In dem zeitlich gesehen neueren Artikel von Kuck, Lawrie und Sameh [KLS77] wird die parallele Behandlung von nicht linearen Systemen behandelt. Die Autoren kommen zu dem Ergebnis, daß im Gegensatz zu der Behandlung von linearen Gleichungssystemen bei den nichtlinearen Systemen durch die Parallelisierung keine Zeitgewinne zu erreichen sind. Ihr Lösungsansatz sieht deshalb die Umwandlung von nichtlinearen Systemen in lineare Systeme vor.

3.5.3.7 Ergebnisse

Bei der Betrachtung der vorgestellten Artikel fällt auf, daß den meisten Autoren allein das häufige Vorkommen der affinen Rekurrenzgleichungen als Begründung für ihre Vermutungen ausreicht; dabei wird dieses – mit einer Ausnahme – in keinem der Artikel durch statistische Angaben bestätigt. Nur in [SZY89] erfolgt eine empirische Untersuchung, in der statistische Angaben über das Vorkommen der verschiedenen Typen vorgelegt werden. Diese erlauben die Begründung „*treten in der Praxis am häufigsten auf*".

Die anderen Argumente beziehen sich auf die weitere Umsetzung von Rekurrenzgleichungen, wie zum Beispiel das *Time-Space-Mapping* oder das Lösen von Gleichungssystemen. Überträgt man dieses auf die Sprache ASL, so könnte man sagen, daß die Einschränkung auf affine Indexausdrücke Erleichterungen in den nach der Transformation in die Normalform folgenden Phasen bringt. Dieses gilt insbesondere für die Analyse der Abhängigkeiten und das Mapping (siehe [Str91a] und [Tha89]).

Ein weiteres Argument für die Einschränkung auf affine Indexausdrücke ist der wesentlich höhere Berechnungsaufwand für nicht lineare Systeme. Hinzu kommt, daß sich nicht lineare Probleme in der Regel mit Hilfe von Reduzierungsverfahren, wie zum Beispiel das Newton-Verfahren, auf lineare Systeme zurückführen lassen. Der Benutzer muß sein nicht lineares Problem zuerst *von Hand* umformen, bevor er es in ASL spezifizieren kann. Da hierfür genügend mathematische Verfahren existieren, ist diese vereinfachende Einschränkung durchaus sinnvoll und hat nur eine begrenzte Reduzierung der Möglichkeiten zur Folge.

Als interessante Argumente für diese Einschränkung können auch die in von Shen, Li und Yew vorgestellten Kriterien für die Nicht-Linearität verwendet werden [SZY89]. Auf diese wird im nächsten Abschnitt im Zusammenhang mit weiteren Überlegungen zu den Sprachen RGL und ASL eingegangen.

3.5.4 Literaturunabhängige Überlegungen

Die Ausgangsbasis für die im folgenden durchgeführten Überlegungen bildet die von Thalhofer vorgestellte Sprache RGL [Tha89]. Die für ASL relevanten Schlußfolgerungen lassen sich vorerst darauf reduzieren.

3.5.4.1 RGL und ASL

Anhand beispielhafter Gleichungsschablonen werden die Probleme bei der Verwendung von affinen Indexausdrücken vorgestellt:

$$\text{Gleichung } A\colon\ a(i,j) = e(3*i, 4*j) : \{i = 1..10\}, \{j = 2..20\};$$
$$\text{Gleichung } B\colon\ b(i,j) = e(3*i, 4*j) : \{i = 1..j\}, \{j = 2..20\};$$
$$\text{Gleichung } C\colon\ c(i,j) = e(3*i, 4*j) : \{i = 1..z(j)\}, \{j = 2..20\};$$
$$\text{Gleichung } D\colon\ d(i,j) = e(3*i, z(j)) : \{i = 1..10\}, \{j = 2..20\};$$

Auf den ersten Blick sehen diese Gleichungen identisch aus. Die genauere Betrachtung zeigt jedoch eine Menge kleiner Unterschiede. Gleichung A erfüllt alle Bedingungen die bezüglich der Affinität gefordert sind. Diese Gleichung bereitet bei der Untersuchung keinerlei Probleme und braucht nicht weiter betrachtet zu werden. In Gleichung B kommt in der Obergrenze der Bereichsangabe ein weiterer Bezeichner vor. Gemäß Definition ist diese Bereichsangabe aber immer noch affin. Die gleiche Aussage gilt auch für den Fall C. Dort liegt ebenfalls ein weiterer Bezeichner vor. Im Gegensatz zu Gleichung B ist dieser hier jedoch indiziert. Dieses erfordert eine genauere Betrachtung (die hier aufgestellten Überlegungen gelten in Analogie auch für den Fall D, in dem der indizierte Bezeichner in dem Indexausdruck vorkommt). Für den verwendeten indizierten Bezeichner müssen Vorschriften zur Bestimmung seiner Werte existieren. Im einfachsten Fall handelt es sich dabei um die vorgegebenen Eingabewerte. Da diese dann ohne Schwierigkeiten verwendet werden können, ist dieser Fall für die weitere Untersuchung nicht von Interesse.

Der interessantere Fall ist, wenn für den Bezeichner eine Berechnungsvorschrift in Form einer eigenen Gleichungsschablone existiert. Zur Verdeutlichung werden die folgenden beiden Gleichungen für die Definition des Bezeichners $z(j)$ betrachtet:

$$\text{Gleichung } E:\ z(j) = 4 * j + 5 : \{j = 2..20\};$$
$$\text{Gleichung } F:\ z(j) = SIN(j) : \{j = 2..20\}$$

Bei der Verwendung der Gleichung E für die Berechnung der einzelnen Instanzen des Bezeichners $z(j)$ gibt es keine Probleme. Der bei der Berechnung verwendete Ausdruck auf der rechten Gleichungsseite ist affin. Im Gegensatz dazu ist der Ausdruck auf der rechten Seite von Gleichung F aufgrund der SIN-Funktion nicht affin. Das Problem wird offensichtlich, wenn man folgende zulässige Transformation durchführt (diese Umwandlung bringt keinen Nutzen bei der Transformation in die Normalform, ist jedoch für diesen Vorführungszweck ideal geeignet): Existiert zu einem in einem beliebigen Ausdruck vorkommenden indizierten Bezeichner eine eigene Gleichungsschablone (d.h. er steht auf der linken Seite), kann der Bezeichner in dem Ausdruck durch die rechte Seite der Gleichung ersetzt werden. Für die Gleichungen C und E entsteht dabei die neue Gleichungsschablone C_E:

$$\text{Gleichung } C_E:\ a(i,j) = d(3 * i, 4 * j) : \{i = 1..(4 * j + 5)\}, \{j = 2..20\};$$

Aus den Gleichungen C und F entsteht die Gleichungsschablone C_F:

$$\text{Gleichung } C_F:\ a(i,j) = d(3 * i, 4 * j) : \{i = 1..SIN(j)\}, \{j = 2..20\};$$

Während im ersten Fall die Obergrenze der Bereichsangabe durch die Umformung affin bleibt, entsteht im zweiten Fall eine nicht affine Obergrenze. Dieses passiert, obwohl gemäß Definition die ursprüngliche Angabe affin ist. Wenn man die von Shen, Li und Yew vorgestellten Kriterien der Nicht-Linearität berücksichtigt [SZY89], sind die von Thalhofer aufgestellten Anforderungen an Indexausdrücke und Bereichsangaben zu schwach formuliert [Tha89]. Deshalb wurden bei der Erweiterung in ASL an dieser Stelle einige zusätzliche Forderungen aufgestellt. In den oberen und unteren Bereichsgrenzen und in Indexausdrücken dürfen keine indizierten Bezeichner vorkommen. Damit trotzdem die flexible Definition von Bereichen und Indizes möglich bleibt, wurde das INIT-Konzept (siehe Kapitel 3.4.2.1 und 5.2.2) eingeführt. Dadurch können Bezeichner als konstante Werte definiert werden.

3.5.4.2　Eigenschaften von affinen Ausdrücken

In diesem Abschnitt werden einige Aspekte der Analyse von affinen Ausdrücken diskutiert. Hierzu wird folgende in RGL (diese Gleichung ist in ASL nicht mehr erlaubt) zulässige Gleichungsschablone betrachtet:

$$\text{Gleichung } G\!: \ a(i) = i : \{i = 1..n(k)\}, \{k = 2..5\}$$

Die wesentliche Frage ist, ob die Obergrenze des Bezeichners i ein affiner Ausdruck ist. Dieses hängt nur von den Werten $n(k)$ ab. Da diese Werte erst während der Laufzeit ermittelt werden, kann diese Frage zur Analysezeit nicht beantwortet werden. Diese ist nur dann analysierbar, wenn die Bereichsangaben nur von konstanten Zahlenwerten und nicht indizierten Bezeichnern abhängen. Durch die reduzierten Verwendungsmöglichkeiten von indizierten Bezeichnern in ASL entsteht generell ein statisches System, in dem die Frage der Affinität bereits zur Analysezeit beantwortet werden kann. Dieses ist aus Sicht der Autoren eines der wichtigsten Argumente für die Reduzierung der Indizes und der Ober- und Untergrenzen von Bereichsangaben auf affine Ausdrücke. Aus theoretischer Sicht wäre auch in der Sprache ASL die Verwendung von indizierten Bezeichnern als Indizes denkbar.

Bei der Behandlung und Prüfung von affinen beziehungsweise nicht-affinen Indexausdrücken muß zusätzlich noch folgender Aspekt berücksichtigt werden: Aus einem nicht affinen Ausdruck entsteht in der Regel durch das bei der Instantiierung (siehe Kapitel 4.5.4) durchzuführende Einsetzen von konkreten Werten für die Bezeichner ein affiner Indexausdruck. Es ist notwendig, daß die Überprüfung der Affinität auf Basis der ursprünglichen Gleichung durchgeführt wird. Diese Eigenschaft wird anhand des folgenden Beispiels kurz erläutert:

$$\text{Gleichung } H\!: \ a(i,j) = b(i*j,j) : \{i = 1..3\}, \{j = 2..4\}$$

Gemäß den Anforderungen sind alle Indizes dieser Gleichung sowohl in RGL als auch in ASL syntaktisch korrekt. Allerdings erfüllt der erste Index des Bezeichners b nicht das Kriterium der Affinität. Nach der ersten Stufe der Instantiierung, bei der der Index j ersetzt wird, entstehen folgende Gleichungen:

$$\text{Gleichung } H_2\!: \ a(i,2) = b(i*2,2) : \{i = 1..3\}; \ (\text{für } j{=}2)$$
$$\text{Gleichung } H_3\!: \ a(i,3) = b(i*3,3) : \{i = 1..3\}; \ (\text{für } j{=}3)$$
$$\text{Gleichung } H_4\!: \ a(i,4) = b(i*4,4) : \{i = 1..3\}; \ (\text{für } j{=}4)$$

Schon nach dieser Stufe erfüllen alle Indizes das Kriterium der Affinität. Wird der nächste Schritt der Instantiierung durchgeführt, so ändert sich daran nichts mehr, da dann nur noch Konstanten vorliegen, die gemäß Definition generell affin sind.

Diese Entwicklung basiert auf der Tatsache, daß aufgrund der festen Ober- und Untergrenzen der Bereichsangabe eine Zerlegung in Teilbereiche möglich ist. Diese Teilbereiche enthalten nur ein Element. Wenn ein Bereich nur ein Element hat, kann dieser Bezeichner durch diesen Wert ersetzt werden. Dadurch wird zum Beispiel aus einem nicht affinen Ausdruck der Form „*Bezeichner * Bezeichner*" ein affiner Ausdruck der Form „*Bezeichner * Konstante*". In der Regel ist es also möglich, nicht affine Ausdrücke durch entsprechende Einschränkungen der Bereiche in mehrere affine Teilausdrücke zu zerlegen.

Die Zusammenfassung von mehreren affinen Ausdrücken kann affin sein. Dieses gilt aber nicht generell. Als Gegenbeispiel kann folgendes Gleichungssystem verwendet werden:

$$\text{Gleichung } I: \ a(i,j) = b(10 * i + j, j) : \{i = 1,3\}, \{j = 1,2\};$$
$$\text{Gleichung } J: \ a(i,j) = b(5 * i + j, j) : \{i = 2,4\}, \{j = 1,2\};$$

Die Indexausdrücke des Bezeichners b sind in beiden Gleichungsschablonen affin. Da die beiden Gleichungsschablonen eine Unterscheidung nach geradem und ungeradem Wert des ersten Index durchführen, können diese zu einer Gleichungsschablone zusammengefaßt werden (die in dem Index des Bezeichners b verwendete Funktion f dient hier nur zur übersichtlicheren Schreibweise):

$$\text{Gleichung } I_{J_1}: \ a(x,y) = b(f(x,y), y) : \{x = 1..4\}, \{y = 1,2\}$$

Wobei die Funktion f wie folgt gegeben ist:

$$f(x,y) = \begin{cases} 10 * x + y & \text{für x=1,3; y=1,2} \\ 5 * x + y & \text{für x=2,4; y=1,2} \end{cases}$$

Aus dieser Form der Gleichung läßt sich durch geeignete Umformung die Fallunterscheidung beseitigen:

$$\text{Gleichung } I_{J_2}: \ a(x,y) = b(5 * x * (1 + (x \, MOD \, 2)) + y, y) : \{x = 1..4\}, \{j = 1,2\}$$

Obwohl die beiden ursprünglichen Gleichungen affin sind, ist die Zusammenfassung der beiden Gleichungsschablonen nicht mehr affin. Dieses entsteht aufgrund der Verwendung der Funktion MOD in der ersten Indexkomponente des Bezeichners b.

3.6 Bearbeitung einer ASL-Spezifikation

Das Ziel der Spezifikationssprache ASL ist die Erstellung von *abstrakten* Spezifikationen. Dafür sind Spezifikationen erforderlich, die sowohl *skalierbar* (siehe Kapitel 2.1.1 und 2.3.4) als auch *portabel* (siehe Kapitel 2.1.2) sind (vgl. Abbildung 3.1.).

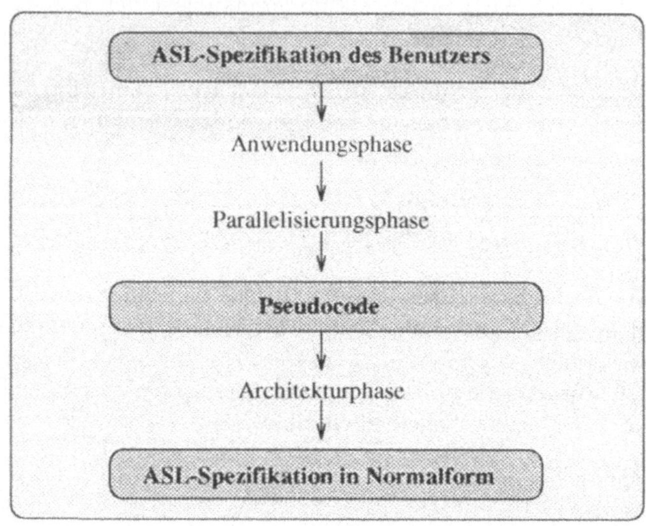

Abbildung 3.1: Ablauf bei der Umsetzung von ASL-Spezifikationen

Die *Skalierbarkeit* der Spezifikation wird in der *Anwendungsphase* erreicht. Neben der Versorgung mit Informationen zur aktuell zu behandelnden Problemgröße wird die semantische und syntaktische Korrektheit der Spezifikation geprüft.

Eine Spezifikation kann nur dann *skalierbar* und *portabel* sein, wenn sie gemäß den jeweiligen Anforderungen angepaßt (*transformiert*) werden kann. Die von einem bestimmten Rechnertyp unabhängigen Transformationen werden in der *Parallelisierungsphase* durchgeführt. Gleichzeitig wird die Korrektheit, Eindeutigkeit und Vollständigkeit der Spezifikation geprüft.

Die rechnerabhängigen Transformationen finden in der *Architekturphase* statt. Hierbei geht es um die Abbildung einer Problemstellung auf einen konkreten Rechner und die Erzeugung des Pseudocodes.

Die Abbildung 3.1 stellt den Ablauf der Bearbeitung dar. Es wird gezeigt, welche Stufen eine von einem Benutzer erstellte ASL-Spezifikation bis zur Erzeugung des Pseudocodes durchlaufen muß.

3.6.1 Anwendungsphase

Die in der *Anwendungsphase* anfallenden Aufgaben lassen sich in vier Kategorien einteilen:

- Bestimmung der aktuellen Problemgröße

- Syntaktische Korrektheit der Spezifikation

- Behandlung der Konstantenbezeichner

- Semantische Korrektheit der Spezifikation

Diese Aufgaben werden im folgenden näher betrachtet.

3.6.1.1 Bestimmung der aktuellen Problemgröße

Im ersten Schritt wird die bislang problemgrößenunabhängige Spezifikation an die aktuell zu behandelnde Problemgröße angepaßt. Die die Größe festlegenden Werte werden vom Benutzer zur Analysezeit zur Verfügung gestellt. Nach der Ersetzung der symbolischen Parameter liegt eine Spezifikation vor, die nur noch für eine bestimmte Problemgröße geeignet ist.

3.6.1.2 Syntaktische Korrektheit der Spezifikation

Die problemgrößenorientierte Spezifikation wird auf syntaktische Korrektheit untersucht. Als Grundlage dafür wird die in Kapitel 5 vorgestellte Grammatik verwendet. Eine Besonderheit dieser Prüfung ist, daß sie nicht auf eine Spezifikation beschränkt ist. Wenn eine andere Spezifikation aufgerufen wird, wird diese ebenfalls auf syntaktische Korrektheit überprüft.

3.6.1.3 Behandlung der Konstantenbezeichner

Dieser Schritt dient zur textuellen Ersetzung der von einem Benutzer definierten Konstantenbezeichner. Das hierfür erforderliche Verfahren wird bei der Vorstellung der semantischen Bedeutung dieser Bezeichner behandelt (siehe Kapitel 4.2.2.5 und 5.2.2).

3.6.1.4 Semantische Korrektheit der Spezifikation

Die semantische Prüfung einer Spezifikation bezieht sich nicht auf die inhaltliche Korrektheit des beschriebenen Problems. Es wird geprüft, ob die an die einzelnen Sprachkonstrukte gestellten semantischen Anforderungen erfüllt sind. Die im einzelnen zu kontrollierenden Eigenschaften und Anforderungen werden bei der Vorstellung der semantischen Bedeutung der einzelnen Sprachkonstrukte diskutiert (siehe Kapitel 4 und 5).
Weitere Informationen zu den Aufgaben der Anwendungsphase können aus den Arbeiten von Heise [Hei92] und Xiong [Xio92] entnommen werden.

3.6.2 Parallelisierungsphase

Die von der *Anwendungsphase* bearbeiteten Spezifikationen werden in diesem Schritt rechnerunabhängig transformiert. Die Aufgabe besteht in der Erzeugung der sogenannten **Normalform**. Diese rechnerunabhängige Form der Spezifikation kann beliebig oft für die Abbildung auf verschiedene Rechner einer bestimmten Klasse, zum Beispiel SIMD, MIMD oder Datenflußrechner, verwendet werden. Für diesen Vorgang reicht die Durchführung der in Kapitel 3.6.3 beschriebenen Architekturphase aus. Die beiden ersten Phasen brauchen für jede von einem Benutzer erstellte Spezifikation nur einmal durchlaufen zu werden. Die Erzeugung dieser Normalform kann in zwei Teilaufgaben zerlegt werden:

- Erzeugung der monolithischen Form

- Erzeugung der Normalform

Beide Aufgaben werden im folgenden näher betrachtet.

3.6.2.1 Erzeugung der monolithischen Form

Eine Spezifikation ist dann *monolithisch*, wenn sie nur einen Gleichungsteil besitzt. Diese Forderung vereinfacht die später folgenden Parallelisierungsmaßnahmen erheblich.

Da ein Aufruf einer anderen Spezifikation einen Verweis auf einen neuen, weiteren Gleichungsteil darstellt, ist die Auflösung der Aufrufe anderer Spezifikationen notwendig. Bei dieser Auflösung werden die Berechnungsvorschriften der aufgerufenen Spezifikation in die Vorschriften der aufrufenden Spezifikation integriert (das Verfahren wird in Kapitel 6.1.4 ausführlich vorgestellt).

Zusätzlich werden auch einige andere Sprachkonstrukte aufgelöst. Diese dienen hauptsächlich zur Steigerung der Benutzerfreundlichkeit und können in der Regel auf einfachere Sprachkonstrukte zurückgeführt werden.
Die im Rahmen der Überführung der Spezifikation in ihre monolithische Form notwendigen Auflösungsverfahren werden in den Kapiteln 6.1.1, 6.1.2 und 6.1.3 behandelt.

3.6.2.2 Erzeugen der Normalform

Nachdem eine monolithische Form erzeugt worden ist, kann mit der Parallelisierung begonnen werden. Die erste Aufgabe besteht in der Trennung von Berechnungs- und Kommunikationsanweisungen. Dieses wird durch die geeignete Modifikationen der in den einzelnen Vorschriften vorkommenden Indizes erreicht (siehe Kapitel 6.2).

3.6.2.3 Abhängigkeitsanalyse

Anhand der Normalform können die Abhängigkeiten zwischen den einzelnen in der Spezifikation vorkommenden Bezeichnern bestimmt werden. Diese bilden die Grundlage für weitere Untersuchungen. Die Abhängigkeiten geben Auskunft über die

Vollständigkeit der Spezifikation. Es wird zum Beispiel erkannt, wenn ein für eine Berechnung benötigter Wert nicht vorliegt. Gleichzeitig wird auch nach Bezeichnern gesucht, denen mehrere Werte zugewiesen werden. Diese nicht eindeutig definierten Bezeichner sind in ASL nicht erlaubt.

Der in diesem Schritt erzeugte Abhängigkeitsgraph wird bei der im folgenden auszuführenden Abbildung auf einen konkreten Rechnertyp benötigt. Aus den einzelnen Abhängigkeiten kann die Reihenfolge für die Berechnung der einzelnen Werte ermittelt werden. Die Festlegung der Berechnungsreihenfolge bildet den Schwerpunkt der Parallelisierungsphase. Eine Reihe von problemspezifischen Aufgaben ist hierbei zu lösen, bevor die Spezifikation weiter verarbeitet werden kann. Diese Aufgaben liegen jedoch außerhalb des Sprachentwurfs von ASL, so daß die Behandlung dieser Thematik den Rahmen des Buchs sprengen würde. Stattdessen soll auf die ASL-spezifische weiterführende Literatur verwiesen werden.
Das Vorgehen bei der Erzeugung der Normalform ist in den Arbeiten von Heise und Stroiczek beschrieben [Hei92], [Str91b]. Die Aspekte der Abhängigkeitsanalyse für RGL-Spezifikationen werden von Helm behandelt [Hel89]. Franzmeier befaßt sich in seiner Arbeit mit der Ermittlung von Abhängigkeiten in ASL-Spezifikationen [Fra93].

3.6.3   Architekturphase

Nachdem die rechnerunabhängige Behandlung einer Spezifikation abgeschlossen ist, kann mit der Transformation der zugehörigen Normalform auf den gewünschten Rechnertyp begonnen werden.
In diesem *Mapping-Prozeß* ist die rechnerunabhängige Spezifikation räumlich und zeitlich an die gewünschte Zielrechnerarchitektur anzupassen. Das *Mapping-Problem* ist im allgemeinen Fall NP-schwer, so daß hier Kompromisse hinsichtlich der Optimalität geschlossen werden müssen. Verschiedene Heuristiken werden in der Literatur diskutiert. ASL bietet aufgrund der eindeutigen Semantik ideale Voraussetzungen, um etablierte *Mapping-Verfahren* systematisch anwenden zu können. Das Ergebnis dieser Phase ist wieder eine ASL-Spezifikation, die in Normalform jetzt jedoch architekturabhängig vorliegt. Diese Phase wird in [GR93] ausführlich behandelt.

Kapitel 4

Elementare Konstrukte von ASL

Die Spezifikationssprache ASL setzt sich aus sehr wenigen, gezielt ausgewählten
Konstrukten zusammen. Bei der Auswahl wurde darauf Wert gelegt, daß wesentliche
berechenbarkeitstheoretische Eigenschaften der primitiven Rekursion für die Spezifikation von Algorithmen sowohl für Raum- als auch für Zeitkomponenten eingehalten
werden. Dieses Kapitel führt in die elementaren Konstrukte von ASL ein.

4.1 Aufbau einer ASL-Spezifikation

Die Behandlung der semantischen Konstrukte und Sprachelemente von ASL wird
gemäß dem Aufbau einer Spezifikation gegliedert, siehe die BNF-Produktionen 1
(Backus-Naur-Form). Um dieses Vorgehen besser begründen zu können, wird anhand eines einfachen Beispiels die Gliederung einer ASL-Spezifikation vorgestellt.

⟨specs⟩ ::= ⟨spec⟩
          | ⟨specs⟩ ⟨spec⟩

⟨spec⟩   ::= ⟨header⟩ ⟨define⟩ ⟨equations⟩
              ⟨input⟩ ⟨compute⟩ .

⟨header⟩   siehe BNF-Produktionen 2
⟨define⟩   siehe BNF-Produktionen 3
⟨equations⟩   siehe BNF-Produktionen 4
⟨input⟩   siehe BNF-Produktionen 5
⟨compute⟩   siehe BNF-Produktionen 6

BNF-Produktionen 1 *Spezifikationen*

Spezifikation 4.1 zeigt exemplarisch die prinzipielle Einteilung einer Spezifikation in
ihre fünf Teile. Die einzelnen Teile einer Spezifikation beginnen jeweils mit einem in
Fettschrift hervorgehobenen Schlüsselwort. Darin steht eine Anzahl von zusätzlichen
Schlüsselwörtern für eine weitere Gliederung zur Verfügung.

```
ALGORITHM  structure /* Teil 1 */
DEFINE  /* Teil 2 */
    INT
        w, x, y, z;
    STRUCT
        [INT,INT,INT] s;
    DECLARE
        Neu = $1;
        Old = 7;
    RANGES
        bereich : {i = 1..Neu}, {j = 2..Old};

EQUATIONS  /* Teil 3 */
    x(i, j) = 3 * y(i - 1, j + 2) - func(z(i, j)) : #bereich;
    s[3] = 5;
    OBTAIN w(i, j) : #bereich
    FROM subprogram
    WITH z(i, j) : #bereich.
    FUNCTIONS
        func(par) := 4 * par - 6;

INPUT  /* Teil 4 */
    y(i, j), z(i, j) : #bereich;

COMPUTE  /* Teil 5 */
    s;
    x(i, j), w(i, j) : #bereich.
```

Spezifikation 4.1 *Beispiel für Aufbau einer Spezifikation*

Die folgenden Abschnitte geben einen kurzen Überblick über die Aufgaben der einzelnen Teile. Dabei werden auch die Anforderungen an den syntaktisch korrekten Aufbau beschrieben. Hierzu werden die entsprechenden BNF-Produktionen der ASL-Grammatik vorgestellt.

4.1.1   Der Spezifikationskopf

Der Kopfteil einer Spezifikation beginnt mit dem Schlüsselwort **ALGORITHM**. Nach dem Schlüsselwort wird der Name der dargestellten Spezifikation angegeben. Dieser Teil einer Spezifikation wird bei Aufrufen anderer Spezifikationen benötigt. Bei der Auflösung (siehe Kapitel 6.1.4) dieser Aufrufe dient der Name zur Identifizierung der gewünschten Spezifikation.

Der korrekte syntaktische Aufbau des Kopfteils wird durch die BNF-Produktionen 2 festgelegt. Der Aufbau des Symbols ⟨name⟩ ist an dieser Stelle noch nicht von Interesse. Hier ist es ausreichend, daß dieses Symbol einen beliebigen Bezeichner repräsentiert.

⟨header⟩	::=	**ALGORITHM** ⟨name⟩
⟨name⟩		siehe BNF-Produktionen 7

BNF-Produktionen 2 *Kopfteil*

4.1.2 Der Definitionsteil

Dieser Teil wird durch das Schlüsselwort **DEFINE** eingeleitet. Hier werden die für das Verständnis und die Ausführung einer Spezifikation notwendigen Definitionen und Vereinbarungen getroffen. Zur weiteren Unterteilung dieses Teils stehen die Schlüsselwörter **DECLARE** und **RANGES** zur Verfügung.

⟨define⟩	::=	**DEFINE** ⟨type_decl⟩ ⟨const_decl⟩ ⟨set_decl⟩
⟨type_decl⟩	::=	⟨type_default⟩ ⟨type_ndefaults⟩
⟨const_decl⟩	::=	ε
	|	**DECLARE** ⟨const_defs⟩
⟨set_decl⟩	::=	ε
	|	**RANGES** ⟨set_defs⟩
⟨type_default⟩		siehe BNF-Produktionen 17
⟨type_ndefaults⟩		siehe BNF-Produktionen 17
⟨const_defs⟩		siehe BNF-Produktionen 18
⟨set_defs⟩		siehe BNF-Produktionen 19

BNF-Produktionen 3 *Definitionsteil*

Da die genauere Bedeutung dieser Konstrukte später ausführlich vorgestellt wird (siehe Kapitel 5.2.1-3), soll an dieser Stelle folgende kurze Übersicht über deren Aufgaben ausreichen:

- **DEFINE**: Definition der Typen der verwendeten Bezeichner

- **DECLARE**: Definition von Konstanten

- **RANGES**: Definition von Bereichsangaben

Der korrekte Aufbau des Definitionsteils ist durch die BNF-Produktionen 3 vorgegeben. Der zweite Teil dieser Auflistung enthält die BNF-Produktionen für den DEFINE-, DECLARE- und RANGES-Teil.

4.1.3 Der Gleichungsteil

Dieser Spezifikationsteil wird durch das Schlüsselwort **EQUATIONS** eingeleitet. Hier werden die Berechnungsvorschriften in Form von Rekurrenzgleichungen (siehe Kapitel 3.2.1.1 und 4.5.1) beschrieben. Außerdem werden in diesem Teil die Aufrufe anderer Spezifikation angegeben. Hierfür steht das **OBTAIN**-Konstrukt (siehe Kapitel 5.5) zur Verfügung. Die dritte Komponente des Gleichungsteils beinhaltet die vom Benutzer definierten Funktionen. Mit Hilfe des Schlüsselworts **FUNC-TIONS** (siehe Kapitel 5.4) kann der Benutzer eigene Bezeichner für bestimmte Anweisungen einführen.

⟨equations⟩   ::=   **EQUATIONS** ⟨equs⟩ ⟨functions⟩

⟨equs⟩   ::=   ⟨equ⟩
| ⟨obtain⟩
| ⟨equ⟩ ⟨equs⟩
| ⟨obtain⟩ ⟨equs⟩

⟨obtain⟩   ::=   ⟨simple_obtain⟩ .

⟨simple_obtain⟩   ::=   ⟨obtain_part⟩ ⟨from_part⟩ ⟨with_part⟩

⟨functions⟩   ::= ε
| **FUNCTIONS** ;
| **FUNCTIONS** ⟨func_decls⟩

⟨equ⟩   siehe BNF-Produktionen 14
⟨obtain_part⟩   siehe BNF-Produktionen 23
⟨from_part⟩   siehe BNF-Produktionen 23
⟨with_part⟩   siehe BNF-Produktionen 23
⟨func_decls⟩   siehe BNF-Produktionen 22

BNF-Produktionen 4 *Gleichungsteil*

Die BNF-Produktionen 4 geben den korrekten syntaktischen Aufbau des Gleichungsteils wieder. Neben der Struktur der Gleichungen sind die BNF-Produktionen für OBTAIN-Konstrukte und FUNCTIONS-Definitionen angegeben (siehe Kapitel 5.3).

4.1.4 Der Eingabeteil

Dieser Spezifikationsteil beginnt mit dem Schlüsselwort **INPUT**. Danach wird die Liste aller Eingabebezeichner der Spezifikation angegeben. Die Werte dieser Bezeichner müssen vor der Berechnung der Spezifikation von dem Benutzer zur Verfügung gestellt werden. Der korrekte syntaktische Aufbau dieses Teils wird durch die BNF-Produktionen 5 vorgegeben.

⟨input⟩	::=	ε
	|	**INPUT** ;
	|	**INPUT** ⟨identlist⟩ ;
⟨identlist⟩		siehe BNF-Produktionen 23

BNF-Produktionen 5 *Eingabeteil*

4.1.5 Ausgabeteil

Dieser durch das Schlüsselwort **COMPUTE** gekennzeichnete Teil bildet den Abschluß einer Spezifikation. Nach dem Schlüsselwort werden alle Ausgabebezeichner der Spezifikation angegeben. Bei der Ausführung der Spezifikation werden die Werte dieser Bezeichner berechnet und dem Benutzer als Ergebnis zur Verfügung gestellt. Der syntaktische Aufbau dieses Teils ist durch die BNF-Produktionen 6 vorgeschrieben.

⟨compute⟩	::=	**COMPUTE** ⟨identlist⟩
⟨identlist⟩		siehe BNF-Produktionen 23

BNF-Produktionen 6 *Ausgabeteil*

4.2 Bezeichner

Ein Bezeichner ist eine Zeichenfolge mit bestimmten Anforderungen [Tha89], [Xio92] (Xiong spricht von Identifier, Thalhofer von Identifikatoren).

4.2.1 Syntax

Der Name eines Bezeichners muß generell mit einem Buchstaben beginnen. Nach dem anfänglichen Buchstaben dürfen beliebige Buchstaben und Ziffern folgen. Mit

Ausnahme des „*underscore*" (_) dürfen keine Sonderzeichen zur Beschreibung eines Bezeichners verwendet werden.

Je nachdem, welcher Typ von Bezeichner vorliegt, können an den eigentlichen Namen weitere Komponenten angehängt werden. Bei den *indizierten Bezeichnern* (siehe Kapitel 4.2.2.2) handelt es sich um eine in runden Klammern angegebene Liste von Indizes. Bei *Datenstrukturen* (siehe Kapitel 5.2.1.4) dient ein in eckigen Klammern angehängter Selektor zur Auswahl der einzelnen Komponenten.

Die BNF-Produktionen 7 beschreiben den korrekten syntaktischen Aufbau der einzelnen für die Darstellung eines Bezeichners notwendigen Komponenten.

⟨ident⟩	::=	⟨name⟩ ⟨selector⟩
	|	⟨name⟩ (⟨indexlist⟩) ⟨selector⟩

⟨name⟩	::=	⟨letter⟩ ⟨l_d_seq⟩
⟨l_d_seq⟩	::=	ε
	|	⟨l_d⟩ ⟨l_d_seq⟩
⟨l_d⟩	::=	⟨letter⟩
	|	⟨digit⟩
	|	_
⟨letter⟩	::=	**A** | ... | **Z**
	|	**a** | ... | **z**
⟨digit⟩	::=	**0** | ... | **9**
⟨selector⟩	::=	ε
	|	[⟨int_const⟩] ⟨selector⟩
⟨indexlist⟩	::=	⟨expr⟩
	|	⟨expr⟩ , ⟨indexlist⟩

⟨int_const⟩	Eine natürliche Zahl ungleich 0
⟨expr⟩	siehe BNF-Produktionen 8

BNF-Produktionen 7 *Bezeichner*

4.2.2   Semantik

Die semantische Bedeutung der Bezeichner ist durch das **Single-Assignment-Prinzip** (siehe Kapitel 3.4.1) festgelegt. Im Gegensatz zu operativen Programmiersprachen wird hier anstelle von „Variablen" von „**Bezeichnern**" gesprochen.

Ein Bezeichner bekommt nur an einer einzigen Stelle innerhalb einer Spezifikation einen Wert zugewiesen. Folgende Bezeichner werden unterschieden:

- Einfache Bezeichner

- Indizierte Bezeichner

- Wertbezeichner

- Gebundene Bezeichner

- Konstantenbezeichner

- Funktionsbezeichner

- Bereichsbezeichner

Aufgrund der Verwendungsmöglichkeiten von Bezeichnern innerhalb der einzelnen Teile einer Spezifikation muß eine Unterteilung in verschiedene Arten von Bezeichnern vorgenommen werden. Diese werden nachfolgend anhand verschiedener Beispiele näher vorgestellt.

4.2.2.1   Einfache Bezeichner

Diesem Bezeichnertyp wird genau ein Wert zugewiesen. Dieser Wert bleibt dann bis zum Ende der Spezifikation unverändert.

4.2.2.2   Indizierte Bezeichner

Diese Bezeichner stehen stellvertretend für eine Klasse von einfachen Bezeichnern. Diese wird durch die an den Bezeichner in runden Klammern angehängten Indizes genauer beschrieben. Diesen Typ von Bezeichnern kann man sich als ein Wertefeld vorstellen. Die Dimensionalität dieses Felds wird durch die Anzahl der Indizes des Bezeichners festgelegt. Zu jedem der in den Indizes vorkommenden Bezeichnern wird jeweils ein in geschweiften Klammern angegebener Gültigkeitsbereich (siehe Kapitel 4.4 und 5.2.3) definiert. Die Angaben für die untere und obere Grenze des Gültigkeitsbereichs legen die Anzahl der möglichen Werte des Indexbezeichners fest. Diese Anzahl entspricht der Anzahl der Elemente entlang der zugehörigen Dimension des Wertefelds.

Beispiel:
$$a(i,j) : \{i = 1..3\}, \{j = 2..5\}$$

Der Bezeichner a repräsentiert eine Menge von $3 * 4 = 12$ einfachen Bezeichnern:

i=/j=	2	3	4	5
1	$a(1,2)$	$a(1,3)$	$a(1,4)$	$a(1,5)$
2	$a(2,2)$	$a(2,3)$	$a(2,4)$	$a(2,5)$
3	$a(3,2)$	$a(3,3)$	$a(3,4)$	$a(3,5)$

Der Bezeichner a kann nur mit diesen Indizes angesprochen werden.

4.2.2.3 Wertbezeichner

Im folgenden können die Klassen der einfachen und indizierten Bezeichner generell gemeinsam betrachtet werden. Zur Vermeidung der expliziten Angabe beider Arten von Bezeichnern wird die Klasse der **Wertbezeichner** eingeführt. Dieser Begriff dient nur zur Erleichterung der Erklärungen. Inhaltlich stellt er nur eine Zusammenfassung der einfachen und indizierten Bezeichner dar; er repräsentiert also keinen neuen Bezeichnertyp.

Beim mehrfachen Vorkommen eines Wertbezeichners innerhalb der verschiedenen Teile einer Spezifikation muß auf die konsistente Indizierung der verschiedenen Vorkommen geachtet werden. Diese liegt genau dann vor, wenn die Anzahl der dem Bezeichner zugewiesenen Indizes bei allen Vorkommen des Bezeichners identisch ist. Die Namen der in den Indizes verwendeten Bezeichner dürfen verschieden sein. Die Konsistenz bezüglich der Indizes bleibt auch dann erhalten, wenn die den Indexbezeichnern zugewiesenen Gültigkeitsbereiche unterschiedliche Intervalle beschreiben.

4.2.2.4 Gebundene Bezeichner

Hierbei handelt es sich um Bezeichner, die als Index anderer Bezeichner verwendet werden. Der Begriff *gebunden* bezieht sich dabei auf den zu dem Indexbezeichner angegebenen Gültigkeitsbereich. Die Bedeutung der gebundenen Bezeichner und der dazugehörenden Bereichsangaben wird bei der Vorstellung der *Instantiierung* von Gleichungsschablonen in Kapitel 4.5.4 deutlich.

Beispiel

$$a(i,j) : \{i = 1..3\}, \{j = 2..5\}$$

- Der Bezeichner a besitzt die **Indexbezeichner** i und j.

- Diese beiden Bezeichner sind an die in geschweiften Klammern angegebenen Bereichsangaben $\{i = 1..3\}$ beziehungsweise $\{j = 2..5\}$ **gebunden**.

- Der **gebundene Bezeichner** i nimmt somit die Werte 1, 2 und 3 an.

- Der **gebundene Bezeichner** j nimmt somit die Werte 2, 3, 4 und 5 an.

- Aufgrund dieser Vorgaben ergibt sich die im letzten Abschnitt vorgestellte Interpretation des Bezeichners a.

4.2.2.5 Konstantenbezeichner

Dieser Bezeichnertyp wurde bei der Entwicklung von ASL neu eingeführt [Xio92]. Der Benutzer kann mit diesem Typ eigene Konstanten definieren. In den einzelnen Teilen (siehe Kapitel 4.1) einer Spezifikation kann dann anstelle des konstanten Ausdrucks der definierte Konstantenbezeichner verwendet werden.

Bei den Konstantenbezeichnern handelt es sich um einfache Bezeichner, die am Anfang der Spezifikation durch den Benutzer initialisiert werden, siehe Kapitel 3.4.2.1. Die Funktionalität dieser Bezeichner wird bei der Vorstellung des Definitionsteils einer Spezifikation in Kapitel 5.2.2 genauer diskutiert.

4.2.2.6 Funktionsbezeichner

Diesem Bezeichnertyp wird kein Zahlenwert zugewiesen. Ein Funktionsbezeichner erhält die auf der rechten Seite einer Funktionsdefinition festgelegte Berechnungsvorschrift als Wert. Innerhalb der anderen Teile der Spezifikation kann der festgelegte Ausdruck durch den definierten Funktionsbezeichner ersetzt werden. Die Einzelheiten zu diesem Bezeichnertyp werden bei der Behandlung der benutzerdefinierten Funktionen in Kapitel 5.4 vorgestellt.

4.2.2.7 Bereichsbezeichner

Diesen Bezeichnern (Xiong spricht von Mengenbezeichnern) werden vollständige Bereichsangaben (siehe Kapitel 4.4) zugewiesen. Anstelle der ausführlichen Angabe aller Bereiche (siehe obiges Beispiel) reicht die Verwendung des für diese Bereichsangabe definierten Bezeichners aus. Eine ausführliche Behandlung erfolgt im Rahmen der Eigenschaften von Bereichsangaben in Kapitel 5.2.3.

4.2.2.8 Verwendung von Bezeichnern

Bei der Verwendung der verschiedenen Bezeichnertypen innerhalb einer Spezifikation müssen einige Richtlinien beachtet werden. Für die Spezifikationssprache RGL wurde von Thalhofer gefordert, daß ein Bezeichner aus Gründen der Eindeutigkeit nicht gleichzeitig für verschiedene Aufgaben verwendet werden darf. So ist es zum Beispiel nicht erlaubt, einen Wertbezeichner gleichzeitig auch als Funktionsbezeichner zu definieren. Dennoch sind einige Ausnahmen erlaubt:

1. Gebundene Bezeichner, die als Index verwendet werden

2. Bezeichner, die innerhalb von Funktionsdefinitionen als Parameter (siehe Kapitel 5.4.2.2) verwendet werden

3. Bezeichner für Spezifikationsnamen

Bei der Entwicklung der Spezifikationssprache ASL wurden schärfere Bedingungen für das Vorkommen der verschiedenen Typen von Bezeichnern gefordert [Xio92]. Generell gilt auch hier, daß ein Bezeichner nicht mehrfach mit verschiedenen Funktionalitäten verwendet werden darf. Die beiden ersten oben genannten Ausnahmen sind jedoch nicht mehr erlaubt. Die Vorteile dieser Einschränkungen werden anhand der ersten Ausnahme vorgestellt.

Mehrfache Verwendung von gebundenen Bezeichnern

$$a(i,j) = 3 * b(i,j){:}Laufweite(i,j)$$
$$i = 5;$$

Bei diesen in RGL zulässigen Gleichungsschablonen wird das Single-Assignment-Prinzip (siehe Kapitel 3.4.1) verletzt. Der Bezeichner i bekommt verschiedene Werte zugewiesen. Zusätzlich entfällt bei der Analyse der Spezifikation die Unterscheidung

```
ALGORITHM  structure /* Teil 1 */
DEFINE  /* Teil 2 */
    INT

        w, x, y, z; /* einfache Bezeichner für einen Wert */
    STRUCT
        [INT,INT,INT] s; /* einfacher Bezeichner für Datenstruktur */
    DECLARE
        Neu = $1; /* benutzerdefinierter Konstantenbezeichner */
        Old = 7; /* benutzerdefinierter Konstantenbezeichner */
    RANGES
        bereich : {i = 1..Neu}, {j = 2..Old}; /* Bereichsbezeichner */

EQUATIONS  /* Teil 3 */
        x(i, j) = 3 * y(i − 1, j + 2) − func(z(i, j) : #bereich;
        /* x ist indizierter Bezeichner für zweidimensionales Feld */
        /* i und j sind gebundene Bezeichner (Inidzes) */
        /* func ist Funktionsbezeichner */
        s[3] = 5;
        OBTAIN w(i, j) : #bereich
        FROM subprogram
        WITH z(i, j) : #bereich.
    FUNCTIONS
        func(par) := 4 * par − 6; /* par ist Funktionsparameter */

INPUT  /* Teil 4 */
        y(i, j), z(i, j) : #bereich;

COMPUTE  /* Teil 5 */
        s;
        x(i, j), w(i, j) : #bereich.
```

Spezifikation 4.2 *Beispiel für die verschiedenen Typen von Bezeichnern*

zwischen den beiden möglichen Funktionalitäten des Bezeichners i. In dieser Phase werden Indexbezeichner und Wertbezeichner unterschiedlich behandelt.

Mehrfache Verwendung des Spezifikationsnamens

Die gleichzeitige Verwendung des Spezifikationsnamens mit einer anderen Funktionalität ist auch in ASL zulässig. Bei genauerer Betrachtung der Situation fällt jedoch auf, daß diese Ausnahme das Single-Assignment-Prinzip verletzt: der Bezeichner erhält am Anfang den Spezifikationsnamen.

Bei der Verwendung mit einer anderen Funktionalität kann dem selben Bezeichner ein anderer Wert zugewiesen werden. Das ist zulässig, denn das Single-Assignment-Prinzip bezieht sich bisher nur auf die Klasse der Wertbezeichner. Aus der Sicht der Autoren sollte dies trotzdem verboten werden. Bei den Aufrufen anderer Spezifikationen ist der Spezifikationsname das Kriterium für die Auswahl der gewünschten Spezifikation. Die gleichzeitige Verwendung des Spezifikationsnamens mit einer anderen Funktionalität kann das Verständnis einer Spezifikation erschweren.
Zur Verdeutlichung der einzelnen Bezeichnertypen ist in Spezifikation 4.2 eine kommentierte Version der Spezifikation „*structure*" abgebildet. In den Kommentaren ist jeweils der Typ der einzelnen Bezeichner angegeben.

4.3   Ausdrücke

Die Ausdrücke setzen sich – wie in den meisten anderen Programmiersprachen – aus Bezeichnern und Konstanten zusammen. Diese werden durch Funktionsaufrufe und verschiedene Arten von Operatoren miteinander verknüpft.

4.3.1   Syntax

Es gibt logische (z.B: AND, OR), vergleichende (z.B: <, >) und arithmetische Operatoren (z.B: +, −). Zusätzlich stehen mathematische Standardfunktionen (z.B: LN, SIN) zur Verfügung. Die BNF-Produktionen 8 beschreiben den korrekten syntaktischen Aufbau eines Ausdrucks in ASL.

4.3.2   Semantik

Die semantische Bedeutung eines Ausdrucks ergibt sich aufgrund der unmittelbaren Umgebung des aktuellen Vorkommens:

- Gleichung

- Funktionsdefinition

- Spezifikationsaufruf

- Indexausdruck

Diese Unterteilung in vier Klassen wird nachfolgend näher betrachtet.

4.3.2.1   Gleichung

Ein Ausdruck kann als rechte Seite einer Gleichung (siehe Kapitel 4.5.2) verwendet werden. Er beschreibt dann die mathematischen Zusammenhänge zwischen den auf der rechten Seite der Gleichung vorkommenden Bezeichnern. Die Art dieser Ausdrücke legt somit die bei der Berechnung der Spezifikation auszuführenden Aktionen fest.

Die korrekte syntaktische Verwendung dieser allgemeinen Art von mathematischen Ausdrücken ist durch die BNF-Produktionen 9 vorgegeben.

⟨expr⟩	::=	**FIRST** ⟨range_def⟩ ⟨expr_or⟩
	|	⟨expr_or⟩
⟨expr_or⟩	::=	⟨expr_or⟩ **OR** ⟨expr_and⟩
	|	⟨expr_and⟩
⟨expr_and⟩	::=	⟨expr_and⟩ **AND** ⟨expr_rel⟩
	|	⟨expr_rel⟩
⟨expr_rel⟩	::=	⟨expr_add⟩ ⟨rel_op⟩ ⟨expr_add⟩
	|	**NOT** ⟨expr_prim⟩
	|	⟨expr_add⟩
⟨expr_add⟩	::=	⟨expr_add⟩ ⟨add_op⟩ ⟨expr_mul⟩
	|	⟨add_op⟩ ⟨expr_mul⟩
	|	⟨expr_mul⟩
⟨expr_mul⟩	::=	⟨expr_mul⟩ ⟨mul_op⟩ ⟨expr_prim⟩
	|	⟨expr_prim⟩
⟨expr_prim⟩	::=	⟨const⟩
	|	⟨ident⟩
	|	**IF** ⟨expr⟩ **THEN** ⟨expr⟩ **ELSE** ⟨expr⟩ **FI**
	|	**ASSOC** (⟨ass_op⟩ , ⟨equ_range_defs⟩) (⟨expr⟩)
	|	[⟨exprlist⟩]
	|	⟨ident⟩ [⟨const⟩]
	|	(⟨expr⟩)
	|	⟨intrinsic_func_1⟩ (⟨expr⟩)
	|	⟨intrinsic_func_2⟩ (⟨expr⟩ , ⟨expr⟩)
	|	⟨intrinsic_func_3⟩ (⟨expr⟩ , ⟨expr⟩ , ⟨expr⟩)
⟨exprlist⟩	::=	⟨expr⟩
	|	⟨expr⟩ , ⟨exprlist⟩
⟨ass_op⟩	::=	⟨add_op⟩
	|	⟨mul_op⟩
	|	**AND**
	|	**OR**
⟨add_op⟩	::=	+ | -
⟨mul_op⟩	::=	*| / | **DIV** |**MOD**
⟨rel_op⟩	::=	< | > | > = | <= | ==

BNF-Produktionen 8 *Ausdrücke (Fortsetzung nächste Seite)*

⟨intrinsic_func_1⟩	::=	**SIN | COS | TAN | LOG | LN | EXP**
⟨intrinsic_func_2⟩	::=	**ADR | PSI**
⟨intrinsic_func_3⟩	::=	**CON | BUS**

⟨const⟩	Eine beliebige Zahl.
⟨ident⟩	siehe BNF-Produktionen 7
⟨equ_range_defs⟩	siehe BNF-Produktionen 13
⟨range_def⟩	siehe BNF-Produktionen 13

BNF-Produktionen 8 *Ausdrücke*

⟨simple_equ⟩	::=	⟨ident⟩ = ⟨expr⟩

⟨ident⟩	siehe BNF-Produktionen 7
⟨expr⟩	siehe BNF-Produktionen 8

BNF-Produktionen 9 *Verwendung von Ausdrücken (1)*

4.3.2.2 Funktionsdefinition

Das Konstrukt zur Funktionsdefinition wird zur Beschreibung aller vom Benutzer neu und zusätzlich definierten Funktionen (siehe Kapitel 5.4) verwendet.
Es handelt sich hierbei um einen Ausdruck, dessen Vorkommen durch den definierten Funktionsbezeichner ersetzt werden sollen.

Die korrekte syntaktische Verwendung eines Ausdrucks als rechte Seite einer Funktionsdefinition ist durch die BNF-Produktionen 10 festgelegt.

⟨func_decl⟩	::=	⟨name⟩ (⟨namelist⟩) := ⟨expr⟩ ;

⟨namelist⟩	::=	⟨name⟩
	|	⟨name⟩ , ⟨namelist⟩

⟨name⟩	siehe BNF-Produktionen 7
⟨expr⟩	siehe BNF-Produktionen 8

BNF-Produktionen 10 *Verwendung von Ausdrücken (2)*

4.3.2.3 Spezifikationsaufruf

Mit Hilfe des OBTAIN-Konstrukts ist es gestattet, außerhalb der Spezifikation beschriebene Programmteile in die Spezifikation zu integrieren. Bei dem Aufruf einer anderen Spezifikation mit Hilfe eines OBTAIN-Konstrukts (siehe Kapitel 5.5) müssen die Eingabedaten der aufgerufenen Spezifikation zur Verfügung gestellt werden. Hierbei kann es sich sowohl um Bezeichner als auch um beliebige Ausdrücke handeln. In diesem Zusammenhang wird ein Ausdruck zur Beschreibung der Schnittstelle zwischen zwei Spezifikationen benötigt.

Die korrekte syntaktische Verwendung eines Ausdrucks innerhalb eines OBTAIN-Konstrukts ist durch die BNF-Produktionen 11 festgelegt.

$\langle$with_part$\rangle$	::=	ε
	|	**WITH** $\langle$paramlist$\rangle$
$\langle$paramlist$\rangle$	::=	ε
	|	$\langle$expr$\rangle$; $\langle$paramlist$\rangle$
	|	$\langle$exprrange$\rangle$;
$\langle$exprrange$\rangle$	::=	$\langle$exprlist$\rangle$: $\langle$equ_range_defs$\rangle$
$\langle$exprlist$\rangle$	::=	$\langle$expr$\rangle$
	|	$\langle$expr$\rangle$, $\langle$exprlist$\rangle$
$\langle$expr$\rangle$		siehe BNF-Produktionen 8
$\langle$equ_range_defs$\rangle$		siehe BNF-Produktionen 13

BNF-Produktionen 11 *Verwendung von Ausdrücken (3)*

4.3.2.4 Indexausdruck

Ein indizierter Bezeichner (siehe Kapitel 4.2.2.2) repräsentiert eine Menge von einzelnen Werten. Die Anzahl und Organisation der Werte wird durch die zum Bezeichner gehörenden Indizes festgelegt. Der Zugriff auf die einzelnen Komponenten ist nur über Indexausdrücke möglich. Aus syntaktischer Sicht können diese Ausdrücke beliebig aufgebaut sein. Alle Arten von Ausdrücken, die auf einer rechten Gleichungsseite verwendet werden dürfen, können auch als Index eines Bezeichners verwendet werden.

Im Gegensatz zu den syntaktischen Anforderungen ist die Verwendung beliebiger Indexausdrücke aus semantischer Sicht nicht mehr erlaubt. In einer semantisch korrekten Spezifikation müssen die Indizes aller vorkommenden Bezeichner durch affine Ausdrücke darstellbar sein. Die genaueren Überlegungen, die zur Einführung dieser Anforderungen geführt haben, wurden bereits in Kapitel 3.5 diskutiert.

Die syntaktisch korrekte Verwendung von Indexausdrücken wird durch die BNF-Produktionen 12 vorgegeben.

⟨ident⟩	::=	⟨name⟩ ⟨selector⟩
	|	⟨name⟩ (⟨indexlist⟩) ⟨selector⟩
⟨indexlist⟩	::=	⟨expr⟩
	|	⟨expr⟩ , ⟨indexlist⟩
⟨affine_indexlist⟩	::=	⟨affine_index⟩
	|	⟨affine_index⟩ , ⟨affine_indexlist⟩
⟨affine_index⟩	::=	⟨const_name_aggr⟩ ⟨add_op⟩ ⟨affine_index⟩
	|	⟨const_name_aggr⟩
⟨const_name_aggr⟩	::=	⟨const⟩
	|	⟨affine_name⟩
	|	⟨const⟩ * ⟨affine_name⟩
	|	⟨affine_name⟩ * ⟨const⟩
⟨affine_name⟩	::=	⟨name⟩
	|	⟨name⟩ (⟨affine_indexlist⟩)
⟨const⟩		Eine beliebige Zahl
⟨add_op⟩		siehe BNF-Produktionen 8
⟨name⟩		siehe BNF-Produktionen 7
⟨selector⟩		siehe BNF-Produktionen 7

BNF-Produktionen 12 *Verwendung von Ausdrücken (4)*

4.4   Bereichsangaben

Eine Komponente einer Bereichsangabe setzt sich in der Regel aus einem Bezeichner und einem Intervall zusammen. Das Intervall wird durch zwei durch „ ..“ getrennte affine Ausdrücke beschrieben.

4.4.1   Syntax

Bei Verwendung des **RANGES**-Konstrukts (siehe Kapitel 5.2.3) ist auch ein anderer Aufbau einer Bereichsangabe syntaktisch zulässig. Bei dieser Kurzschreibweise reicht die Angabe eines vom Benutzer definierten Bereichsbezeichners aus. Der Verweis auf diesen Bezeichner wird durch das Symbol „#" gekennzeichnet.

Eine vollständige Bereichsangabe kann sich aus mehreren Teilbereichen zusammensetzen. Hierfür werden mehrere Komponenten aneinandergereiht. Dabei ist die Kombination der beiden Notationen zulässig.

Die BNF-Produktionen 13 geben einen Überblick über die bei der Gestaltung von syntaktisch korrekten Bereichsangaben zu berücksichtigenden Vorschriften.

⟨equ_range_defs⟩	::=	{⟨range_def⟩}
		| {⟨range_def⟩} , ⟨ equ_range_defs⟩
		| # ⟨name⟩
		| # ⟨name⟩ , ⟨equ_range_defs⟩

⟨range_def⟩	::=	⟨name⟩ = ⟨ranges⟩
⟨ranges⟩	::=	⟨range⟩
		| ⟨range⟩ , ⟨ranges⟩
⟨range⟩	::=	⟨affine_index⟩ .. ⟨affine_index⟩
		| ⟨affine_index⟩

| ⟨name⟩ | | siehe BNF-Produktionen 7 |
| ⟨affine_index⟩ | | siehe BNF-Produktionen 12 |

BNF-Produktionen 13 *Bereichsangaben*

4.4.2 Semantik

Durch die Verwendung von Indizes ist die Zuweisung eines Felds von mehreren Werten zu einem Bezeichner möglich. Wie bereits erwähnt, werden die Indizes für den Zugriff auf die einzelnen Komponenten des durch den indizierten Bezeichner repräsentierten Wertefelds benötigt. Zur Beschreibung der Zugriffe werden affine Ausdrücke verwendet. Hierbei ist zu beachten, daß aus syntaktischer Sicht auch allgemeine Ausdrücke zulässig sind. Diese Einschränkung wird nur für die Semantik einer Spezifikation gefordert (siehe Kapitel 3.5).

Innerhalb der einzelnen Indexausdrücke können beliebige Bezeichner vorkommen. Die Werte dieser Bezeichner werden durch die entsprechenden Bereichsangaben festgelegt. Damit eine eindeutige Zuordnung von Bereichsangaben und Bezeichnern möglich ist, muß zu jedem vorkommenden Bezeichner eine eigene Bereichsangabe existieren. Dies wird durch den am Anfang einer Bereichsangabe angegebenen Namen realisiert.

Nachdem die Zuordnung erfolgt ist, können die für den aktuellen Bezeichner zulässigen Werte aus der Bereichsangabe entnommen werden. Der kleinstmögliche Wert ist durch die Untergrenze der Bereichsangabe festgelegt. In Analogie dazu ergibt sich der größte zulässige Wert aus der Obergrenze der Bereichsangabe. Außerdem kann der Bezeichner alle ganzzahligen Werte annehmen, die in dem durch die Unter- und Obergrenze beschriebenen Intervall enthalten sind.

4.5 Gleichungen

Die Gleichungen dienen sowohl in RGL als auch in ASL zur Beschreibung der Berechnungsvorschriften (siehe Kapitel 5.4). Thalhofer wählte hierfür die Klasse der **Rekurrenzgleichungen** [Tha89].

4.5.1 Historische Entwicklung

Eine erste intensivere Untersuchung dieses Gleichungstyps wurde von Karp, Miller und Winograd durchgeführt [KMW67]. Obwohl dort nur der uniforme Fall betrachtet wird, enthält diese Arbeit wesentliche Ideen für die Bearbeitung von Rekurrenzgleichungen. Die Autoren befassen sich mit der effizienten Abbildung dieser Problemklasse auf Computer. Sie gehen davon aus, daß sich die Struktur des Problems in Form eines Abhängigkeitsgraphens darstellen läßt. Mit Hilfe dieser Darstellung des Problems wird ein graphentheoretisches Modell für die Behandlung von Rekurrenzgleichungen entwickelt.

Kogge und Stone entwickeln ein Verfahren zur Lösung von Rekurrenzgleichungen m-ter Ordnung auf Parallelrechnern [KS73]. Im ersten Schritt erfolgt eine Reduzierung von der m-ten auf die erste Ordnung. Die linearen Systeme werden dann mit Hilfe des **rekursiven Doppelns** bei jedem Berechnungsschritt in zwei gleich große Teilprobleme zerlegt und auf mehrere Prozessoren verteilt.

Die Verwendung von Rekurrenzgleichungen für RGL – und somit auch für ASL – wird mit folgenden Argumenten begründet [Tha89]:

- Gemäß den Anforderungen soll RGL eine *nicht-operationelle* Beschreibung sein. Ihre Aufgabe besteht nicht in der Beschreibung der Berechnungsreihenfolge auf einer konkreten Maschine. Stattdessen soll eine Spezifikation nur die Darstellung der mathematischen Zusammenhänge ermöglichen.

- RGL soll möglichst benutzerfreundlich sein, muß sich also in günstiger Weise an die Gewohnheiten der naturwissenschaftlichen Benutzer anpassen.

- Die Spezifikation soll die wesentlichen strukturellen Eigenschaften eines Algorithmus verdeutlichen.

- Rekurrenzgleichungen ermöglichen eine die Berechnungsreihenfolge angebende Abbildung. Dabei sind besonders die Mehrdeutigkeiten innerhalb dieser Reihenfolge von Interesse. Aus diesen können parallel berechenbare Bezeichner ermittelt werden.

4.5.2 Aufbau einer Gleichung

Die in dem Gleichungsteil (siehe Kapitel 4.1) einer ASL-Spezifikation vorkommenden Gleichungen lassen sich in mehrere Komponenten zerlegen:

- Linke Gleichungsseite

- Rechte Gleichungsseite

- Bereichsangabe der Gleichung

Diese werden im folgenden näher betrachtet.

4.5.2.1 Linke Gleichungsseite

Auf der linken Seite einer Gleichung steht der zu berechnende Bezeichner. Dabei kann es sich sowohl um einen einfachen als auch um einen indizierten Bezeichner handeln. Zu beachten ist, daß es bezüglich der Verwendung der verschiedenen Typen von Bezeichnern Einschränkungen gibt. Die Verwendung von Funktions- oder Bereichsbezeichnern ist nicht erlaubt, da diese bereits in Form der Funktions- beziehungsweise Bereichsdefinition Werte besitzen. Diese Aussage gilt in Analogie auch für die im DEFINITIONS-Teil vom Benutzer definierten Konstantenbezeich- ner.

In Verbindung mit der Forderung, daß auf der linken Seite einer Gleichung keine Ausdrücke oder konstanten Zahlenwerte verwendet werden dürfen, ergibt sich, daß auf der linken Seite einer Gleichung nur Wertbezeichner Verwendung finden. Für die semantische Korrektheit einer Spezifikation ist zusätzlich vorgeschrieben, daß die auf den linken Seiten verwendeten Bezeichner eindeutig definiert sind.

4.5.2.2 Rechte Gleichungsseite

Für die Beschreibung der rechten Gleichungsseite stehen allgemeine Ausdrücke zur Verfügung. Die syntaktischen und semantischen Anforderungen an Ausdrücke wur- den in Kapitel 4.3 vorgestellt. Im folgenden wird von semantisch und syntaktisch korrekten Ausdrücken auf den rechten Gleichungsseiten ausgegangen.

4.5.2.3 Bereichsangabe einer Gleichung

Die dritte Komponente einer Gleichung enthält die Bereichsangaben zu allen in den Indizes der verschiedenen Bezeichner vorkommenden Indexbezeichnern. Die Bereichsangaben sind insbesondere für den Bezeichner auf der linken Seite der Glei- chung von Interesse. Sie werden bei der Instantiierung (siehe Kapitel 4.5.4) der Gleichung benötigt.
Die Bereichsangaben sind an dieser Stelle nur der Vollständigkeit halber erwähnt. Eine detaillierte Behandlung befindet sich in den Kapiteln 4.4 und 5.2.3. Bei den

folgenden Untersuchungen wird von Bereichsangaben ausgegangen, die sowohl semantisch als auch syntaktisch korrekt sind.

Die BNF-Produktionen 14 geben einen zusammenfassenden Überblick über den korrekten syntaktischen Aufbau einer Gleichung.

⟨equs⟩	::=	⟨equ⟩
	|	⟨obtain⟩
	|	⟨equ⟩ ⟨equs⟩
	|	⟨obtain⟩ ⟨equs⟩
⟨equ⟩	::=	⟨simple_equ⟩ ⟨sc⟩
	|	⟨simple_equs⟩ : ⟨equ_range_defs⟩ ⟨sc⟩
⟨simple_equs⟩	::=	⟨simple_equ⟩
	|	⟨simple_equs⟩ : ⟨sc⟩ ⟨simple_equ⟩
⟨simple_equ⟩	::=	⟨ident⟩ = ⟨expr⟩

⟨sc⟩	::=	; ⟨comment⟩
	|	;
⟨comment⟩	::=	/+ ⟨text⟩ +/
	|	/* ⟨text⟩ */
	|	/− ⟨text⟩ −/
	|	/# ⟨text⟩ #/

⟨text⟩	Ein beliebiger Text (ohne Kommentarzeichen)
⟨ident⟩	siehe BNF-Produktionen 7
⟨expr⟩	siehe BNF-Produktionen 8
⟨obtain⟩	siehe BNF-Produktionen 23
⟨equ_range_defs⟩	siehe BNF-Produktionen 13

BNF-Produktionen 14 *Gleichungen*

4.5.3 Typen von Gleichungen

Aufgrund des Bezeichners auf der linken Gleichungsseite lassen sich zwei Arten von Gleichungstypen unterscheiden:

- Einfache Gleichungen

- Gleichungsschablonen

Diese sollen im folgenden weiter betrachtet werden.

4.5.3.1 Einfache Gleichungen

Eine einfache Gleichung beschreibt die Berechnung eines Wertes. Dieser Wert wird dem auf der linken Gleichungsseite angegebenen einfachen Wertbezeichner zugewiesen. Gemäß der Definition (siehe Kapitel 4.2.2.1) besitzt dieser keine Indizes. Da der Bezeichner deshalb keine Bereichsangabe benötigt, entfällt die Angabe des Gültigkeitsbereichs für die Gleichung.

4.5.3.2 Gleichungsschablonen

Auf der linken Seite einer Gleichungsschablone steht ein indizierter Bezeichner. Die zu diesem anzugebende Bereichsangabe wird als Bereichsangabe der Gleichungsschablone verwendet. Das Fehlen dieser Angabe führt zu einer semantisch fehlerhaften Spezifikation.

Eine Gleichungsschablone repräsentiert eine ganze Schar von Berechnungsvorschriften, welche mit Hilfe der im nächsten Abschnitt vorzustellenden Instantiierung generiert werden können.

4.5.4 Instantiierung

Die **Instantiierung** basiert auf der Tatsache, daß eine Gleichungsschablone nur eine verkürzende Schreibweise darstellt. Der Benutzer kann dadurch kürzere Spezifikationen erstellen. Die dabei möglichen Einsparungen werden durch die Verwendung von Bereichsangaben erreicht, die mit FOR-Schleifen in sequentiellen Programmiersprachen verglichen werden können. Die im folgenden verwendete Gleichungsschablone

$$a(i) = 5 : \{i = 1..4\}$$

könnte auch als

$$FOR(i = 1..4) : a(i) = 5$$

interpretiert werden.

Aus dieser Interpretation wurde das Verfahren der Instantiierung entwickelt. Die Instantiierung bedeutet ein systematisches Durchlaufen aller möglichen Kombinationen von Indexwerten. Für jede dabei vorkommende Kombination wird eine neue Gleichung erzeugt, in welcher der Indexbezeichner durch seinen aktuellen Wert ersetzt wird. Aus der obigen Gleichungsschablone entstehen durch die Instantiierung folgende vier neuen Gleichungen:

$$a(1) = 5 \ (\text{ für den Fall } i{=}1)$$
$$a(2) = 5 \ (\text{ für den Fall } i{=}2)$$
$$a(3) = 5 \ (\text{ für den Fall } i{=}3)$$
$$a(4) = 5 \ (\text{ für den Fall } i{=}4)$$

Bei den neu entstandenen Gleichungen handelt es sich generell um einfache Gleichungen. Jeder der Bezeichner $a(1)$, $a(2)$, $a(3)$ und $a(4)$ kann als einfacher, von den anderen unabhängiger, Bezeichner gesehen werden.

Bei mehrdimensionalen Bezeichnern erfolgt die Instantiierung der Indizes von rechts nach links. Dieses ist damit zu begründen, daß in den Bereichsangaben zu den vorderen Indizes Bezeichner vorkommen dürfen, die bereits weiter hinten als Index mit einem zugehörigen Bereich definiert wurden [Tha89]. Das folgende Beispiel stellt die für diesen Fall notwendige **mehrstufige Instantiierung** vor:

$$a(i,j) = b(i,j) : \{i = 1..j\}, \{j = 2..3\}$$

Im ersten Schritt wird der Index j instantiiert. Aus der ursprünglichen Gleichungsschablone entstehen dabei folgende neue Gleichungen:

$$a(i,2) = b(i,2) : \{i = 1..2\} \text{ (für den Fall j=2)}$$
$$a(i,3) = b(i,3) : \{i = 1..3\} \text{ (für den Fall j=3)}$$

Durch die Instantiierung entfällt der gerade behandelte Index. Dieser Vorgang wird solange wiederholt, bis alle Indizes des Bezeichners bearbeitet und somit auch beseitigt sind.

Kapitel 5

Semantik von ASL

In diesem Kapitel werden anhand der Struktur einer ASL-Spezifikation die Bedeutungen der einzelnen Sprachkonstrukte und Spezifikationsteile vorgestellt. Dabei wird insbesondere auf die durch die Schlüsselwörter bereitgestellten Möglichkeiten eingegangen. Einen weiteren Aspekt bildet die Betrachtung von interessanten Grenzfällen. In diesem Zusammenhang werden auch denkbare Erweiterungen der Semantik und der Syntax diskutiert.

5.1 ALGORITHM

Der durch das Schlüsselwort **ALGORITHM** eingeleitete Teil stellt den Kopf der Spezifikation dar. Bei einer syntaktisch vollständigen Spezifikation muß der Kopf generell angegeben werden. Da die problemspezifischen Informationen in den anderen Teilen festgelegt werden, ist der Kopf nur für die eindeutige Identifizierung der nachfolgenden Spezifikation notwendig. Dieses geschieht durch die Angabe eines beliebigen Namens nach dem Schlusselwort. Thalhofer fordert keine semantischen Einschränkungen für den Spezifikationsnamen:

„Da die Namen von Spezifikationen nicht mit anderen Bezeichnern verwechselt werden können, kann der gleiche Bezeichner innerhalb der Spezifikation auch für Daten und Funktionen verwendet werden." [Tha89].

Es ist also denkbar, daß zum Beispiel ein zu berechnender Bezeichner den gleichen Namen wie die Spezifikation hat. Da diese unverändert in ASL übernommene Vereinbarung zu Mißverständnissen führen kann, erscheint die Forderung nach einer eindeutigen Verwendung des Spezifikationsnamens sinnvoll.

Aus syntaktischer Sicht gibt es Einschränkungen bezüglich der verwendbaren Zeichen. Insbesondere dürfen in diesem Namen keine Zeichen vorkommen, die in ASL eine eigene Bedeutung haben. Hierbei handelt es sich um folgende Symbole:

- Zeichen für mathematische Operationen

- Zeichenfolgen für die Kennzeichnung von Kommentaren

- Zeichen zur Strukturierung einer Spezifikation

Diese Identifizierung einer Spezifikation ist insbesondere bei der Verwendung von OBTAIN-Konstrukten (siehe Kapitel 5.5) zum Aufruf anderer Spezifikationen von Interesse. Der nach dem Schlüsselwort **ALGORITHM** angegebene Name dient hierbei zur Auswahl der gewünschten Spezifikation.

Die BNF-Produktionen 15 enthalten alle Vorschriften, die bei der Verwendung des Schlüsselworts **ALGORITHM** und des dabei anzugebenden Namens berücksichtigt werden müssen. Übersicht 5.1 faßt die Ergebnisse dieses Abschnitts zusammen.

$\langle$header$\rangle$	::=	**ALGORITHM** $\langle$name$\rangle$

$\langle$name$\rangle$	::=	$\langle$letter$\rangle$ $\langle$l_d_seq$\rangle$
$\langle$l_d_seq$\rangle$	::=	ε
	$\mid$	$\langle$l_d$\rangle$ $\langle$l_d_seq$\rangle$
$\langle$l_d$\rangle$	::=	$\langle$letter$\rangle$
	$\mid$	$\langle$digit$\rangle$
	$\mid$	-
$\langle$letter$\rangle$	::=	**A** $\mid$ ... $\mid$ **Z**
	$\mid$	**a** $\mid$ ... $\mid$ **z**
$\langle$digit$\rangle$	::=	**0** $\mid$ ... $\mid$ **9**

BNF-Produktionen 15 *Schlüsselwort ALGORITHM*

Schlüsselwort	Bedeutung
ALGORITHM	Festlegung des Spezifikationsnamens

Übersicht 5.1 *Schlüsselwörter im ALGORITHM-Teil*

5.2 DEFINE

Dieser Teil einer Spezifikation wurde im Rahmen der Erweiterung zu ASL eingeführt. Die drei Komponenten dieses Teils ermöglichen die Festlegung der Typen der verwendeten Bezeichner, die Einführung von benutzerdefinierten Konstanten und die Definition von Bezeichnern für Bereichsangaben. Diese Einteilung kann auch aus den BNF-Produktionen 16 entnommen werden.

5.2.1 Typdefinitionen

Bei fast allen bekannten Programmiersprachen werden vordefinierte und benutzerdefinierte Typen verwendet. Bei der Entwicklung von RGL wurde jedoch bewußt

⟨define⟩	::=	**DEFINE** ⟨type_decl⟩ ⟨const_decl⟩ ⟨set_decl⟩

⟨type_decl⟩	siehe BNF-Produktionen 3
⟨const_decl⟩	siehe BNF-Produktionen 3
⟨set_decl⟩	siehe BNF-Produktionen 3

BNF-Produktionen 16 *Schlüsselwort DEFINE*

auf die Verwendung von Datentypen verzichtet[Tha89]. Dieser Umstand wird im folgenden näher diskutiert.

5.2.1.1 Situation in RGL

Bei RGL wird bevorzugt auf die strukturellen Eigenschaften von Algorithmen und Spezifikationen eingegangen; so wurden einige Nachteile für die praktische Anwendung akzeptiert. Trotzdem setzen einige der gestellten Anforderungen ein Typkonzept voraus. Folgende Situationen werden in diesem Zusammenhang erkannt [Tha89]:

- In Indexausdrücken dürfen nur ganze Zahlen vorkommen. Dafür ist der in RGL noch nicht eingeführte Datentyp INT notwendig.

- Die Auswertung der Bedingungen und Prädikate von IF- und FIRST-Anweisungen setzt die Existenz von Wahrheitswerten voraus (siehe Kapitel 5.7-8).

Obwohl in RGL kein Typkonzept vorgesehen ist, können Datenstrukturen verwendet werden. Dadurch entstehen bei der Überprüfung der Korrektheit von Gleichungen [1]. Probleme. Bei der Betrachtung der Gleichung:

$$a = [3, 4] + [5, 6]$$

kann die Korrektheit nicht auf den ersten Blick festgestellt werden. Diese hängt von dem Typ des Bezeichners a ab. Da in RGL-Spezifikationen keine expliziten Typdefinitionen für Bezeichner existieren, ist keine Überprüfung der Korrektheit möglich.

5.2.1.2 Typen in ASL

Durch die Einführung des Typkonzepts wurde RGL diesbezüglich erweitert [Xio92]. In ASL ist die Definition von verschiedenen Typen für die verwendeten Bezeichner möglich. Da das Schlüsselwort **DEFINE** in einer syntaktisch korrekten Spezifikation generell vorkommen muß, bietet es sich an, daß die Typdefinitionen unmittelbar nach diesem Schlüsselwort steht, um so ein zusätzliches Schlüsselwort einzusparen. Für die Definition der Bezeichnertypen stehen zwei elementare Typen und ein zusammengesetzter Typ zur Verfügung:

---

[1]Unter Korrektheit ist hier die verträgliche Anzahl und Struktur der Komponenten zu verstehen

- **INT** für Bezeichner mit ganzzahligen Werten

- **FLOAT** für Bezeichner mir reellen Zahlenwerten

- **STRUCT** für Bezeichner, deren Komponenten sich aus mehreren Werten zusammensetzen

---

ALGORITHM datatypes
DEFINE
    INT
        $a1, a2$; /* Ein Bezeichner vom Typ INT */
    FLOAT
        $b1, b2$; /* Ein Bezeichner vom Typ FLOAT */
    STRUCT
        $[INT, INT, FLOAT]$ $c1, c2$; /* Eine einfache Datenstruktur */
    STRUCT
        $[[INT, INT], [INT, FLOAT, FLOAT]]$ $d1, d2$;
        /* Eine mehrfach geschachtelte Datenstruktur */
EQUATIONS
    $a1 = 5$; /* Gleichung 1 */
    $b1 = 4.5$; /* Gleichung 2 */
    $a2 = 4.5$; /* Gleichung 3 */
    $b2 = 5$; /* Gleichung 4 */
    $c1 = [4, 5, 6] + [7, 8, 9]$; /* Gleichung 5 */
    $d1 = [[4, 5], [6, 7, 8]] + [[1, 2], [3, 4, 5]]$; /* Gleichung 6 */
    $c2 = [4, 5] + [6, 7]$; /* Gleichung 7 */
    $d2 = [[4, 5], [7, 8]]$; /* Gleichung 8 */
INPUT ;

COMPUTE
    $a1; a2; b1; b2; c1; c2; d1; d2.$

Spezifikation 5.1 *Beispiel für Datentypen*

Die elementaren Typen INT und FLOAT werden gemäß ihrer üblichen mathematischen Bedeutung verwendet. Der Typ STRUCT bietet die Möglichkeit der beliebigen Kombination der beiden anderen Typen. Zusätzlich ist auch die Verknüpfung mehrerer durch STRUCT definierter Datenstrukturen möglich.

Für die weiteren Überlegungen wird Spezifikation 5.1 betrachtet.

5.2.1.3 Elementare Datentypen

In Spezifikation 5.1 werden vier Bezeichner mit unterschiedlichen Typen definiert. Die Bezeichner $a1$ und $a2$ können nur ganzzahlige Werte annehmen (siehe Gleichung 1 und 3). Da es sich bei den Bezeichnern $b1$ und $b2$ um FLOAT-Bezeichner handelt, können diesen beliebige reelle Zahlenwerte zugewiesen werden (siehe Gleichung 2 und 4).

5.2.1.4 Datenstrukturen

Die Bezeichner c und d werden in dieser Spezifikation mit Hilfe des Schlüsselworts **STRUCT** als Datenstrukturen definiert. Unter einer **Datenstruktur** (die syntaktische Darstellung erfolgt durch die Klammern „[ ]") ist eine Sammlung von inhaltlich zusammengehörenden Bezeichnern zu verstehen. Im Gegensatz zu den indizierten Bezeichner, bei denen jeder Instanz des Bezeichners genau ein Wert zugewiesen wird, besteht eine Instanz einer Datenstruktur aus mehreren Werten.

5.2.1.4.1 Einfache Datenstrukturen

Gleichung 5 aus Spezifikation 5.1 zeigt eine semantisch korrekte Zuweisung zu der Datenstruktur $c1$. Die inhaltliche Bedeutung dieser Gleichung kann durch folgende Vorgehensweise (siehe auch Kapitel 6.1.2) extrahiert werden:

- Für jede Komponente der Datenstruktur wird eine eigene Gleichung angelegt.

- Auf der linken Seite steht jeweils eine Komponente.

- Die Komponente ist durch einen in eckigen Klammern an den Datenstrukturnamen angehängten Selektor gekennzeichnet.

- Auf der rechten Seite der neuen Gleichungen stehen die korrespondierenden Komponenten der Datenstrukturen, die in der Ausgangsgleichung auf der rechten Seite stehen.

Anstelle der einen Gleichung für die Datenstruktur c werden drei neue Gleichungen für einfache Bezeichner erzeugt und die ursprüngliche Gleichung aus der Spezifikation entfernt:

$$c1[1] = 4 + 7$$
$$c1[2] = 5 + 8$$
$$c1[3] = 6 + 9$$

Die Verwendung der Datenstruktur $c1$ anstelle der einfachen Bezeichner ist eine inhaltlich äquivalente Kurzschreibweise. Statt einer Gleichung für eine Datenstruktur muß der Benutzer jeweils eine Gleichung für die drei einfachen Bezeichner spezifizieren. Der Nachteil dieser Methode liegt in der schlechteren Darstellung der inhaltlichen Zusammenhänge. Im Gegensatz zur Verwendung von Datenstrukturen kann gegebenenfalls nicht erkannt werden, daß die drei einfachen Bezeichner eine inhaltliche Einheit bilden.

5.2.1.4.2 Geschachtelte Datenstrukturen

Die obige Interpretationsmethode kann auch auf die mehrfach geschachtelte Datenstruktur des Bezeichners $d1$ angewendet werden (siehe Gleichung 6). Aufgrund der Schachtelung ist ein mehrstufiges Vorgehen erforderlich, bei dem in jedem Schritt eine Stufe aufgelöst wird. Dieser Vorgang wird solange wiederholt bis alle Komponenten vom Typ INT oder FLOAT sind:

- Auf der ersten Stufe besteht die Datenstruktur aus zwei Komponenten. Für jede der beiden Komponenten wird eine eigene Gleichung angelegt. Dabei ist der Typ dieser Komponenten noch nicht von Interesse:

$$d1[1] = [4,5] + [1,2]$$
$$d1[2] = [6,7,8] + [3,4,5]$$

- Im nächsten Schritt wird jede der neu entstandenen Gleichungen isoliert untersucht. Dabei wird festgestellt, daß die Bezeichner auf den linken Seiten der Gleichungen jeweils Datenstrukturen sind. Auf diese wird das bereits vorgestellte Verfahren erneut angewendet:

$$d1[1][1] = 4 + 1$$
$$d1[1][2] = 5 + 2$$
$$d1[2][1] = 6 + 3$$
$$d1[2][2] = 7 + 4$$
$$d1[2][3] = 8 + 5$$

5.2.1.4.3 Verwendung von Datenstrukturen

Das bei ASL neu eingeführte Typkonzept erleichtert die Verwendung von Datenstrukturen [Xio92]. Aufgrund fehlender Typdefinitionen ist in RGL die explizite Angabe aller Komponenten einer Datenstruktur notwendig. In ASL reicht die Angabe des Namens aus. Soll zum Beispiel der als *STRUCT [INT,[INT,INT]]* definierte Bezeichner a ausgegeben werden, so ist in RGL folgender COMPUTE-Teil notwendig:

```
COMPUTE
    a[1];
    a[2][1];
    a[2][2].
```

In ASL wird die gleiche Aussage mit folgendem COMPUTE-Teil dargestellt:

```
COMPUTE
    a.
```

Diese Vereinfachung gilt in Analogie auch für die anderen Teile einer Spezifikation.

5.2.1.4.4   Beispiele für Datenstrukturen

Eine Struktur der Form *[FLOAT, FLOAT]* eignet sich zur Darstellung von komplexen Zahlen. Dabei nimmt die erste Komponente den reellen Teil und die zweite Komponente den komplexen Teil auf. Beim Arbeiten mit komplexen Zahlen kann auf die jeweils benötigte Komponente der Datenstruktur zugegriffen werden. Im Gegensatz zur Verwendung von zwei unabhängigen Bezeichnern kommen in diesem Fall die inhaltlichen Zusammenhänge zwischen reellem und komplexen Teil besser zur Geltung.

5.2.1.4.5   Beschreibung von Netzwerken

Verbindungsnetzwerke lassen sich leicht mit Hilfe von Datenstrukturen beschreiben. Die Anzahl und die Struktur der Komponenten hängt vom Aufbau des Netzes ab:

- zweidimensionales Netz:
  Zur Beschreibung reicht eine Datenstruktur der Form *[INT,INT]* aus: Die erste Komponente enthält die Position in X-Richtung und die zweite Komponente die Position in Y-Richtung.

- dreidimensionales Netz:
  In Analogie zum zweidimensionalen Fall wird eine Datenstruktur mit drei Komponenten benötigt.

- Hypercube:
  Abhängig vom Aufbau des Hypercubes werden verschiedene Arten von Datenstrukturen benötigt. Für den Fall, daß zwei dreidimensionale Netze („*Würfel*") miteinander verbunden werden, wird folgende Datenstruktur benötigt: *[INT, [INT,INT,INT]]*. Die erste Komponente gibt Auskunft über den aktuellen „Würfel". In der zweiten Komponente wird mit Hilfe von drei Werten die Position innerhalb dieses „Würfels" beschrieben.

5.2.1.5   Verträglichkeit von Datentypen

Für die Verträglichkeit von Datentypen werden folgende Eigenschaften gefordert:

- Die Anzahl der Komponenten der beiden Typen muß identisch sein.

- Alle Komponenten werden paarweise miteinander verglichen. Für diese Elemente muß gelten:

  - <u>entweder</u>: das betrachtete Element einer der beiden Strukturen ist vom Typ INT oder FLOAT

  - <u>oder</u>: das aktuelle Element beider Strukturen ist eine weitere Datenstruktur. Die beiden „Unter"-Strukturen sind miteinander verträglich.

Zur Verdeutlichung dieser Kriterien werden nun die weiteren Gleichungen aus der Spezifikation 5.1 betrachtet.

5.2.1.5.1 Verträglichkeit der elementaren Datentypen

Auf der linken Seite der Gleichung 3 steht ein Bezeichner vom Typ INT:

$$2a = 4.5;$$

Diesem wird auf der rechten Seite eine FLOAT-Konstante zugewiesen. Gemäß den Anforderungen aus [Xio92] sind diese nicht miteinander verträglich.

5.2.1.5.2 Verträglichkeit von Datenstrukturen

Die Datenstrukturen in Gleichung 6 sind miteinander verträglich.

$$d1 = [[4,5],[6,7,8]] + [[1,2],[3,4,5]];$$

Es gilt:

- Die Anzahl der Komponenten (2) auf der ersten Schachtelungsstufe ist identisch.

- Die Komponenten sind weitere „Unter"-Strukturen für die gilt:

  - Die Anzahl der Komponenten (2 beziehungsweise 3) in den „Unter"-Strukturen ist identisch.
  - Die Komponenten der „Unter"-strukturen sind INT oder FLOAT.

Die Datenstrukturen in Gleichung 7 sind nicht miteinander verträglich:

$$c2 = [4,5] + [6,7];$$

Es gilt:

- Die Anzahl der Komponenten (links: 3, rechts: 2) ist verschieden.

- Bei Anwendung des obigen Interpretationsverfahrens würden folgende Gleichungen erzeugt werden:

$$c2[1] = 4 + 6$$
$$c2[2] = 5 + 7$$
$$c2[3] = ???$$

Die Unverträglichkeit zeigt sich in diesem Beispiel an dem Fehlen eines Wertes für eine Komponente der Datenstruktur auf der linken Seite (siehe Gleichung 8). In Analogie dazu kann eine auf der rechten Seite existierende Komponente auf der linken Seite nicht benötigt werden. In diesem Fall sind die Datenstrukturen ebenfalls nicht miteinander verträglich.

5.2.1.5.3   Datentypen und Operatoren

Die Typverträglichkeit ist auch bei der Verwendung der zur Verfügung stehenden mathematischen Operatoren von Bedeutung. In diesem Zusammenhang sind die Operatoren von besonderem Interesse, die als Ergebnis einen Wert vom Typ FLOAT liefern, also zum Beispiel SIN, COS oder DIV. Es stellt sich die Frage, was passiert, wenn diese Ergebnisse einem INT-Bezeichner zugewiesen werden sollen. Wenn man davon ausgeht, daß diese beiden Typen miteinander verträglich sind, ist eine Konvertierung des FLOAT-Wertes notwendig. Die Aufgabe dieser Typkonvertierung besteht in der Entfernung des Nachkommateils. Hierfür gibt es verschiedene Möglichkeiten. Die folgende Auflistung zeigt eine geringe Anzahl von denkbaren Konvertierungsverfahren (Der Bezeichner b ist vom Typ INT und Bezeichner a vom Typ FLOAT):

- $b = a\ DIV\ 1$:
  Es wird eine ganzzahlige Division auf dem FLOAT-Wert durchgeführt. Diese bewirkt ein Abschneiden des Nachkommateils.

- $b = (a + 0.99)\ DIV\ 1$:
  Diese ganzzahlige Division bewirkt ein Aufrunden zur nächstgrößeren ganzen Zahl. Alle Nachkommateile die größer als 0.01 sind werden aufgerundet.

- $b = (a + 0.5)\ DIV\ 1$:
  Das Prinzip entspricht dem gerade vorgestellten Verfahren. Hier werden alle Nachkommateile größer 0.5 aufgerundet.

5.2.1.6   Schlüsselwort DEFAULT

Eine Vereinfachung der Erstellung einer Spezifikation bietet das Schlüsselwort **DEFAULT**. Mit diesen kann allen in einer Spezifikation verwendeten Bezeichnern der gleiche Datentyp zugewiesen werden. Auf diese Weise kann die Auflistung aller Bezeichner im DEFINE-Teil vermieden werden. Dieses ist besonders dann interessant, wenn es um einen von INT verschiedenen Typ geht. Enthält eine Spezifikation einen leeren DEFINE-Teil, wird dieses als $DEFAULT\ INT$ verstanden. Im Sinne der Lesbarkeit wird jedoch empfohlen, auch in diesen Fällen das DEFAULT anzugeben.

5.2.1.7   Zusammenfassung und Bewertung

Schlüsselwort	Bedeutung
DEFINE	kennzeichnet den Anfang des Typdefinitionsteils
DEFAULT	Setzen eines einheitlichen Typs für alle Bezeichner
INT	Setzen des Typs auf $INTEGER$
FLOAT	Setzen des Typs auf $FLOAT$
STRUCT	Setzen des Typs auf $RECORD$ (Datenstruktur)

Übersicht 5.2 *Schlüsselwörter im DEFINE-Teil*

Neben der einfacheren Schreibweise hat die Einführung des Typkonzepts in ASL folgende Vorteile gegenüber RGL bewirkt:

- Da die Typen der einzelnen Bezeichner (insbesondere von Datenstrukturen) explizit angegeben sind, kann die Typverträglichkeit zweier Bezeichner nachgewiesen werden.

- Durch die Verwendung eines Bezeichners für die Datenstruktur – anstelle jeweils eines Bezeichners für jede Komponente – wird die Spezifikation kürzer und somit übersichtlicher.

- Die Analyse der Spezifikation und der Nachweis der Korrektheit wird vereinfacht.

Die BNF-Produktionen 17 zeigen den syntaktisch korrekten Aufbau eines Typdefinitionsteils.

⟨type_decl⟩	::=	⟨type_default⟩ ⟨type_ndefaults⟩

⟨type_default⟩	::=	ε
	|	**DEFAULT INT ;**
	|	**DEFAULT FLOAT ;**
⟨type_ndefaults⟩	::=	ε
	|	⟨type_ndefaults⟩ ⟨type_ndefault⟩
⟨type_ndefault⟩	::=	⟨simple_decls⟩ ;
	|	⟨struct_decls⟩ ;
⟨simple_decls⟩	::=	**FLOAT** ⟨ namelist ⟩
	|	**INT** ⟨ namelist ⟩
⟨struct_decls⟩	::=	**STRUCT** [⟨struct_decl_list⟩] ⟨namelist⟩
⟨struct_decl_list⟩	::=	⟨struct_element⟩
	|	⟨struct_element⟩ ,
	|	[⟨struct_decl_list⟩]
	|	[⟨struct_decl_list⟩] , ⟨struct_decl_list⟩
⟨struct_element⟩	::=	**INT**
	|	**FLOAT**
⟨namelist⟩	::=	⟨name⟩
	|	⟨name⟩ , ⟨namelist⟩

⟨name⟩		siehe BNF-Produktionen 7

BNF-Produktionen 17 *Typdefinitionen*

5.2.2 DECLARE

Dieses optionale Schlüsselwort leitet die zweite Komponente des Definitionsteils ein,
hier können neue Konstanten definiert werden.

5.2.2.1 Situation

Anhand der Spezifikation 5.2 wird gezeigt, welche Überlegungen zur Einführung
des **DECLARE**-Konstrukts geführt haben. Die Bedeutung der in den folgenden
Beispielen verwendeten Gültigkeitsbereiche wird in Kapitel 5.2.3 genauer behandelt.
Zunächst genügt es, zu wissen, daß durch diese Angaben die Wertebereiche der
einzelnen in der Gleichung vorkommenden gebundenen Bezeichner festgelegt werden.

ALGORITHM constants

DEFINE

    DEFAULT

      INT;

EQUATIONS

    $c(i,j) = a(i,j) * b(i,j) : \{i = 1..4\}, \{j = 1..4\};$ /* Gleichung 1 */

    $d(i,j) = a(i,j) - b(i,j) : \{i = 1..4\}, \{j = 1..4\};$ /* Gleichung 2 */

    $e(i,j) = a(i,j) + b(i,j) : \{i = 1..4\}, \{j = 1..4\};$ /* Gleichung 3 */

INPUT

    $a(i,j) : \{i = 1..4\}, \{j = 1..4\};$

    $b(i,j) : \{i = 1..4\}, \{j = 1..4\};$

COMPUTE

    $c(i,j) : \{i = 1..4\}, \{j = 1..4\};$

    $d(i,j) : \{i = 1..4\}, \{j = 1..4\};$

    $e(i,j) : \{i = 1..4\}, \{j = 1..4\}.$

Spezifikation 5.2 *Spezifikation ohne benutzerdefinierte Konstanten*

Die Spezifikation 5.2 arbeitet mit zwei Eingabematrizen und erzeugt aus diesen
drei Matrizen für die Ausgabe. Diese entstehen durch elementweise Multiplikation
(Gleichung 1), Subtraktion (Gleichung 2) und Addition (Gleichung 3).
In diesem Beispiel existiert zu jeder der drei Gleichungsschablonen eine eigene Bereichsangabe. Weitere Bereichsangaben kommen im INPUT- und COMPUTE-Teil
vor. Für eine semantisch korrekte und auch sinnvolle Spezifikation ist es notwendig,
daß innerhalb dieser Teile die Angaben zu einem Bezeichner identisch sind. Sowohl
die Anzahl der Dimensionen als auch die Anzahl der Elemente in den Dimensionen
muß gleich sein.

Der Nachteil der Spezifikation *constants* ist, daß sie nur für Matrizen der Größe 4x4 geeignet ist. Möchte der Benutzer die gleichen Operationen für andere Matrixgrößen ausführen, so stehen ihm zwei Möglichkeiten zur Verfügung. Bei der ersten Methode wird auf der Basis der vorliegenden Spezifikation eine neue entwickelt. Dabei werden alle Bereichsangaben an die geänderte Problemgröße angepaßt. Eine weniger arbeitsintensive Möglichkeit besteht in der Änderung der ursprünglichen Spezifikation. In allen Bereichsangaben wird dann die 4 zum Beispiel durch eine 8 ersetzt. Bei diesem Vorgehen geht die Spezifikation für die 4x4-Matrizen verloren. Im Gegensatz dazu bleibt bei dem ersten Verfahren die ursprüngliche Spezifikation erhalten.

Beide Verfahren haben jedoch einen bislang nicht offensichtlichen Nachteil. Bei diesem einfachen Beispiel bereitet die korrekte Änderung aller Bereichsangaben keine Probleme. Dieses kann bei großen Spezifikationen mit vielen Gleichungen und einer Vielzahl von verschiedenen Bereichsangaben zu Schwierigkeiten führen. Die erste Aufgabe besteht in der Ermittlung aller Vorkommen der zu ersetzenden Zahl.

Im nächsten Schritt muß geprüft werden, ob das aktuelle Vorkommen der Zahl im Zusammenhang mit einer Bereichsangabe vorkommt. Nur dann darf der Austausch gegen den neuen Wert erfolgen.

5.2.2.2 Benutzerdefinierte Konstanten

Um dem Benutzer die Arbeit zu erleichtern, wurde das **INIT**-Konzept eingeführt. Dieses erlaubt die Festlegung von benutzerdefinierten Konstanten im DECLARE-Teil einer Spezifikation. In Spezifikation 5.3 ist die Problemstellung aus Spezifikation 5.2 mit Hilfe des INIT-Konzepts beschrieben.

Es fällt auf, daß der Zahlenwert 4 nur noch im DECLARE-Teil vorkommt. In den anderen Teilen erscheint in den Bereichsangaben nur noch der im DECLARE-Teil festgelegte Konstantenbezeichner. Diese von der inhaltlichen Bedeutung identische Spezifikation erlaubt eine wesentlich einfachere Anpassung an verschiedene Matrixgrößen. Um diesen Algorithmus zum Beispiel für 8x8-Matrizen zu verwenden, braucht der Wert 4 nur im DECLARE-Teil durch den Wert 8 ersetzt zu werden. Somit entfällt die aufwendige Suche nach allen Vorkommen eines Zahlenwertes innerhalb einer Spezifikation. Die Verwendung von zwei verschiedenen Konstantenbezeichnern für die beiden Dimensionen hat den weiteren Vorteil, daß die Unabhängigkeit der beiden Dimensionsgrößen voneinander besser zur Geltung kommt.

Die erste Darstellung ermöglicht die falsche Interpretation, daß dieser Algorithmus nur für quadratische Matrizen geeignet ist. In der zweiten Darstellung kann dieses durch die Angabe unterschiedlicher Werte für die beiden Konstantenbezeichner widerlegt werden.

5.2.2.3 Größenbestimmende Parameter

Die eben vorgestellte Methode der Konstantendefinition hat den Nachteil, daß eine Spezifikation an genau eine Problemgröße gebunden ist. Eine Änderung dieser Größe ist durch Anpassung der Konstantenwerte im DECLARE-Teil recht leicht

```
ALGORITHM   constants
DEFINE
    DEFAULT
        INT;
    DECLARE
        N1 = 4;
        N2 = 4;
EQUATIONS
```
$$c(i,j) = a(i,j) * b(i,j) : \{i = 1..N1\}, \{j = 1..N2\}; /* \text{ Gleichung } 1 */$$
$$d(i,j) = a(i,j) - b(i,j) : \{i = 1..N1\}, \{j = 1..N2\}; /* \text{ Gleichung } 2 */$$
$$e(i,j) = a(i,j) + b(i,j) : \{i = 1..N1\}, \{j = 1..N2\}; /* \text{ Gleichung } 3 */$$
```
INPUT
```
$$a(i,j) : \{i = 1..N1\}, \{j = 1..N2\};$$
$$b(i,j) : \{i = 1..N1\}, \{j = 1..N2\};$$
```
COMPUTE
```
$$c(i,j) : \{i = 1..N1\}, \{j = 1..N2\};$$
$$d(i,j) : \{i = 1..N1\}, \{j = 1..N2\};$$
$$e(i,j) : \{i = 1..N1\}, \{j = 1..N2\}.$$

Spezifikation 5.3 *Spezifikation mit benutzerdefinierten Konstanten*

durchzuführen. Dabei geht jedoch die Spezifikation für die ursprüngliche Problemgröße verloren. Dieses läßt sich beim aktuellen Stand der Möglichkeiten nur dadurch vermeiden, daß für jede notwendige Matrizengröße eine eigene Spezifikation angelegt wird. Zur Lösung dieses Problems wurden die **größenbestimmenden Parameter** definiert [Xio92]. Unter Verwendung von größenbestimmenden Parameter ergibt sich die Spezifikation 5.4 für die in den Spezifikationen 5.2 und 5.3 beschriebene Aufgabenstellung.

Gegenüber der Spezifikation 5.3 haben sich nur die rechten Seiten der Konstantendefinitionen verändert. Dort stehen jetzt die durch ein \$-Zeichen gekennzeichneten größenbestimmenden Parameter. Da diese noch keine konkreten Werte besitzen, haben die benutzerdefinierten Konstanten $N1$ und $N2$ keine festen Werte.

In einem der Analyse vorgeschalteten Bearbeitungsschritt werden die Werte der größenbestimmenden Parameter ermittelt. Hierbei werden die Vorkommen der \$-Symbole durch die von dem Benutzer bereitgestellten Parameterwerte ersetzt. Diese Ersetzung bewirkt in Spezifikation 5.4 gleichzeitig auch die Wertzuweisung für die benutzerdefinierten Konstanten $N1$ und $N2$. Durch die Verwendung der größenbestimmenden Parameter ist die Erstellung einer Spezifikation für alle Problemgrößen ausreichend. Die problemgrößenunabhängige Spezifikation wird erst zur Analysezeit

```
ALGORITHM   constants
DEFINE
    DEFAULT
        INT;
    DECLARE
        N1 = $1;
        N2 = $2;
EQUATIONS
        c(i, j) = a(i, j) * b(i, j) : {i = 1..N1}, {j = 1..N2}; /* Gleichung 1 */
        d(i, j) = a(i, j) - b(i, j) : {i = 1..N1}, {j = 1..N2}; /* Gleichung 2 */
        e(i, j) = a(i, j) + b(i, j) : {i = 1..N1}, {j = 1..N2}; /* Gleichung 3 */
INPUT
        a(i, j) : {i = 1..N1}, {j = 1..N2};
        b(i, j) : {i = 1..N1}, {j = 1..N2};
COMPUTE
        c(i, j) : {i = 1..N1}, {j = 1..N2};
        d(i, j) : {i = 1..N1}, {j = 1..N2};
        e(i, j) : {i = 1..N1}, {j = 1..N2}.
```

Spezifikation 5.4 *Spezifikation mit größenbestimmenden Parametern*

an eine bestimmte Problemgröße gebunden. Die hierfür benötigten Werte müssen vom Benutzer zur Verfügung gestellt werden.

5.2.2.4 Aufbau einer Konstantendefinition

Nachdem die Prinzipien des DECLARE-Teils vorgestellt wurden, sollen nun die dem Benutzer zum Aufbau seiner Konstantendefinitionen zur Verfügung stehenden Möglichkeiten erläutert werden.

5.2.2.4.1 Operatoren

Eine Konstantendefinition ist eine Gleichungsschablone, auf deren linken Seite nur der Bezeichner für die benutzerdefinierte Konstante stehen darf. Auf der rechten Seite wird die zu repräsentierende Konstante angegeben.

Im Gegensatz zu den Gleichungsschablonen aus dem Gleichungsteil sind bei der Gestaltung der rechten Seite einige Einschränkungen zu beachten:

„Als Operationen sind nur $+, -, *, /$ zulässig. Diese Art von Ausdrücken erlaubt nur die Standardfunktionen. Alle sonstigen Formen von Ausdrücken, die im Gleichungsteil einer Spezifikation üblich sind, sind nicht gestattet." [Xio92].

5.2.2.4.2 Bezeichner

Ein weiteres wichtiges Kriterium ist die Verwendung der verschiedenen Bezeichnertypen innerhalb einer Konstantendefinition. Die genauere Betrachtung zeigt, daß gegenüber den in [Xio92] gestellten Forderungen einige zusätzliche Einschränkungen notwendig sind. Diese werden anhand einfacher Konstantendefinitionen diskutiert:

Beispiel 1:
$$N = 4 + i;$$

Dem Konstantenbezeichner N wird auf der rechten Seite ein Ausdruck mit dem Bezeichner i zugewiesen. Da in der Analysephase keine Informationen über den Wert des Bezeichners i zur Verfügung stehen, kann nicht entschieden werden, ob dem Bezeichner N ein konstanter Wert zugewiesen wird. Es erscheint somit sinnvoll, die Verwendung von beliebigen Bezeichnern auf der rechten Seite von Konstantendefinitionen zu verbieten.

Beispiel 2:
$$N1 = 3;$$
$$N2 = 4 + N1;$$

Während die Definition des Konstantenbezeichners $N1$ korrekt ist, kann dieses für die Definition des Konstantenbezeichners $N2$ nicht ohne weiteres nachgewiesen werden. Nach der Argumentation aus dem ersten Beispiel könnte dieses zulässig sein. Zum Zeitpunkt der Analyse liegen genügend Informationen über den Konstantenbezeichner $N1$ vor. Es ist bekannt, daß dieser den konstanten Wert 3 repräsentiert.

Somit kann entschieden werden, daß der Konstantenbezeichner $N2$ einen konstanten Wert darstellt. Ein Aspekt, der gegen die Zulässigkeit dieser Art von Definitionen spricht, wird anhand des folgenden Beispiels vorgestellt:

Beispiel 3:
$$N1 = N2 + 5;$$
$$N2 = 4;$$

Beispiel 3 unterscheidet sich nur durch die vertauschte Reihenfolge der verwendeten Konstantenbezeichner von Beispiel 2. Dieses hat maßgeblichen Einfluß auf die Analyse. Bei der Bearbeitung der Konstantendefinition in der Reihenfolge ihrer Angabe tritt folgendes Problem auf:
Bei der Behandlung der ersten Gleichung liegen keine Informationen über den auf der rechten Seite verwendeten Konstantenbezeichner $N2$ vor. Somit kann keine Aussage über den dem Konstantenbezeichner $N1$ zuzuweisenden Wert getroffen werden. Aufgrund der anderen Reihenfolge tritt dieses Problem im zweiten Beispiel nicht auf.

Da die zur Lösung dieses Problems notwendige Fallunterscheidung bezüglich des Vorkommens anderer benutzerdefinierter Konstanten relativ aufwendig ist, wird die Verwendung von Konstantenbezeichnern auf der rechten Seite einer Definitionsgleichung generell verboten. Diese zusätzliche Einschränkung gegenüber [Xio92] garantiert außerdem die Reihenfolgeunabhängigkeit innerhalb des DECLARE-Teils.

Die Konstantendefinitionen aus den Beispielen 2 und 3, bei denen die Korrektheit von der Reihenfolge der Definitionsgleichungen abhängt, sind in ASL nicht zulässig.

⟨const_decl⟩	::=	ε
	|	**DECLARE** ⟨const_defs⟩

⟨const_defs⟩	::=	⟨const_def⟩
	|	⟨const_def⟩ ⟨const_defs⟩
⟨const_def⟩	::=	⟨name⟩ = ⟨expr_add_c⟩ ⟨sc⟩
⟨expr_add_c⟩	::=	⟨expr_add_c⟩ ⟨add_op⟩ ⟨expr_mul_c⟩
	|	⟨add_op⟩ ⟨expr_mul_c⟩
	|	⟨expr_mul_c⟩
⟨expr_mul_c⟩	::=	⟨expr_mul_c⟩ ⟨mul_op⟩ ⟨expr_prim_c⟩
	|	⟨expr_prim_c⟩
⟨expr_prim_c⟩	::=	⟨const⟩
	|	**$** ⟨int_const⟩
	|	⟨ident⟩
	|	(⟨expr_add_c⟩)
	|	⟨intrinsic_func_1⟩ (⟨expr_add_c⟩)
⟨sc⟩	::=	; ⟨comment⟩
	|	;
⟨comment⟩	::=	/+ ⟨text⟩ +/
	|	/* ⟨text⟩ */
	|	/− ⟨text⟩ −/
	|	/# ⟨text⟩ #/
⟨add_op⟩	::=	+ | -
⟨mul_op⟩	::=	*| / | **DIV** |**MOD**
⟨intrinsic_func_1⟩	::=	**SIN** | **COS** | **TAN** | **LOG** | **LN** | **EXP**

⟨const⟩	Eine beliebige Zahl
⟨int_const⟩	Eine natürliche Zahl ungleich 0
⟨ident⟩	siehe BNF-Produktionen 7
⟨name⟩	siehe BNF-Produktionen 12

BNF-Produktionen 18 *Schlüsselwort DECLARE*

Beispiel 4:
$$N(i) = 6 + i : \{i = 1..4\};$$

Diese Gleichungsschablone definiert ein sogenanntes Konstantenfeld. Diese Definitionsgleichung könnte nach der Auflösung mit Hilfe der Instantiierung (siehe Kapitel 4.5.4) wie folgt geschrieben werden:

$$N1 = 6 + 1;$$
$$N2 = 6 + 2;$$
$$N3 = 6 + 3;$$
$$N4 = 6 + 4;$$

Anstelle des Konstantenfelds N können vier verschiedene Konstanten $N1$, $N2$, $N3$ und $N4$ definiert werden. Bei der zuerst vorgestellten Schreibweise kommen die inhaltlichen Zusammenhänge zwischen den einzelnen Konstanten besser zur Geltung. Diese Art von Konstantendefinitionen ist nicht mehr erlaubt.

Die Zusammenfassung der Ergebnisse zeigt, daß in ASL auf der rechten Seite einer Konstantendefinition keine Bezeichner vorkommen dürfen. Diese Einschränkung hat folgende Vorteile:

- In einer Konstantendefinition kann kein Bezeichner vorkommen, dessen Eigenschaften zum Analysezeitpunkt nicht bekannt sind. Dadurch kann generell der Wert des Bezeichners auf der linken Seite ermittelt werden (siehe Beispiel 1).

- In einer Konstantendefinition dürfen keine weiteren Konstantenbezeichner vorkommen. Dadurch wird die Unabhängigkeit von der Reihenfolge der Definitionen sichergestellt (siehe Beispiel 2 und Beispiel 3).

5.2.2.5 Zusammenfassung und Bewertung

Neben der Steigerung der Benutzerfreundlichkeit hat die Einführung der benutzerdefinierten Konstanten und größenbestimmenden Parameter in ASL die folgenden Vorteile gegenüber RGL:

- Eine Spezifikation kann größenunabhängig spezifiziert werden. Die aktuell zu behandelnde Problemgröße wird durch die bereitgestellten größenbestimmenden Parameter festgelegt.

- Die Daten für die Berechnungen und die Daten für die Problemgröße werden getrennt voneinander eingegeben.

- Durch die Verwendung der benutzerdefinierten Konstanten ist trotz des Verbots von indizierten Bezeichnern eine flexible Angabe von Indizes und Bereichsangaben möglich.

- Aufgrund der bekannten konstanten Werte ist eine Spezifikation ein statisches System, das zur Analysezeit vollständig ausgewertet werden kann.

- Da der Wert einer Konstanten nur an einer Stelle angegeben wird, ist die Anpassung einer Spezifikation an diesbezüglich geänderte Anforderungen relativ einfach durchzuführen.

Schlüsselwort/Symbol	Bedeutung
DECLARE	leitet Konstantendefinitionsteil ein
$	kennzeichnet größenbestimmenden Parameter

Übersicht 5.3 *Schlüsselwörter im DECLARE-Teil*

Die BNF-Produktionen 18 fassen alle bei der Gestaltung eines syntaktisch korrekten DECLARE-Teils zu berücksichtigenden Vorschriften zusammen.

5.2.3 RANGES

Die dritte Komponente des Definitionsteils – das Schlüsselwort **RANGES** – wurde bei der Erweiterung zu ASL eingeführt [Xio92]. Da die Bereichsangaben bereits für RGL eingeführt wurden, stammen die meisten der im folgenden vorgestellten Eigenschaften aus [Tha89].

5.2.3.1 Situation

Die entscheidende Erweiterung in ASL ist das Schlüsselwort **RANGES**. Deshalb wird zuerst auf das Schlüsselwort eingegangen, bevor die Eigenschaften der Bereichsangaben in den verschiedenen Zusammenhängen vorgestellt werden. Zur Erklärung wird dabei Spezifikation 5.5 verwendet.

5.2.3.2 Benutzerdefinierte Bereichsangaben

Dieses Konstrukt dient zur Arbeitserleichterung und zur übersichtlicheren Gestaltung von Spezifikationen. In der Spezifikation 5.5 steht an jeder Gleichungsschablone und an jedem Bezeichner in dem INPUT- und COMPUTE-Teil eine identische Bereichsangabe. In dem vorliegendem Beispiel ist dieses noch nicht störend. Bei sehr großen Gleichungssystemen und Bezeichnern mit großen Dimensionsanzahlen führt die ausführliche Schreibweise sehr schnell zu unübersichtlichen Spezifikationen. Ein weiterer Nachteil dieser Schreibweise ist der Änderungsaufwand. Jede Bereichsangabe muß einzeln an die geänderten Anforderungen angepaßt werden.

Der **RANGES**-Teil ermöglicht dem Benutzer die Definition von eigenen Bezeichnern für eine beliebige Bereichsangabe. Dieser neue Bezeichner kann dann innerhalb des Gleichungs-, des Eingabe- und des Ausgabeteils stellvertretend für die zugewiesene Bereichsangabe verwendet werden. Dazu muß dem Namen das #-Zeichen vorangestellt werden.

Spezifikation 5.6 zeigt die modifizierte Fassung von Spezifikation 5.5.

```
ALGORITHM  rangenames
DEFINE
    DEFAULT
        INT;
    DECLARE
        N1 = $1;
        N2 = $2;
EQUATIONS
    c(i, j) = a(i, j) * b(i, j) : {i = 1..N1}, {j = 1..N2}; /* Gleichung 1 */
    d(i, j) = a(i, j) - b(i, j) : {i = 1..N1}, {j = 1..N2}; /* Gleichung 2 */
    e(i, j) = a(i, j) + b(i, j) : {i = 1..N1}, {j = 1..N2}; /* Gleichung 3 */
INPUT
    a(i, j) : {i = 1..N1}, {j = 1..N2};
    b(i, j) : {i = 1..N1}, {j = 1..N2};
COMPUTE
    c(i, j) : {i = 1..N1}, {j = 1..N2};
    d(i, j) : {i = 1..N1}, {j = 1..N2};
    e(i, j) : {i = 1..N1}, {j = 1..N2}.
```

Spezifikation 5.5 *Spezifikation ohne Bereichsdefinitionen*

In der Analysephase werden die beiden Schreibweisen von Bereichsangaben identisch behandelt. Beim Einlesen der textuellen Spezifikation werden die durch das #-Zeichen gekennzeichneten Bereichsbezeichner erkannt und textuell durch die zugehörige Bereichsangabe ersetzt.

In diesem Zusammenhang sei auf eine weitere Möglichkeit zur übersichtlicheren Gestaltung einer Spezifikation hingewiesen. Wenn mehrere Gleichungsschablonen hintereinander die gleiche Bereichsangabe haben, reicht die Angabe des Bereichs an der letzten dieser Gleichungsschablonen aus. Bei allen anderen Gleichungsschablonen kann auf die Bereichsangabe verzichtet werden. Aufgrund der fehlenden Bereichsangabe einer Gleichungsschablone greift das System automatisch solange auf die jeweils nächste Gleichungsschablone zu, bis dort eine Bereichsangabe gefunden wird. Die gefundene Angabe wird dann an die aktuelle Gleichungsschablone angehängt. Damit dieses korrekt funktioniert, muß nach einer Gleichungsschablone ohne Bereichsangabe mindestens eine mit einer Bereichsangabe folgen.

Unter Verwendung dieser Kurzschreibweise erhält Spezifikation 5.6 die neue, in Spezifikation 5.7 dargestellte Form.

```
ALGORITHM   rangenames
DEFINE
    DEFAULT
        INT;
    DECLARE
        N1 = $1;
        N2 = $2;
    RANGES
        bereich : {i = 1..N1}, {j = 1..N2};

EQUATIONS
    c(i, j) = a(i, j) * b(i, j) : #bereich; /* Gleichung 1 */
    d(i, j) = a(i, j) - b(i, j) : #bereich; /* Gleichung 2 */
    e(i, j) = a(i, j) + b(i, j) : #bereich; /* Gleichung 3 */

INPUT
    a(i, j) : #bereich;
    b(i, j) : #bereich;

COMPUTE
    c(i, j) : #bereich;
    d(i, j) : #bereich;
    e(i, j) : #bereich.
```

Spezifikation 5.6 *Spezifikation mit Bereichsdefinitionen*

5.2.3.3   Aufbau einer Bereichsdefinition

Die im folgenden vorzustellenden Eigenschaften wurden bereits für RGL gefordert
[Tha89] und weitestgehend unverändert für ASL übernommen [Xio92]. Eine Bereichsangabe entspricht einem Intervall auf den ganzen Zahlen. Zur Angabe eines
Intervalles sind eine Ober- und eine Untergrenze erforderlich. Bei der Definition werden diese beiden Angaben durch „.." voneinander getrennt. Vor diese Angabe wird
der Name des Bezeichners und ein Gleichheitszeichen gesetzt. Bei dem angespro-
chenen Bezeichner handelt es sich um einen ursprünglich einfachen Bezeichner, der
durch das Anhängen der Bereichsangabe mit seinem Namen zu einem gebundenen
Bezeichner wird.

Eine Bereichsangabe kann als Vereinigung mehrerer Teilbereiche definiert werden.
Diese Teilbereiche werden bei der syntaktischen Darstellung durch Kommata voneinander getrennt. Genauso kann anstelle eines Bezeichners nur ein einzelnes Element
angegeben werden. In diesem Fall kann anstelle des einzelnen Elements auch ein
Bereich mit identischer Unter- und Obergrenze definiert werden.

```
ALGORITHM  rangenames
DEFINE
    DEFAULT
        INT;
    DECLARE
        N1 = $1;
        N2 = $2;
    RANGES
        bereich : {i = 1..N1}, {j = 1..N2};

EQUATIONS
    c(i, j) = a(i, j) * b(i, j) :; /* Gleichung 1 */
    d(i, j) = a(i, j) − b(i, j) :; /* Gleichung 2 */
    e(i, j) = a(i, j) + b(i, j) : #bereich; /* Gleichung 3 */

INPUT
    a(i, j) : #bereich;
    b(i, j) : #bereich;

COMPUTE
    c(i, j) : #bereich;
    d(i, j) : #bereich;
    e(i, j) : #bereich.
```

Spezifikation 5.7 *Spezifikation mit verkürzten Bereichsangaben*

Unter Berücksichtigung dieser Möglichkeiten sind folgende Beispiele für Bereichsangaben korrekt:

- $\{i = 1..10, 12..20, 32..30\}$
- $\{i = 3, 7, 11, 15\}$
- $\{i = 3..3, 7..7, 11..11, 15..15\}$
- $\{i = 3..7, 9, 15..15, 23\}$

Bei der Definition einer Bereichsangabe müssen folgende Anforderungen an die syntaktische und semantische Korrektheit erfüllt werden:

- Unter- und Obergrenze der Bereichsangabe müssen affine Ausdrücke sein.
- Unter- und Obergrenze dürfen keine indizierten Bezeichner enthalten.
- Die Bereichsangabe darf nicht leer sein.
- Teilbereiche sollten sich nach Möglichkeit nicht überlappen.

Eine Verletzung dieser Forderungen führt zu semantisch falschen Spezifikationen.

5.2.3.3.1 Affine Ausdrücke für Unter- und Obergrenzen

Da die Problematik der affinen Ausdrücke bereits in Kapitel 3.5 ausführlich besprochen wurde, erfolgt hier nur eine kurze Behandlung. Bei der Entwicklung von RGL wurde diese Forderung noch nicht aufgestellt. Dieses geschieht erst im Zusammenhang mit der Eindeutigkeits- und Vollständigkeitsanalyse [Hel89]. Stroiczek und Xiong übernehmen diese Einschränkungen [Str91b], [Xio92].

5.2.3.3.2 Indizierte Bezeichner in Unter- und Obergrenze

Diese Problematik wurde bereits im Rahmen der affinen Indexausdrücke (siehe Kapitel 3.5) besprochen. Das Hauptargument gegen die indizierten Bezeichner ist, daß durch das Einsetzen der zugehörigen Berechnungsvorschrift aus einem affinen ein nicht affiner Ausdruck werden kann, obwohl die inhaltliche Bedeutung unverändert bleibt. Dieses bedeutet keine Reduzierung der praktischen Möglichkeiten, denn durch das **INIT**-Konzept wird eine sehr flexible Definition von Bereichsangaben und Indizes ermöglicht.

5.2.3.3.3 Nichtleere Bereichsangaben

Dieses Kriterium soll sicherstellen, daß bei der Instantiierung (siehe Kapitel 4.5.4) mindestens eine einfache Gleichung erzeugt wird. Bei einer leeren Bereichsangabe wird die ursprüngliche Gleichungsschablone ersatzlos entfernt.

5.2.3.3.4 Überlappende Teilbereiche

Bei Angabe von mehreren Teilbereichen kann es passieren, daß einzelne Elemente in mehreren Bereichen vorkommen. Dieses ist zwar syntaktisch und semantisch zulässig, doch um Probleme bei der Abhängigkeitsanalyse (siehe [Fra93]) zu umgehen, ist die Vermeidung von überlappenden Teilbereichen empfehlenswert.

Spezifikationsteil	Bedeutung
DECLARE	Definition von Konstanten
EQUATIONS	Gibt an, wieviel einfache Gleichungen bei der Instantiierung aus der vorgegebenen Gleichungsschablone erzeugt werden
INPUT	Gibt an wieviele Bezeichner als Eingabe erwartet werden
COMPUTE	Legt die Anzahl der zu berechnenden Werte fest
OBTAIN	Legt bei dem Aufruf anderer Spezifikationen die Anzahl der Übergabewerte fest

Übersicht 5.4 *Verwendungsmöglichkeiten von Bereichsangaben*

5.2.3.4 Zusammenfassung und Bewertung

Da die Bereichsangaben bereits in RGL verwendet werden können, dient das hier vorgestellte **RANGES**-Konstrukt der Benutzerfreundlichkeit in ASL.

Durch die verkürzende Schreibweise mit Bereichsbezeichnern werden die Gleichungsschablonen kürzer und somit die gesamte Spezifikation übersichtlicher. Ein weiterer
Vorteil ist, daß für eine Anpassung an geänderte Bereiche nur eine einzige Änderung
in dem **RANGES**-Teil notwendig ist.

Schlüsselwort/Symbol	Bedeutung
RANGES	leitet Bereichsdefinitionsteil ein
#	Zugriff auf einen Bereichsbezeichner

Übersicht 5.5 *Schlüsselwörter im RANGES-Teil*

Die BNF-Produktionen 19 legen den korrekten syntaktischen Aufbau des RANGES-
Teils fest.

⟨set_decl⟩	::=	ε
	|	**RANGES** ⟨set_defs⟩

⟨set_defs⟩	::=	⟨simple_set⟩
	|	⟨simple_set⟩ ⟨set_defs⟩
⟨simple_set⟩	::=	⟨name⟩ : ⟨range_defs⟩ ;
⟨range_defs⟩	::=	{ ⟨range_def⟩ }
	|	{ ⟨range_def⟩ } , ⟨range_defs⟩
⟨range_def⟩	::=	⟨name⟩ = ⟨ranges⟩
⟨ranges⟩	::=	⟨range⟩
	|	⟨range⟩ , ⟨ranges⟩
⟨range⟩	::=	⟨affine_index⟩ .. ⟨affine_index⟩
	|	⟨affine_index⟩

⟨name⟩	siehe BNF-Produktionen 7
⟨affine_index⟩	siehe BNF-Produktionen 12

BNF-Produktionen 19 *BNF-Produktionen für Schlüsselwort RANGES*

5.3 EQUATIONS

Dieser Teil einer Spezifikation enthält die eigentlichen Berechnungsvorschriften. Im
Vergleich zu diesem Teil stellen alle anderen Teile der Spezifikation nur Hilfsinfor-
mationen für diesen bereit.

5.3.1 Übersicht

Im „Equations-teil" kann zwischen folgenden drei Arten von Angaben unterschieden werden:

- „normale" Gleichungen

- benutzerdefinierte Funktionen

- Aufrufe anderer Spezifikationen

Diese Einteilung wird durch die BNF-Produktionen 20 bestätigt.

⟨equations⟩	::=	**EQUATIONS** ⟨equs⟩ ⟨functions⟩
⟨equs⟩	::=	⟨equ⟩
			⟨obtain⟩
			⟨equ⟩ ⟨equs⟩
			⟨obtain⟩ ⟨equs⟩

⟨functions⟩	siehe BNF-Produktionen 22
⟨equ⟩	siehe BNF-Produktionen 21
⟨obtain⟩	siehe BNF-Produktionen 23

BNF-Produktionen 20 *Gleichungsteil*

Für eine korrekte Spezifikation ist es notwendig, daß dieser Teil einer Spezifikation nicht leer und das Schlüsselwort **EQUATIONS** angegeben ist, denn ein leerer Gleichungsteil würde bedeuten, daß gegebenenfalls alle einzugebenden und zu berechnenden Daten spezifiziert sind, aber keine Angabe über deren Berechnung existiert. Bei der Prüfung auf einen nicht leeren Gleichungsteil müssen einige Wechselwirkungen zwischen den verschiedenen Typen von Angaben berücksichtigt werden.

Obwohl der Gleichungsteil der Spezifikation 5.8 keine Gleichungsschablonen enthält, ist er nicht leer.

In der Spezifikation *empty* werden auf Basis der Eingabedaten drei Ergebnisse mit verschiedenen Verfahren ermittelt. Unter der Annahme, daß diese drei Verfahren bereits als Spezifikationen vorliegen, reicht je ein OBTAIN-Aufruf (siehe Kapitel 5.5) für jedes der drei Verfahren aus. Da in der Hauptspezifikation keine weiteren Berechnungen zu erfolgen brauchen, sind dort keine Gleichungsschablonen angegeben. Der Gleichungsteil ist nicht leer, da durch die OBTAIN-Konstrukte die Berechnungsvorschriften der aufgerufenen Spezifikationen (*verfahren1*, *verfahren2* und *verfahren3*) in die Hauptspezifikation eingebunden werden.

```
ALGORITHM  empty
DEFINE
    DEFAULT
        INT;
    DECLARE
        N1 = $1;
        N2 = $2;
    RANGES
        bereich : {i = 1..N1}, {j = 1..N2};
EQUATIONS
        OBTAIN c1(i, j) : #bereich
        FROM verfahren1/* Anwendung des 1. Verfahrens */
        WITH a(i, j), b(i, j) : #bereich.
        OBTAIN c2(i, j) : #bereich
        FROM verfahren2/* Anwendung des 2. Verfahrens */
        WITH a(i, j), b(i, j) : #bereich.
        OBTAIN c1(i, j) : #bereich
        FROM verfahren3/* Anwendung des 3. Verfahrens */
        WITH a(i, j), b(i, j) : #bereich.

INPUT
        a(i, j), b(i, j) : #bereich;

COMPUTE
        c1(i, j), c2(i, j), c3(i, j) : #bereich.
```

Spezifikation 5.8 *Spezifikation mit OBTAIN-Aufrufen*

Eine Spezifikation ist hingegen unvollständig, wenn im Gleichungsteil nur benutzerdefinierte Funktionen (siehe Kapitel 5.4) vorkommen. Da die Funktionsdefinitionen nur eine Kurzschreibweise ermöglichen, veranlassen sie keine eigentlichen Berechnungen. Eine benutzerdefinierte Funktion ist nur im Zusammenhang mit einer Gleichungsschablone sinnvoll, in die sie eingesetzt werden kann.

5.3.2 „Normale" Gleichungsschablonen

Die erste Komponente des Gleichungsteils enthält „normale" Gleichungsschablonen. Diese sind durch kein besonderes Schlüsselwort gekennzeichnet. Sie stehen unmittelbar nach dem Schlüsselwort **EQUATIONS**.

Der Aufbau dieser Art von Gleichungen wurde bereits in Kapitel 4.5, der Aufbau und die Möglichkeiten des Ausdrucks auf der rechten Gleichungsseite wurden in Kapitel

4.3 und die dritte Komponente einer Gleichungsschablone – die Bereichsangabe –
wurde bereits in Kapitel 4.4 beschrieben.

⟨equ⟩   ::=   ⟨simple_equ⟩ ⟨sc⟩
                            | ⟨simple_equs⟩ : ⟨equ_range_defs⟩ ⟨sc⟩

⟨simple_equs⟩   ::=   ⟨simple_equ⟩
                            | ⟨simple_equs⟩ : ⟨sc⟩ ⟨simple_equ⟩

⟨simple_equ⟩   ::=   ⟨ident⟩ = ⟨expr⟩

⟨ident⟩   siehe BNF-Produktionen 7
⟨sc⟩   siehe BNF-Produktionen 14
⟨expr⟩   siehe BNF-Produktionen 8
⟨equ_range_defs⟩   siehe BNF-Produktionen 14

BNF-Produktionen 21 *Schlüsselwort EQUATIONS*

Die BNF-Produktionen 21 schreiben den korrekten syntaktischen Aufbau von einfachen Gleichungen und Gleichungsschablonen vor.

5.4 FUNCTIONS

Die zweite Art von möglichen Angaben im Gleichungsteil werden – sofern erforderlich – in dem durch das Schlüsselwort **FUNCTIONS** gekennzeichneten Teil
zusammengefaßt. Dieses bereits für RGL eingeführte Konstrukt wurde unverändert
in die Sprache ASL übernommen [Tha89], [Xio92].

5.4.1 Übersicht

Das Schlüsselwort **FUNCTIONS** ermöglicht dem Benutzer die Definition von eigenen Funktionen. Neben der Einsparung von Schreibarbeit führt die Verwendung von
Funktionsbezeichnern zu übersichtlicheren Spezifikationen. Ein weiterer Vorteil ist,
daß ein als Funktion definierter Ausdruck nur an einer Stelle innerhalb der Spezifikation an geänderte Anforderungen angepaßt werden muß.

5.4.2 Aufbau einer Funktionsdefinition

Anhand der Spezifikation 5.9 wird gezeigt, welche Kriterien ein Benutzer bei der
Verwendung von benutzerdefinierten Funktionen beachten muß.

```
ALGORITHM  functions
DEFINE
    DEFAULT
        INT;
    DECLARE
        N1 = $1;
        N2 = $2;
    RANGES
        bereich : {i = 1..N1}, {j = 1..N2};

EQUATIONS
    d(i,j) = a(i,j) * b(i,j) + 2 * a(i,j) * c(i,j) + 4 * b(i,j) * c(i,j) + 3 : #bereich;
    /* Gleichung 1 */
    e(i,j) = b(i,j) * c(i,j) + 2 * b(i,j) * a(i,j) + 4 * c(i,j) * a(i,j) + 5 : #bereich;
    /* Gleichung 2 */
    f(i,j) = c(i,j) * a(i,j) + 2 * c(i,j) * b(i,j) + 4 * a(i,j) * b(i,j) : #bereich;
    /* Gleichung 3 */

INPUT
    a(i,j), b(i,j), c(i,j) : #bereich;

COMPUTE
    d(i,j), e(i,j), f(i,j) : #bereich.
```

Spezifikation 5.9 *Spezifikation ohne Funktionsdefinitionen*

5.4.2.1 Gestaltungsregeln

Der Gleichungsteil der Spezifikation *functions* enthält drei auf den ersten Blick komplex aussehende Gleichungsschablonen. Für die übersichtlichere Gestaltung des Gleichungsteils bietet sich die Definition von je einem Funktionsbezeichner für jede der rechten Seiten an. Dabei muß der Benutzer folgende Anforderungen an die Syntax beachten:

- Für die Definition von Funktionsbezeichnern wird der einfache Gleichungstyp verwendet.

- Anstelle des „=" wird hier zur besseren Unterscheidung von Berechnungsvorschriften das „:=" als Trennung von linker und rechter Seite verwendet.

- Der einfache Gleichungstyp impliziert, daß keine Bereichsangaben an diese Gleichung angehängt werden müssen. Im ersten Moment erscheint die Forderung nach einem indizierten Funktionsbezeichner als fehlerhaft, doch im Gegensatz zu den Wertbezeichnern sind die Indizes hier definiert. Sie repräsentieren die Parameter der Funktion und werden bei jedem Aufruf mit individuellen Werten versorgt.

Bei der inhaltlichen Gestaltung einer Funktionsdefinition müssen folgende semantische Anforderungen erfüllt werden:

- Auf der linken Seite steht der Name der einzuführenden Funktion.

- Der dabei gewählte Name muß innerhalb der Spezifikation eindeutig sein. Der Name darf also nicht noch einmal mit einer anderen Funktionalität verwendet werden. Der Spezifikationsname ist bislang die Ausnahme von dieser Regelung (siehe Kapitel 4.2.2).

- Auf der rechten Seite steht der Ausdruck, den der Bezeichner auf der linken Seite repräsentieren soll. Die Möglichkeiten zur Darstellung und Gestaltung dieser Ausdrücke wurden in Kapitel 4.3.2 vorgestellt.

5.4.2.2 Parameter einer Funktion

Neben den gerade vorgestellten Aspekten müssen bei der Definition eines Funktionsbezeichners folgende Kriterien bezüglich der Funktionsparameter erfüllt sein:

- Der Ausdruck auf der rechten Seite der Funktionsdefinition hängt nur von den auf der linken Seite festgelegten Parametern ab. Auf der rechten Seite dürfen nur Bezeichner vorkommen, die als Index des Funktionsbezeichners auf der linken Seite verwendet werden.

- Es ist nicht notwendig, daß alle auf der linken Seite angegebenen Parameter auf der rechten Seite vorkommen. In diesen Fällen braucht allerdings der Übergabeparameter nicht definiert zu werden, da er keinen Einfluß auf das Ergebnis der Funktion hat.

- In RGL können Parameterbezeichner zusätzlich mit einer anderen Funktionalität verwendet werden. In ASL dürfen Parameter nur im Zusammenhang mit verschiedenen Funktionsdefinitionen eingesetzt werden.

Bei der Umformung der Spezifikation 5.9 wird im ersten Schritt die Anzahl der benötigten Funktionsparameter ermittelt. Dazu wird die rechte Seite von Gleichung 1 betrachtet. Der dort vorkommende Ausdruck hängt von den drei Bezeichnern $a(i,j)$, $b(i,j)$ und $c(i,j)$ ab. Somit benötigt die Funktion drei Parameter. Bei der Namensgebung für die Parameter sollten – soweit möglich – allgemeine Namen verwendet werden. Durch diese Namensgebung ist die Verwendung einer Funktion in verschiedenen Zusammenhängen leichter nachvollziehbar. Nach der Festlegung der Parameternamen werden die Namen auf der rechten Seite der Definition angepaßt. Spezifikation 5.10 zeigt die modifizierte Form der Spezifikation *functions*. Diese Darstellung der Spezifikation ist übersichtlicher und strukturierter. Durch die Verwendung identischer Parameternamen innerhalb der Funktionsdefinitionen fällt auf, daß die drei Gleichungsschablonen fast identische Berechnungsvorschriften beinhalten. Spezifikation 5.11 zeigt eine Version der Spezifikation *functions* bei der die drei Funktionsdefinitionen zu einer zusammengefaßt werden.

ALGORITHM functions

DEFINE

    DEFAULT

        INT;

    DECLARE

        $N1 = \$1$;

        $N2 = \$2$;

    RANGES

        $bereich : \{i = 1..N1\}, \{j = 1..N2\}$;

EQUATIONS

    $d(i,j) = func1(a(i,j), b(i,j), c(i,j))\#bereich$; /* Gleichung 1 */

    $e(i,j) = func2(b(i,j), c(i,j), a(i,j))\#bereich$; /* Gleichung 2 */

    $f(i,j) = func3(c(i,j), a(i,j), b(i,j))\#bereich$; /* Gleichung 3 */

FUNCTIONS

    $func1(x,y,z) = x*y + 2*x*z + 4*y*z + 3$; /* Funktion 1 */

    $func2(x,y,z) = x*y + 2*x*z + 4*y*z + 5$; /* Funktion 2 */

    $func3(x,y,z) = x*y + 2*x*z + 4*y*z$; /* Funktion 3 */

INPUT

    $a(i,j), b(i,j), c(i,j) : \#bereich$;

COMPUTE

    $d(i,j), e(i,j), f(i,j) : \#bereich$.

Spezifikation 5.10 *Spezifikation mit mehreren Funktionsdefinitionen*

5.4.2.3 Aufruf anderer Funktionen

Auf der rechten Seite einer Funktionsdefinition dürfen andere in der Spezifikation definierte Funktionsbezeichner verwendet werden. Dabei muß beachtet werden, daß keine direkte oder indirekte Rekursion entsteht. Bei rekursiven Aufrufen können zum Analysezeitpunkt keine vollständigen Untersuchungen durchgeführt werden, da sich erst aufgrund der zur Laufzeit berechneten Werte entscheidet, wie oft ein rekursiver Abstieg erfolgen muß. Dieses schließt generell den Fall aus, daß der Funktionsbezeichner auf der rechten Seite seiner eigenen Definition vorkommen darf.

```
ALGORITHM  functions
DEFINE
    DEFAULT
        INT;
    DECLARE
        N1 = $1;
        N2 = $2;
    RANGES
        bereich : {i = 1..N1}, {j = 1..N2};
EQUATIONS
        d(i,j) = func(a(i,j), b(i,j), c(i,j), 3)#bereich; /* Gleichung 1 */
        e(i,j) = func(b(i,j), c(i,j), a(i,j), 5)#bereich; /* Gleichung 2 */
        f(i,j) = func(c(i,j), a(i,j), b(i,j), 0)#bereich; /* Gleichung 3 */

    FUNCTIONS
        func(x, y, z, const) = x * y + 2 * x * z + 4 * y * z + const;
INPUT
        a(i,j), b(i,j), c(i,j) : #bereich;
COMPUTE
        d(i,j), e(i,j), f(i,j) : #bereich.
```

Spezifikation 5.11 *Spezifikation mit einer Funktionsdefinition*

5.4.2.4   Funktionsbezeichner als INPUT

In RGL können benutzerdefinierte Funktionen als INPUT-Wert definiert werden.
Dabei wird die Definition der Funktion zusammen mit den Berechnungsdaten zur
Verfügung gestellt. Hierauf wurde in ASL aus folgenden Gründen verzichtet:

- Dieses Konstrukt erfordert die Angabe des Funktionsbezeichners im INPUT-
  Teil. In ASL dürfen Funktionsbezeichner jedoch nicht außerhalb des Gleichungsteils vorkommen (siehe Kapitel 5.4.3).

- Bei der Prüfung der Semantik einer Funktion – wie zum Beispiel die Suche
  nach undefinierten Bezeichnern – treten Probleme auf: Zum Analysezeitpunkt
  existieren nicht bekannte rechte Seiten der Funktionsdefinition.

- Bei der Transformation in die Normalform treten Probleme auf. Hier sollen
  die Funktionsbezeichner durch die ihnen zugewiesenen rechten Seiten ersetzt
  werden. In diesem Fall ist die rechte Seite nicht bekannt, da die Umformungen
  bereits vor der Laufzeit stattfanden.

5.4.3 Verwendung von Funktionsbezeichnern

Die definierten Funktionsbezeichner dürfen in einer ASL-Spezifikation nur innerhalb des Gleichungsteils vorkommen. Aufgrund des Single-Assignment-Prinzips (siehe Kapitel 3.4.1) behält der Funktionsbezeichner seinen Wert während der gesamten Spezifikation in unveränderter Form bei. Eine Angabe als INPUT-Bezeichner verletzt dieses Prinzip. Eine Angabe als COMPUTE-Bezeichner würde zur Ausgabe der Funktionsdefinition führen. Es ist anzunehmen, daß der Benutzer in der Regel nur an den Ergebnissen der Berechnung interessiert ist. Die für die Berechnung notwendigen Vorschriften und Zusatzinformationen dürften nur in den seltensten Fällen benötigt werden.

Ein Funktionsbezeichner kann im Zusammenhang mit einem OBTAIN-Konstrukt verwendet werden. Auf die Besonderheiten dieser Kombination wird in Kapitel 5.5 eingegangen. Außerdem kann ein Funktionsbezeichner beliebig oft auf den rechten Seiten von Gleichungsschablonen verwendet werden. In diesen Fällen sind die in runden Klammern an den Funktionsbezeichner angehängten Übergabeparameter von besonderem Interesse. Für diese Parameter können beliebige Ausdrücke verwendet werden. Innerhalb dieser Ausdrücke dürfen allerdings nur einfache Bezeichner und Datenstrukturen verwendet werden. Indizierte Bezeichner werden als syntaktischer Fehler erkannt. Um dieses zu verdeutlichen erfolgt anhand des Funktionsbezeichners „func" eine kurze Charakterisierung von möglichen Übergabeparametern:

Beispiel 1:
$$a(i,j) = func(5,6) : \{i = 1..5\}, \{j = 2..6\};$$

Der Aufruf mit zwei konstanten Werten bereitet keine Probleme. An dieser Stelle können auch benutzerdefinierte Konstanten aus dem DECLARE-Teil stehen. Die Verwendung von größenbestimmenden Parametern ist hingegen verboten, kann jedoch mit Hilfe einer Konstanten aus dem DECLARE-Teil umgangen werden.

Beispiel 2:
$$a(i,j) = func(i,j) : \{i = 1..5\}, \{j = 2..6\};$$

Dieser Funktionsaufruf enthält die gebundenen Bezeichner i und j. Dabei werden der Funktion jeweils die durch die Instantiierung (siehe Kapitel 4.5.4) ermittelten Werte von i und j zur Verfügung gestellt. Im Gegensatz zu Beispiel 1, wird hier bei jedem Aufruf ein anderes Ergebnis erzeugt.

Beispiel 3:
$$a(i,j) = func(b(i,j),c(i,j)) : \{i = 1..5\}, \{j = 2..6\};$$

Dieser Funktionsaufruf enthält einfache Bezeichner als Übergabeparameter. Bei genauerer Betrachtung stellt man fest, daß immer nur ein bestimmter Wert benötigt wird. Löst man diese Gleichungsschablone mit Hilfe der Instantiierung auf, so enthalten alle vorkommenden Funktionsaufrufe genau eine Instanz der indizierten Bezeichner als Übergabeparameter.

Beispiel 4:
$$a(i,j) = func(rec) : \{i = 1..5\}, \{j = 2..6\};$$

Die Übergabe einer Datenstruktur ist zulässig, da diese gemäß Definition ein einfacher Bezeichner ist. Der Unterschied zu einem einfachen Bezeichner für einen Wert besteht nur darin, daß sich eine Datenstruktur aus mehreren zum Teil geschachtelten Komponenten zusammensetzen kann (siehe Kapitel 5.2.1.4).

Beispiel 5:
$$d = func(a(i,j), b(i,j));$$

Dieser Aufruf der Funktion *func* ist nicht zulässig. Aufgrund der fehlenden Bereichsangaben der Gleichung kann keine Instantiierung durchgeführt werden. Anstelle eines einzelnen Wertes wird der Funktion eine Menge von einfachen Bezeichnern übergeben.

5.4.4 Zusammenfassung und Bewertung

Für die Erstellung von syntaktisch korrekten Funktionsdefinitionen müssen die BNF-Produktionen 22 eingehalten werden.

⟨functions⟩	::=	ε
	|	**FUNCTIONS** ;
	|	**FUNCTIONS** ⟨ func_decls ⟩
⟨func_decls⟩	::=	⟨func_decl⟩
	|	⟨func_decl⟩ ⟨func_decls⟩
⟨func_decl⟩	::=	⟨name⟩ (⟨namelist⟩) := ⟨expr⟩ ;

⟨name⟩	siehe BNF-Produktionen 7
⟨namelist⟩	siehe BNF-Produktionen 10
⟨expr⟩	siehe BNF-Produktionen 8

BNF-Produktionen 22 *Schlüsselwort FUNCTIONS*

Ein Nachteil des bisherigen **FUNCTIONS**-Konzepts ist das Verbot von indizierten Bezeichnern als Übergabeparameter von benutzerdefinierten Funktionen. Das folgende Beispiel zeigt, welche Vorteile die Erweiterung der Verwendung von indizierten Bezeichnern als Funktionsparameter brächte.
Die Funktion *func* ermöglicht eine Kurzschreibweise für die Summenbildung über die Werte aller Instanzen eines indizierten Bezeichners. In der aktuellen Version von ASL ist diese Form nicht zulässig. Mit den in ASL zur Verfügung stehenden Mitteln läßt sich die Summenbildung entweder durch die Angabe aller Werte oder durch die Verwendung von zusätzlichen Bezeichnern für die Aufnahme von Zwischenergebnissen spezifizieren.

EQUATIONS
$c = func(a(i,j))$;
$d = func(b(i,j))$;

FUNCTIONS
$func(x(i,j)) := ASSOC(+, (i = 1..5, j = 1..7))(x(i,j))$;

INPUT
$a(i,j) : i = 1..5, j = 1..7$;
$b(i,j) : i = 1..5, j = 1..7$;

COMPUTE
c, d.

5.5 OBTAIN

Die dritte mögliche Art von Angaben innerhalb des Gleichungsteils sind **OBTAIN**-Konstrukte. Sie ermöglichen das Einbinden weiterer Spezifikationen in die zu erstellende Spezifikation. Dieses ist eine wesentliche Hilfe bei der Gestaltung von gut strukturierten Spezifikationen. Zusätzlich ist ein Zugriff auf Bibliotheken mit Spezifikationen für Standard-Algorithmen denkbar.

5.5.1 Bedeutung eines OBTAIN-Konstrukts

Auf den ersten Blick hat ein **OBTAIN**-Aufruf sehr viel Ähnlichkeit mit einem Prozeduraufruf bei der sequentiellen Programmierung. Die genauere Untersuchung zeigt jedoch einige Unterschiede. Bei der sequentiellen Programmierung wird generell der gleiche Prozeduraufruf verwendet, während bei einem **OBTAIN**-Konstrukt eine individuelle Anpassung an die aktuelle Situation erfolgt. Dieses geschieht durch die Angabe der größenbestimmenden Parameter.

5.5.1.1 OBTAIN-Konstrukte in RGL

Das **OBTAIN**-Konstrukt wurde bereits für RGL eingeführt [Tha89]. Da beliebige rekursive **OBTAIN**-Aufrufe von Spezifikationen möglich sind, kann die Spezifikationssprache RGL die Klasse der μ-rekursiven Probleme beschreiben. Thalhofer erkennt, daß aufgrund der Rekursion die Terminierung einer Spezifikation erst zur Laufzeit entschieden werden kann:
„Auch diese Eigenschaft kann i.a. nicht vor der Laufzeit des zu entwickelnden Programms entschieden werden. Allerdings können in den meisten Fällen bereits bei der Analyse der Spezifikation einfache Bedingungen an die Eingabedaten, welche die Terminierung gewährleisten, formal hergeleitet werden" [Tha89].

5.5.1.2   OBTAIN-Konstrukte in ASL

Bei der Erweiterung zu ASL wurde eine Reduzierung auf die Klasse der primitiv-rekursiven Probleme vorgenommen [Xio92]. Diese Einschränkung der Funktionalität bewirkt erhebliche Vorteile für die Analysierbarkeit einer Spezifikation. Da in ASL keine rekursiven **OBTAIN**-Aufrufe mehr erlaubt sind, liegt generell ein statisches System von Spezifikationsaufrufen vor. Damit kann bereits zur Analysezeit die Terminierung der Spezifikation entschieden werden. Da jetzt alle Werte bekannt sind, können auch die im Zusammenhang mit der Ermittlung der Abhängigkeiten zwischen den einzelnen Bezeichnern notwendigen Prüfungen durchgeführt werden.

5.5.2   Verwendung eines OBTAIN-Konstrukts

Da nicht alle Spezifikationen auf das Einbinden anderer Spezifikationen angewiesen sind, ist die Verwendung des **OBTAIN**-Konstrukts optional. Bei der Verwendung dieses Schlüsselworts ist zu beachten, daß es sich von den bisher vorgestellten wesentlich unterscheidet. Diese Schlüsselworte werden – mit Ausnahme von STRUCT, INT und FLOAT für die Definition der Typen – jeweils zur Kennzeichung eines bestimmten Teils der Spezifikation verwendet, dürfen also nur einmal innerhalb der gesamten Spezifikation vorkommen. Das Schlüsselwort **OBTAIN** hingegen beschreibt keinen Teil, sondern ein Konstrukt innerhalb des Gleichungsteils. Jeder Aufruf einer Spezifikation wird dabei durch dieses Schlüsselwort gekennzeichnet. Im Zusammenhang mit diesem Schlüsselwort werden die weiteren Schlüsselworte **WITH** und **FROM** benötigt. Diese drei Worte bilden das eigentliche Konstrukt für den Aufruf einer anderen Spezifikation. Wenn im folgenden von OBTAIN-Aufrufen gesprochen wird, ist damit immer die Kombination der drei eben genannten Schlüsselworte gemeint. Prinzipiell können die **OBTAIN**-Aufrufe an beliebigen Stellen zwischen den Gleichungsschablonen plaziert werden.

5.5.3   Aufbau eines OBTAIN-Konstrukts

Wie eben schon angedeutet, ist der Aufruf einer anderen Spezifikation eine Kombination von folgenden drei Schlüsselworten:

> **OBTAIN** *Importliste*
>
> **FROM** *Spezifikationsname*
>
> **WITH** *Parameterliste.*

Mit Ausnahme des **WITH**-Konstrukts müssen alle anderen Schlüsselworte in einem syntaktisch korrekten Aufruf vorkommen. Bei dem Aufruf einer Spezifikation, die keine Eingabedaten erwartet, braucht das Schlüsselwort **WITH** nicht angegeben zu werden. Die Trennung zwischen den drei Teilen erfolgt durch das jeweilige Schlüsselwort. Dadurch sind keine Zeichen an den Enden der einzelnen Teile notwendig. Das Ende des **OBTAIN**-Aufrufs wird durch den Punkt hinter der *Parameterliste* signalisiert.

Innerhalb der *Import-* und *Parameterliste* werden die einzelne Einträge durch ein Semikolon voneinander getrennt. Zur Vorstellung der einzelnen Komponenten eines **OBTAIN**-Konstrukts wird die Spezifikation 5.12 betrachtet. Die in dieser Spezifikation vorkommenden **OBTAIN**-Aufrufe erfüllen alle die Kriterien für die syntaktische Korrektheit. Bei diesen Betrachtungen sind die aufgerufenen Spezifikationen noch nicht von Interesse. Für die Gestaltung eines übersichtlicheren **OBTAIN**-Konstrukts kann eine Kurzschreibweise verwendet werden. Der zweite Aufruf aus Abbildung 5.12 kann dann wie folgt geschrieben werden:

```
OBTAIN a(i, j), b(i, j) : #R2;
FROM subspec2
WITH m(i, j), n(i, j) : #R2;
```

Dies ist nur dann möglich, wenn die Bereichsangaben der zusammenzufassenden Bezeichner für alle Indizes in Unter- und Obergrenze vollständig übereinstimmen.

5.5.3.1 OBTAIN-Teil

Nachdem die aufzurufende Spezifikation bekannt ist, stellt sich als nächstes die Frage, welche Werte mit deren Hilfe berechnet werden sollen. Diese Information ist in der hinter dem Schlüsselwort **OBTAIN** angegebenen *Importliste* enthalten. Hierbei handelt es sich um eine Bezeichnerliste, in der folgende Typen von Bezeichnern vorkommen dürfen (vgl. Spez. 5.12):

- Einfache Bezeichner:
  Mit Hilfe des ersten **OBTAIN**-Aufrufs sollen genau zwei Werte ermittelt werden: Der Wert des einfachen Bezeichners e und der Wert des nach der Instantiierung des indizierten Bezeichners $d(i)$ entstandenen einfachen Bezeichners $d(2)$.

- Indizierte Bezeichner:
  In dem zweiten **OBTAIN**-Aufruf sollen jeweils mehrere Werte für die beiden indizierten Bezeichner $a(i, j)$ und $b(i, j)$ berechnet werden. Anhand der zu diesen Bezeichnern angegebenen Bereichsangaben läßt sich die Anzahl der Werte bestimmen. Bei diesem Aufruf werden jeweils 128 (16 $*$ 8) Instanzen der indizierten Bezeichner berechnet.
  Der dritte Aufruf zeigt den zulässigen Fall, daß gleichzeitig Werte für Bezeichner mit unterschiedlichen Dimensionsstrukturen ermittelt werden sollen. In diesem Fall kann die oben vorgestellte Kurzschreibweise nicht verwendet werden.

- Vollständige Datenstrukturen oder Teil-Datenstrukturen:
  Der vierte Aufruf zeigt, wie die Werte von Datenstrukturen mit Hilfe eines **OBTAIN**-Konstrukts berechnet werden können. In diesem Beispiel werden

gleichzeitig eine vollständige Datenstruktur und eine einzelne Komponente einer anderen Datenstruktur ermittelt. Da Datenstrukturen als einfache Bezeichner interpretiert werden, fällt diese Art von Aufrufen genau genommen in die Kategorie der einfachen Bezeichner.

Der fünfte Aufruf aus Spezifikation 5.12 verwendet eine unzulässige *Importliste*. Diese Liste verletzt zwei wichtige Kriterien:

- Als erste Komponente soll der Wert eines Funktionsbezeichners ermittelt werden. Dieser Fall wird als syntaktisch falsch erkannt und ist auch aus inhaltlicher Sicht nicht sinnvoll:

  - Ein Funktionsbezeichner besitzt schon einen festen Wert: die rechte Seite seiner Definition.

  - Ein Funktionsbezeichner kann keine Zahlenwerte annehmen, ihm werden Zeichenfolgen zugewiesen.

  - Die Indizes eines Funktionsbezeichners haben eine andere Bedeutung als die eines normalen Bezeichners (*„Parameter der Funktion"*, siehe Kapitel 5.4.2.2).

- Als zweiter zu berechnender Wert ist ein im RANGES-Teil definierter Bereichsbezeichner angegeben. Dieser Fall wird als syntaktisch falsch erkannt, er ist auch inhaltlich nicht sinnvoll:

  - Ein Bereichsbezeichner besitzt schon einen festen Wert: die rechte Seite seiner Definition.

  - Ein Bereichsbezeichner kann keine Zahlenwerte annehmen, ihm werden Zeichenfolgen zugewiesen.

Innerhalb einer *Importliste* können die zulässigen Bezeichnertypen unter Verwendung von zulässigen Bereichsangaben beliebig miteinander kombiniert werden. Der sechste Aufruf der Spezifikation *calls* zeigt eine denkbare Kombination.

5.5.3.2 FROM-Teil

Die wesentliche Frage bei **OBTAIN**-Aufrufen ist, welche Spezifikation eingebunden werden soll. Diese Information kann aus dem **FROM**-Teil des **OBTAIN**-Konstrukts entnommen werden. Hinter dem Schlüsselwort ist der Name der einzubindenden Spezifikation anzugeben. Beim ersten Aufruf der Spezifikation *calls* soll auf die Spezifikation *subspec1* zugegriffen werden. Genaugenommen handelt es sich hierbei um den Namen der Datei, die die Spezifikation enthält. In einem der Analysephase vorgeschalteten Bearbeitungsschritt wird die Datei mit dem angegebenen Namen eingelesen und an die Datei mit der aufrufenden Spezifikation angehängt. Hierfür ist notwendig, daß der Datei- und der Spezifikationsname identisch sind. Die in diesem Teil möglicherweise angegebenen Übergabeparameter werden in Kapitel 5.5.5 behandelt.

```
ALGORITHM  calls
DEFINE
    STRUCT
        [INT,[INT,INT]] Rec1,Rec2,Rec3,Rec4;
    DECLARE
        N1 = 8;
        N2 = 16;
        N3 = 32;
    RANGES
        R1 : {i = 1..N1};
        R2 : {i = 1..N1}, {j = 1..N2};
        R3 : {i = 1..N1}, {j = 1..N2}, {k = 1..N3};

EQUATIONS
    /* Gleichungsschablonen sind hier nicht von Interesse, deshalb besteht der
    Gleichungsteil nur aus OBTAIN-Aufrufen */
    /* 1. Aufruf */
    OBTAIN e;
    d(2);
    FROM subspec1
    WITH q;
    p(3).
    /* 2. Aufruf */
    OBTAIN a(i,j) : #R2;
    b(i,j) : #R2;
    FROM subspec2
    WITH m(i,j) : #R2;
    n(i,j) : #R2.
    /* 3. Aufruf */
    OBTAIN a(i,j) : #R2;
    c(i,j,k) : #R3
    FROM subspec3
    WITH m(i,j) : #R2;
    o(i,j,k) : #R3.
    /* 4. Aufruf */
    OBTAIN rec3;
    rec4[2];
    FROM subspec4
    WITH rec1;
    rec2[1].
```

```
/* 5. Aufruf (unzulässig) */
OBTAIN func1(i, j) : #R2;
R1;
FROM subspec5
WITH func2(i, j) : #R2;
R2.
/* 6. Aufruf */
OBTAIN e;
a(i, j) : #R2;
rec4[2];
c(i, j, k) : #R3;
rec3
FROM subspec6
WITH q;
m(i, j) : #R2;
rec2[2];
o(i, j, k) : #R3;
rec1.
FUNCTIONS
    func1(x, y) := x + y;
    func2(x, y) := x − y;

INPUT
    m(i, j), n(i, j) : #R2;
    o(i, j, k) : #R3;
    p(i) : #R1;
    q, rec1, rec2;

COMPUTE
    a(i, j), b(i, j) : #R2;
    c(i, j, k) : #R3;
    d(i) : #R1;
    e, rec3, rec4.
```

Spezifikation 5.12 *Beispiele für OBTAIN-Aufrufe*

5.5.3.3 WITH-Teil

In dem letzten Schritt muß geklärt werden, welche Daten die aufgerufene Spezifikation für die Berechnung der gewünschten Werte benötigt. Im Gegensatz zur *Importliste* kann es sein, daß die *Parameterliste* leer ist. Diese Situation wird durch das Fehlen des Schlüsselworts **WITH** erkannt. Da die Berechnungen der aufgerufenen Spezifikationen in diesem Fall unabhängig von den Eingabewerten sind, wird der

Aufruf immer das gleiche Ergebnis liefern.

Eine *Parameterliste* setzt sich aus beliebigen Ausdrücken zusammen. Da die Gestaltungsmöglichkeiten für allgemeine Ausdrücke bereits in Kapitel 4.3 behandelt wurden, soll hier nur auf die in diesen Ausdrücken zulässigen Bezeichnertypen eingegangen werden. Folgende Typen dürfen innerhalb einer *Parameterliste* vorkommen:

- Einfache Bezeichner:
  Beim ersten **OBTAIN**-Aufruf werden die Werte von zwei einfachen Bezeichnern als Eingabe zur Verfügung gestellt. Der einfache Bezeichner $p(3)$ ist dabei erst durch die Instantiierung des indizierten Bezeichners $p(i)$ entstanden.

- Indizierte Bezeichner:
  Beim zweiten Aufruf werden zwei Mengen von einfachen Bezeichnern als Eingabe übergeben. In Analogie zur *Importliste* kann die Anzahl der einfachen Bezeichner anhand der zu den indizierten Bezeichnern zugehörigen Bereichsangaben ermittelt werden.
  Der dritte Aufruf zeigt ein Beispiel für die Eingabe von indizierten Bezeichnern mit verschiedenen Dimensionen.

- Vollständige Datenstrukturen oder Teil-Datenstrukturen:
  In dem vierten **OBTAIN**-Aufruf werden zum einen eine komplette Datenstruktur und zum zweiten nur die erste Komponente einer anderen Datenstruktur benötigt. Genauso wie bei der *Importliste* fallen die Datenstrukturen auch bei der *Parameterliste* in die Kategorie der einfachen Bezeichner.

- Funktionsbezeichner:
  In der *Parameterliste* ist die Angabe von Funktionsbezeichnern zulässig. Eine benutzerdefinierte Funktion wird in diesem Zusammenhang als ein allgemeiner Ausdruck interpretiert. Ein Funktionsbezeichner repräsentiert stets einen konkreten, von den aktuellen Werten seiner Indizes abhängigen Wert.

Die Verwendung eines Bereichsbezeichners als zweite Komponente in der *Parameterliste* des fünften Aufrufs ist jedoch nicht zulässig. Dabei gelten die gleichen Kriterien wie für die *Importliste* (siehe Kapitel 5.5.3.1).

Innerhalb einer *Parameterliste* können die zulässigen Bezeichnertypen unter Verwendung von zulässigen Bereichsangaben beliebig miteinander kombiniert werden. Der sechste Aufruf aus der Spezifikation *calls* zeigt eine denkbare Kombination.

5.5.4 Syntaktische Nachvollziehbarkeit

Im Zusammenhang mit der Bearbeitung von **OBTAIN**-Aufrufen ist die Eigenschaft der **syntaktischen Nachvollziehbarkeit** von besonderem Interesse. Es wird davon ausgegangen, daß eine Übereinstimmung zwischen den Listen des **OBTAIN**-Konstrukts und den Listen der aufgerufenen Spezifikation vorliegt [Tha89]. Diese Verträglichkeit soll im Idealfall für folgende Listen gelten:

- Die *Importliste* des OBTAIN-Konstrukts ist mit der *Computeliste* der lokal aufgerufenen Spezifikation verträglich.

- Die *Parameterliste* des OBTAIN-Konstrukts ist mit der *Inputliste* der lokal aufgerufenen Spezifikation verträglich.

Beim Nachweis dieser Verträglichkeiten werden folgende Probleme erkannt:
„*Dies ist bei Verwendung von Eingabewerten, die die Anzahl der weiteren Eingabewerte oder der Ausgabewerte beeinflussen, nicht immer bei der Analyse der Spezifikation zu entscheiden. ... Die Eigenschaft "syntaktisch nachvollziehbarer" Zuordnungen von Import- bzw. Parameter-Listen ermöglicht ... die Korrektheit der Anwendung des OBTAIN-Konstrukts bereits bei der Analyse der Spezifikation festzustellen.*"[Tha89]

Aus der Sicht der Autoren entstehen diese Probleme hauptsächlich durch die Verwendung von indizierten Bezeichnern als Grenzwerte für Bereichsangaben. Nur in diesem Fall sind die Bereiche zur Analysezeit nicht eindeutig definiert, weil die Grenzwerte von den Eingabewerten abhängen. Aufgrund der gegenüber RGL eingeführten Einschränkungen kann diese Situation in einer ASL-Spezifikation nicht mehr auftreten. Trotzdem ist die **syntaktische Nachvollziehbarkeit** weiterhin ein sehr wichtiges Kriterium für die Behandlung von **OBTAIN**-Aufrufe. Durch die Einschränkungen vereinfacht sich die Prüfung an einigen Stellen ganz erheblich.

5.5.4.1 Definition

Da die Definition der „Syntaktischen Nachvollziehbarkeit" [Tha89] sehr umfangreich ist und in ASL nicht mehr alle Teile dieser Definition relevant sind, wird diese nur in einer kurzen stichwortartigen Übersicht wiedergegeben:

- Jede der beiden Zuordnungen (*Inputliste* zu *Parameterliste* und *Computeliste* zu *Importliste*) wird unabhängig von der anderen untersucht.

- Die Listen müssen *syntaktisch gleich strukturiert* sein, das heißt, daß die Ableitungsbäume der Listen von der Wurzel bis zur Ebene der Ausdrücke identisch sein müssen.

- Die Struktur der Ein- und Ausgabebezeichner muß übereinstimmen.

- Die Gültigkeitsbereiche müssen Intervalle gleicher Länge sein. Die Verwendung von verschiedenen Werten für die Unter- und Obergrenzen der Bereichsangaben ist erlaubt.

5.5.4.2 Prüfkriterien

Nach dieser etwas komplizierten Definition soll anhand eines Beispiels gezeigt werden, wie ein Benutzer bei der Erstellung einer ASL-Spezifikation die Eigenschaft der **syntaktischen Nachvollziehbarkeit** überprüfen kann. Hierfür werden Ausschnitte der Spezifikationen *test* und *subtest* betrachtet (die nicht dargestellten Teile der Spezifikationen werden für den Nachweis der syntaktischen Nachvollziehbarkeit nicht benötigt).

```
ALGORITHM test
..
OBTAIN a(i, j) : {i = 1..3, 7..10}, {j = 2..6}
FROM subtest
WITH 3 * c(i, j) : {i = 2..9}, {j = 3..6};
d(i, j, k) − 8 : {i = 1..3}, {j = 2..16}, {k = 5, 7..12}.
..
```

```
ALGORITHM subtest
..
INPUT
x(i, j) : {i = 2..9}, {j = 3..6};
y(i, j, k) : {i = 1..3}, {j = 2..16}, {k = 5, 7..12};

COMPUTE
v(i, j) : {i = 1..3, 7..10}, {j = 2..6};
```

Vier Hauptanforderungen müssen bei der Gestaltung eines **OBTAIN**-Konstrukts berücksichtigt werden:

1. Die Anzahl der Einträge in den jeweils zugeordneten Listen muß identisch sein: Im obigen Beispiel enthalten die beiden Listen für die „Input"-Schnittstelle jeweils zwei Werte. Die entsprechenden Listen der „Compute"-Schnittstelle enthalten jeweils nur einen Eintrag. Dieses Kriterium ist somit erfüllt.

2. Die jeweils korrespondierenden Elemente müssen die gleiche Struktur haben: Dieses bezieht sich auf den Typ und die Anzahl der Dimensionen der Listen-Einträge. Deshalb ist es erforderlich, daß die Übergabewerte in der definierten Reihenfolge angegeben werden, was oben der Fall ist. Nur so ist im Rahmen der Schnittstellen eine eindeutige Zuordnung der Bezeichner möglich.

3. Die zu den gebundenen Bezeichnern angegebenen Bereichsangaben müssen in den zusammengehörenden Listen jeweils die gleiche Anzahl von Teilbereichen aufweisen: Die syntaktische Nachvollziehbarkeit ist nur dann gewährleistet, wenn zu jedem der Indexbezeichner jeweils in beiden Listen gleich viele Teilbereiche angegeben sind. Im obigen Beispiel besitzen alle Indizes jeweils nur eine Bereichsangabe. Somit ist dieses Kriterium erfüllt.

4. Die Bereichsintervalle müssen gleich lang sein: Hiermit wird sichergestellt, daß jeder der beteiligten Bezeichner die gleiche Anzahl von Instanzen repräsentiert. Da auch dieses Kriterium erfüllt ist, ist der obige Aufruf syntaktisch nachvollziehbar.

Die **syntaktische Nachvollziehbarkeit** garantiert eine eindeutige Definition der beiden Schnittstellen zwischen der aufrufenden und der aufgerufenen Spezifikation. Es ist dann möglich, allen Eingabebezeichnern der aufgerufenen Spezifikation bereitgestellte Daten zuzuordnen. Für die Ausgabeschnittstelle bedeutet dieses, daß alle angeforderten Ergebnisse von der aufgerufenen Spezifikation in korrekter Form zur Verfügung gestellt werden.

5.5.5 Übergabeparameter

Während die größenbestimmenden Parameter der aufrufenden Spezifikation bei der Behandlung durch den der Analysephase vorgeschalteten Bearbeitungsschritt bereitgestellt werden, stellt sich die Frage, wie die von einer anderen Spezifikation aufgerufenen Spezifikationen mit den notwendigen größenbestimmenden Parametern versorgt werden. Die einfachste Lösung hierfür ist das Anhängen einer Liste mit Parametern an den Namen der aufgerufenen Spezifikation im **FROM**-Teil. Hierfür stehen folgende zwei Möglichkeiten zur Verfügung:

- Angabe von konstanten Zahlenwerten

- Angabe von größenbestimmenden Parametern

Die Vor- und Nachteile dieser beiden Methoden werden anhand des **OBTAIN**-Aufrufs der Spezifikation 5.13 diskutiert. Die „??" stellen dabei stellvertretend für die beiden möglichen Übergabemethoden.

Die Spezifikation *parameters* erhält ihre größenbestimmenden Parameter durch die dem vor der Analyse auszuführenden Bearbeitungsschritt bereitgestellten Zahlenwerte. Diese werden hier zur Festlegung der Obergrenzen für die Bereichsangaben aller vorkommenden Bezeichner benötigt. Die weiteren Überlegungen basieren auf den größenbestimmenden Parametern 8 und 16 für die Spezifikation *parameters*.
Für den Aufruf der Spezifikation *subspec* sind ebenfalls zwei größenbestimmende Parameter notwendig. Der Aufruf unter Verwendung der ersten Methode sieht wie folgt aus:

> *FROM subspec(8,16)*

Es werden zwei explizit angegebene Konstanten übergeben. Diese entsprechen hier genau den größenbestimmenden Parametern der aufrufenden Spezifikation. Da die Parameter in der Spezifikation *subspec* ebenfalls zur Bestimmung der Bereichsobergrenze aller Bezeichner verwendet werden, ist die Wertegleichheit für die Erfüllung der **syntaktischen Nachvollziehbarkeit** notwendig. Die Prüfung dieser Gleichheit wird mit wachsender Anzahl von **OBTAIN**-Aufrufen und Parametern sehr schnell sehr aufwendig. Hinzu kommt, daß der dargestellte Aufruf die syntaktische Nachvollziehbarkeit nur für den oben vorgegebenen Fall von größenbestimmenden Parametern erfüllt. Bei dieser Methode ist also zusätzlich eine individuelle Anpassung der konstanten Übergabeparameter an die Wertekombination der größenbestimmenden Parameter der aufrufenden Spezifikation notwendig.

```
ALGORITHM  parameters
DEFINE
    STRUCT  [INT,[INT,INT]] Rec1,Rec2,Rec3,Rec4;
    DECLARE
        N1 = $1;
        N2 = $2;
    RANGES
        bereich : {i = 1..N1}, {j = 1..N2};

EQUATIONS
    /* Gleichungschablonen sind hier nicht von Interesse, deshalb besteht der
    Gleichungsteil nur aus einem OBTAIN-Aufruf*/
    OBTAIN  a(i,j) : #bereich;
    b(i,j) : #bereich
    FROM  subspec(??,??)
    WITH  m(i,j) : #bereich;
    n(i,j) : #bereich.

INPUT
    m(i,j), n(i,j) : #bereich;

COMPUTE
    a(i,j), b(i,j) : #bereich.
```

Spezifikation 5.13 *Beispiel für Übergabe von Parameterwerten*

Um die Nachteile dieser Methode vermeiden zu können, wurde folgende Art von
Aufrufen erlaubt:

FROM subspec($1,$2)

Bei dieser Methode werden keine expliziten Konstanten angegeben. Statt dessen
werden die größenbestimmenden Parameter der aufrufenden Spezifikation direkt
an die aufgerufene Spezifikation weitergeleitet. Dieses Verfahren bietet folgende
Vorteile:

- Da die für die Obergrenzen der Bereichsangaben verwendeten Werte in beiden Spezifikationen identisch sind, ist die Eigenschaft der syntaktischen Nachvollziehbarkeit für alle denkbaren Parameterkombinationen garantiert.

- Es brauchen keine individuellen Anpassungen an verschiedene Parameterwerte
  durchgeführt zu werden.

- Mehrfache Aufrufe einer Spezifikation mit identischen Parametern lassen sich
  mit Hilfe der $-Symbole einfach realisieren.

ALGORITHM subspec

DEFINE

   DEFAULT

     INT;

   DECLARE

     $P1 = \$1$;

     $P2 = \$2$;

   RANGES

     $intervall : \{i = 1..P1\}, \{j = 1..P2\}$;

EQUATIONS

     $sum(i, j) = x(i, j) + y(i, j) : \#intervall$;

     $diff(i, j) = x(i, j) - y(i, j) : \#intervall$;

INPUT

     $x(i, j), y(i, j) : \#intervall$;

COMPUTE

     $sum(i, j), diff(i, j) : \#intervall$.

Spezifikation 5.14 *Beispiel für aufgerufene Spezifikation*

5.5.6 Zusammenfassung und Bewertung

Die Reduzierung der Anwendungen auf die Klasse der primitiv-rekursiven Funktionen bei der Entwicklung von ASL garantiert statische Aufrufstrukturen. Dieses ermöglicht die vollständige Untersuchung einer Spezifikation zur Analysezeit. Im Gegensatz zu RGL-Spezifikationen liegen zu diesem Zeitpunkt alle benötigten Werte vor.

Schlüsselwort	Bedeutung
EQUATIONS	leitet Teil mit Berechnungsvorschriften ein
FUNCTIONS	leitet Teil mit benutzerdefinierten Funktionen ein
OBTAIN	Gibt die bei dem Aufruf einer anderen Spezifikation zu berechnenden Werte an
FROM	Name der aufzurufenden Spezifikation
WITH	Gibt die bei dem Aufruf einer anderen Spezifikation bereitzustellenden Werte an

Übersicht 5.6 *Schlüsselworte im EQUATIONS-Teil*

Beim Aufbau eines syntaktisch korrekten OBTAIN-Konstrukts müssen die BNF-Produktionen 23 berücksichtigt werden.

⟨obtain⟩	::=	⟨simple_obtain⟩ .

⟨simple_obtain⟩	::=	⟨obtain_part⟩ ⟨from_part⟩ ⟨with_part⟩
⟨obtain_part⟩	::=	**OBTAIN** ⟨identlist⟩ ;
⟨from_part⟩	::=	**FROM** ⟨name⟩
	|	**FROM** ⟨name⟩ (⟨gbplist⟩)
⟨with_part⟩	::=	ε
	|	**WITH** ⟨paramlist⟩

⟨identlist⟩	::=	⟨ident⟩ | ⟨identrange⟩
	|	⟨ident⟩ ; ⟨identlist⟩
	|	⟨identrange⟩;⟨identlist⟩
⟨identrange⟩	::=	⟨idents⟩ : ⟨equ_range_defs⟩
⟨idents⟩	::=	⟨ident⟩ | ⟨ident⟩ , ⟨idents⟩

⟨gbplist⟩	::=	⟨int_const⟩
	|	$ ⟨int_const⟩
	|	⟨int_const⟩ , ⟨gbplist⟩
	|	$ ⟨int_const⟩ , ⟨gbplist⟩

⟨paramlist⟩	::=	ε
	|	⟨expr⟩ ; ⟨paramlist⟩
	|	⟨exprrange⟩ ;
⟨exprrange⟩	::=	⟨exprlist⟩ : ⟨equ_range_defs⟩

⟨int_const⟩	Eine natürliche Zahl ungleich 0
⟨ident⟩	siehe BNF-Produktionen 7
⟨name⟩	siehe BNF-Produktionen 7
⟨expr⟩	siehe BNF-Produktionen 8
⟨equ_range_defs⟩	siehe BNF-Produktionen 13

BNF-Produktionen 23 *OBTAIN-Konstrukt*

5.6 Mathematische Anweisungen

Für die Verbindung von Bezeichnern und Konstanten zu Ausdrücken stehen in ASL die üblichen mathematischen Anweisungen zur Verfügung:

Numerische, vergleichende, logische und **transzendente Operatoren.**

Diese werden im folgenden anhand von Beispielspezifikationen kurz dargestellt. Die Anforderungen an den korrekten syntaktischen Aufbau sind daraus ableitbar. Die semantischen Eigenschaften der Anweisungen werden als bekannt vorausgesetzt.

5.6.1　Numerische Operatoren

An numerischen Operatoren werden in ASL zunächst nur die sechs bekannten Standardoperatoren verwendet (siehe Übersicht 5.7).

ALGORITHM　numerical

DEFINE

    DEFAULT

        INT;

    RANGES

        $intervall : \{i = 1..10\}, \{j = 1..20\}$;

EQUATIONS

    $sum(i,j) = x(i,j) + y(i,j)$;
    $diff(i,j) = x(i,j) - y(i,j)$;
    $product(i,j) = x(i,j) * y(i,j)$;
    $real\_quotient(i,j) = x(i,j)/y(i,j)$;
    $int\_quotient(i,j) = x(i,j) \ DIV \ y(i,j)$;
    $mod\_part(i,j) = x(i,j) \ MOD \ y(i,j) : \#intervall$;

INPUT

    $x(i,j), y(i,j) : \#intervall$;

COMPUTE

    $sum(i,j), diff(i,j), product(i,j) : \#intervall$;
    $real\_quotient(i,j), int\_quotient(i,j), mod\_part(i,j) : \#intervall$.

Spezifikation 5.15 *Spezifikation mit numerischen Operatoren*

Symbol	Funktion
+	Addition
−	Subtraktion
*	Multiplikation
/	Division
DIV	ganzzahlige Division
MOD	Modulo-Funktion

Übersicht 5.7 *numerische Operatoren*

5.6.2 Vergleichende Operatoren

Die vergleichenden Operatoren werden für die Formulierung von Bedingungen im Zusammenhang mit IF- und FIRST-Konstrukten benötigt (siehe Kapitel 5.7 und 5.8).

```
ALGORITHM  compare
DEFINE
    DEFAULT
        INT;
    RANGES
        intervall : {i = 1..10}, {j = 1..20};

EQUATIONS
    a(i, j) = IF (x(i, j) < y(i, j)) THEN x(i, j) ELSE y(i, j) FI ;
    b(i, j) = IF (x(i, j) > y(i, j)) THEN x(i, j) ELSE y(i, j) FI ;
    c(i, j) = IF (x(i, j) <= y(i, j)) THEN x(i, j) ELSE y(i, j) FI ;
    d(i, j) = IF (x(i, j) >= y(i, j)) THEN x(i, j) ELSE y(i, j) FI ;
    e(i, j) = IF (x(i, j) <> y(i, j)) THEN x(i, j) ELSE y(i, j) FI ;
    f(i, j) = IF (x(i, j) == y(i, j)) THEN x(i, j) ELSE y(i, j) FI : #intervall;

INPUT
    x(i, j), y(i, j) : #intervall;

COMPUTE
    a(i, j), b(i, j), c(i, j), d(i, j), e(i, j), f(i, j) : #intervall.
```

Spezifikation 5.16 *Spezifikation mit vergleichenden Operatoren*

Symbol	Bedeutung
<	*kleiner*
>	*größer*
<=	*kleiner oder gleich*
>=	*größer oder gleich*
<>	*ungleich*
==	*gleich*

Übersicht 5.8 *vergleichende Operatoren*

5.6.3　Logische Operatoren

Logische Operatoren ermöglichen die Spezifikation von komplexen Bedingungen für das IF- und das FIRST-Konstrukt.

ALGORITHM logical

DEFINE

　　DEFAULT

　　　INT;

　　RANGES

　　　$intervall : \{i = 1..10\}, \{j = 1..20\}$;

EQUATIONS

　　$a(i, j)$ =**IF** $((x(i, j) < y(i, j))$ **AND** $(z(i, j) == w(i, j)))$
　　THEN $x(i, j)$ **ELSE** $y(i, j)$ **FI** ;
　　$b(i, j)$ =**IF** $((x(i, j) > y(i, j))$ **OR** $(z(i, j) <> 3 * w(i, j)))$
　　THEN $x(i, j)$ **ELSE** $y(i, j)$ **FI** ;
　　$c(i, j)$ =**IF** $((x(i, j) <= y(i, j))$ **XOR** $(z(i, j) + 7 <= 39))$
　　THEN $x(i, j)$ **ELSE** $y(i, j)$ **FI** ;
　　$d(i, j)$ =**IF** $(\mathbf{NOT}(x(i, j) >= y(i, j))$
　　THEN $x(i, j)$ **ELSE** $y(i, j)$ **FI** : $\#intervall$;

INPUT

　　$x(i, j), y(i, j) : \#intervall$;

COMPUTE

　　$a(i, j), b(i, j), c(i, j), d(i, j) : \#intervall$.

Spezifikation 5.17 *Spezifikation mit logischen Operatoren*

Symbol	Funktion
AND	logisches UND
OR	logisches ODER
XOR	logisches exklusives ODER
NOT	logische Negation

Übersicht 5.9 *logische Operatoren*

5.6.4 Transzendente Operatoren

Neben den drei trigonometrischen werden in ASL zwei logarithmische Grundoperatoren zur Verfügung gestellt (siehe Übersicht 5.10). Zusätzlich wird eine Exponentialfunktion angeboten.

```
ALGORITHM   transcendent
DEFINE
    DEFAULT
        INT;
    RANGES
        intervall : {i = 1..10}, {j = 1..20};
EQUATIONS
        sin_var(i, j) = SIN(x(i, j));
        cos_var(i, j) = COS(x(i, j));
        tan_var(i, j) = TAN(x(i, j));
        log_var(i, j) = LOG(x(i, j));
        ln_var(i, j) = LN(x(i, j));
        exp_var(i, j) = EXP(x(i, j)) : #intervall;

INPUT
        x(i, j) : #intervall;

COMPUTE
        sin_var(i, j), cos_var(i, j), tan_var(i, j), log_var(i, j) : #intervall;
        ln_var(i, j), exp_var(i, j) : #intervall.
```

Spezifikation 5.18 *Spezifikation mit transzendenten Operatoren*

Symbol	Funktion
SIN	Sinus-Funktion
COS	Cosinus-Funktion
TAN	Tangens-Funktion
LN	natürlicher Logarithmus
LOG	10er-Logarithmus
EXP	Exponenten-Funktion

Übersicht 5.10 *transzendente Operatoren*

5.7 IF THEN ELSE FI

Die Kombination der vier Schlüsselworte **IF**, **THEN**, **ELSE** und **FI** bildet ein sprachliches Konstrukt. Dieses ermöglicht dem Benutzer die Spezifikation von bedingten Ausdrücken. Abhängig von einer Bedingung wird entschieden, welche der beiden möglichen Alternativen zur Fortsetzung der Ausführung gewählt wird. Diese Abhängigkeit hat den Nachteil, daß die Untersuchungsmöglichkeiten während der Analysezeit stark eingeschränkt werden. Erst zur Laufzeit kann aufgrund der aktuell ermittelten Werte entschieden werden, ob die erforderliche Bedingung erfüllt ist. Damit diese Tatsache keine zu großen Auswirkungen hat, wurde diesem Konstrukt eine **nicht-strikte Semantik** zugrunde gelegt:

„Dem Konstrukt der bedingten Anweisung soll in RGL (wie in allen bekannten Programmiersprachen, wo ein solches Konstrukt existiert) eine nicht-strikte Semantik zugrundeliegen, d. h. erst nachdem die Bedingung ausgewertet wurde und feststeht, welche der beiden Alternativen zum Tragen kommt, wird diese und nur diese ausgewertet. Damit dürfen im jeweiligen anderen Zweig durchaus Aufrufe partieller Funktionen enthalten sein, deren Wert für die gegebenen Parameter undefiniert ist." [Tha89].

Ein bedingter Ausdruck besteht aus drei durch eigene Schlüsselworte eingeleiteten Teilen:

- Bedingung (**IF**)

- erste Alternative (**THEN**)

- zweite Alternative (**ELSE**)

Da die Unterscheidung zwischen den drei Teilen durch die Schlüsselworte vorgenommen wird, dürfen keine weiteren Trennzeichen eingefügt werden. Das Ende des bedingten Ausdrucks wird durch das Schlüsselwort **FI** gekennzeichnet.

Für die weitere Diskussion dieser drei Teile wird die Spezifikation 5.19 betrachtet.

5.7.1 Bedingungsteil

Dieser Teil steht am Anfang des bedingten Ausdrucks und wird durch das Schlüsselwort **IF** eingeleitet. Er muß bei einem syntaktisch korrekten Konstrukt generell angegeben werden. Ohne diese Angabe ist ein **IF**-Konstrukt inhaltlich wertlos, weil kein Kriterium zur Auswahl des weiteren Vorgehens vorliegt.

5.7.1.1 Operatoren

Damit nach der Auswertung der Bedingung eine Entscheidung zwischen den beiden angegebenen Alternativen möglich ist, muß als Ergebnis ein Wahrheitswert geliefert werden. Ist die Bedingung erfüllt, wird dieser Wert zu 1 und die Ausführung wird

```
ALGORITHM  conditional
DEFINE
    STRUCT
        [INT,[INT,INT],INT] ds,es;
    RANGES
        intervall : {i = 1..10}, {j = 1..20};

EQUATIONS
    a(i, j) = IF (x(i, j) < y(i, j)) THEN (x(i, j)) ELSE 3 FI;
    /* Gleichung 1 */
    b(i, j) = IF (ds[1] > es[3]) THEN (LOG(x(i, j))) ELSE LN(y(i, j)) FI ;
    /* Gleichung 2 */
    c(i, j) = IF (ds <> es) THEN x(i, j) ELSE y(i, j) FI;
    /* Gleichung 3 */
    d(i, j) = IF (func1(i, j) > func2(i, j)) THEN  func1(x(i, j), y(i, j))
    ELSE  func2(y(i, j), x(i, j)) FI ;
    /* Gleichung 4 */
    e(i, j) = IF (x(i, j) < y(i, j))
    THEN
    IF (w(i, j) == y(i, j)) THEN x(i, j) + y(i, j) ELSE 15 FI
    ELSE
    IF (w(i, j) >= z(i, j)) THEN  4 * SIN(x(i, j)) ELSE func(x(i, j), y(i, j)) FI
    : #intervall; /* Gleichung 5 */
    FUNCTIONS
        func1(m, n) := 3 * m + 2 * n;
        func2(m, n) := 5 * m - n;

INPUT
    w(i, j), x(i, j), y(i, j), z(i, j) : #intervall;

COMPUTE
    a(i, j), b(i, j), c(i, j), d(i, j), e(i, j), f(i, j) : #intervall.
```

Spezifikation 5.19 *Spezifikation mit IF-Konstrukten*

im THEN-Teil fortgesetzt. Im negativen Fall ist der Wahrheitswert 0 und der ELSE-Teil wird bearbeitet.

Für die Erzeugung eines Wahrheitswertes muß in dem als Bedingung gegebenen allgemeinen Ausdruck ein Vergleichsoperator vorkommen. Nur wenn dieses gewährleistet ist, kann die geforderte Bedingung überprüft werden. Alle Gleichungsschablonen der Spezifikation *conditional* enthalten korrekte Bedingungen.

5.7.1.2 Bezeichner

Innerhalb der Ausdrücke zur Darstellung von Bedingungen dürfen beliebige Bezeichnertypen vorkommen. Somit sind auch Datenstrukturen oder einzelne Komponenten von diesen als Argumente zulässig. In der zweiten **IF**-Anweisung wird für die Bedingung auf jeweils eine Komponente einer Datenstruktur zugegriffen. Es werden also zwei einzelne Werte miteinander verglichen. Im Gegensatz dazu bereitet die Interpretation der syntaktisch korrekten Verwendung von Datenstrukturen innerhalb des Bedingungsteils Probleme. Es stellt sich die Frage, wie die Funktionalität der Vergleichsoperatoren für Datenstrukturen definiert sein soll:

- Für welche Komponenten gilt der Vergleich?
  $(ds[1] <> es[1],\ ds[2][1] <> es[2][1],\ ds[2][2] <> es[2][2],\ ds[3] <> es[3])$

- Wenn der Vergleich für mehrere Komponenten gilt, wie sollen die Ergebnisse miteinander verknüpft werden?
  $(ds[1] <> es[1]\ AND\ ds[3] <> es[3],\ ds[1] <> es[1]\ OR\ ds[3] <> es[3])$

- Wie sollen Unterstrukturen behandelt werden?

Die Semantik von ASL läßt hier noch unterschiedliche Interpretationen zu. Im Rahmen der konkreten Implementierung muß hier eine Festlegung erfolgen.

In der dritten Gleichung der Spezifikation *conditional* wird die Ungleichheit (die Überlegungen gelten in Analogie auch für die anderen Vergleichsoperatoren) der Datenstrukturen *ds* und *es* gefordert. Diese bestehen gemäß Definition aus mehreren geschachtelten Komponenten. Entgegen der bisherigen Annahme stehen auf der linken und rechten Seite des „<>" mehrere Werte. Die verwendeten Beispiele beziehen sich auf das dritte IF-Konstrukt aus Spezifikation 5.19.

5.7.1.3 Funktionsbezeichner

Zur Reduzierung des Umfangs des Bedingungsteils eines **IF**-Konstrukts eignet sich die Verwendung von benutzerdefinierten Funktionen. Dieses ist sowohl syntaktisch als auch semantisch in beiden Komponenten des Ausdrucks zulässig. Durch die Verwendung von Funktionsbezeichnern sind die Zusammenhänge des bedingten Ausdrucks aufgrund der übersichtlicheren Darstellung leichter zu erkennen. In dem vierten **IF**-Konstrukt entscheidet die Gegenüberstellung zweier Funktionsergebnisse über das weitere Vorgehen.

5.7.1.4 ASL-spezifische Konstrukte

Die Verwendung von weiteren **IF**-, **FIRST**- (siehe Kapitel 5.8) oder **ASSOC**- (siehe Kapitel 5.9)-Konstrukten innerhalb des Bedingungsteils ist aus syntaktischer Sicht erlaubt. Auf diese Weise können komplexe semantische Zusammenhänge dargestellt werden. Der Nachteil dieser Notation ist der Verlust an Übersichtlichkeit. Nach Meinung der Autoren ist es übersichtlicher, den bedingten Ausdruck durch die Verwendung von neuen Bezeichnern und zusätzlichen Gleichungen zu spezifizieren.

5.7.2   Zusammenfassung und Bewertung

In dem **THEN**- und **ELSE**-Teil werden die zur Auswahl stehenden Ausführungszweige spezifiziert. Je nachdem, ob die bei dem **IF** angegebene Bedingung erfüllt ist, wird der **THEN**- beziehungsweise der **ELSE**-Teil behandelt. Im Gegensatz zu anderen Programmiersprachen muß der **ELSE**-Teil hier generell angegeben werden. Diese Forderung kann mit der Einbettung eines bedingten Ausdrucks in eine Gleichungsschablone begründet werden. Das Ergebnis eines **IF**-Konstrukts wird dem Bezeichner auf der linken Gleichungsseite zugewiesen. Damit dieser immer einen Wert erhält, muß das Verhalten des **IF**-Konstrukts für alle denkbaren Fälle spezifiziert sein. Ist kein **ELSE**-Teil angegeben, so sind die Fälle in denen die Bedingung nicht erfüllt ist, nicht spezifiziert. Dem Bezeichner auf der linken Seite kann dann kein Wert zugewiesen werden; er geht also in einen undefinierten Zustand über.

Die allgemeinen Ausdrücke in dem **THEN**- und dem **ELSE**-Teil sind als rechte Gleichungsseiten zu verstehen. Zur Verdeutlichung der Einbettung in eine Gleichungsschablone wird die erste **IF**-Anweisung aus Spezifikation 5.19 betrachtet. Diese kann mit Hilfe einer weniger formalen Notation dargestellt werden:

$$a(i,j) = \begin{cases} x(i,j) & \text{für } x(i,j) < y(i,j) \\ 3 & \text{sonst} \end{cases}$$

Aus syntaktischer Sicht gibt es keine Einschränkung für die Verwendung von Operatoren und Funktionen innerhalb dieser Ausdrücke. Prinzipiell sind hier beliebige Kombinationen von verschiedenen Bezeichnertypen, mathematischen Operatoren und Funktionen sowie benutzerdefinierten Funktionen möglich. Die Anforderungen an die semantische Korrektheit werden durch den Bezeichner auf der linken Gleichungsseite festgelegt.

Alle in Spezifikation 5.19 verwendeten **THEN**- und **ELSE**-Teile sind korrekt. Die fünfte Gleichung enthält ein syntaktisch korrekt aufgebautes geschachteltes **IF**-Konstrukt. Mit diesen kann eine Hierarchie von Bedingungen erzeugt werden.
Die BNF-Produktionen 24 zeigen den korrekten syntaktischen Aufbau eines bedingten Ausdrucks. Bei der dargestellten Produktion handelt es sich um eine Alternative des Symbols ⟨expr_prim⟩. Dieses wird im Zusammenhang mit der Beschreibung von allgemeinen Ausdrücken (siehe Kapitel 4.3.1) benötigt.

⟨expr_prim⟩	::=	**IF** ⟨expr⟩ **THEN** ⟨expr⟩ **ELSE** ⟨expr⟩ **FI**
⟨expr⟩		siehe BNF-Produktionen 8

BNF-Produktionen 24 *IF-Konstrukt*

Durch die Einbettung des **IF**-Konstrukts in eine rechte Gleichungsseite werden die Möglichkeiten dieses Konstrukts eingeschränkt. Aufgrund der Verwendung des bedingten Ausdrucks innerhalb einer Gleichung kann generell nur eine Anweisung für

jede der beiden Alternativen definiert werden. Es erscheint sinnvoll, aus mehreren
Anweisungen bestehende THEN- und ELSE-Teile zuzulassen. Sollen zum Beispiel in
Abhängigkeit von einer Bedingung zwei Bezeichner gleichzeitig berechnet werden,
so sind hierfür in der aktuellen Version von ASL zwei getrennte **IF**-Anweisungen
notwendig. Dadurch wird das Erkennen der inhaltlichen Zusammenhänge erschwert.
Unter Verwendung der Erweiterung könnten die beiden relevanten Berechnungsvorschriften unter einem **IF**-Konstrukt zusammengefaßt werden.

5.8   FIRST

Dieses für RGL eingeführte Sprachkonstrukt wurde unverändert in die Sprache **ASL**
übernommen [Tha89]. Es ermöglicht die Spezifikation einer besonderen Form der
zeitlichen und räumlichen Suche. Das Ergebnis dieser Suche ist der kleinste Wert
eines Index, für den das angegebene Prädikat erfüllt ist. Die Funktionalität dieses
Konstrukts basiert im wesentlichen auf einem **IF**-Konstrukt. Dieses wird bei der
Transformation in die Normalform durch die Reduzierung auf ein IF-Konstrukt
deutlich. Die Aufgaben der einzelnen Komponenten werden anhand der **FIRST**-
Konstrukte aus Spezifikation 5.20 beschrieben.

5.8.1   Funktionalität eines FIRST-Konstrukts

Anhand des zweiten **FIRST**-Konstrukts der Spezifikation 5.20 wird im folgenden
die Funktionalität exemplarisch erläutert. Aus den Bereichsangaben des Bezeichners
auf der linken Gleichungsseite kann entnommen werden, daß das **FIRST**-Konstrukt
zehn Ergebniswerte zur Verfügung stellen muß ($b(1)$, $b(2)$.. $b(10)$). Für die Berechnung der einzelnen Werte wird das Prädikat benötigt. Bei dessen Betrachtung fällt
auf, daß der Bezeichner in dem Prädikat einen Index mehr als der Bezeichner auf
der linken Gleichungsseite besitzt. Dieser durch die unmittelbar nach dem Schlüsselwort angegebene eindimensionale Bereichsangabe festgelegte Index ist die **FIRST**-
Laufweite. Bei der Behandlung dieses FIRST-Konstrukts werden nacheinander
folgende Fälle untersucht:

$$b(1): \quad y(1,1) < 100 \ ?$$
$$y(1,2) < 100 \ ?$$
$$...$$
$$y(1,9) < 100 \ ?$$
$$...$$
$$b(10): y(10,1) < 100 \ ?$$
$$y(10,2) < 100 \ ?$$
$$...$$
$$y(10,9) < 100 \ ?$$

Das Ergebnis eines **FIRST**-Konstrukts ist der kleinste das Prädikat erfüllende Wert
des *FIRST-Laufindex*. Dieser Wert wird dem auf der linken Seite der Gleichung stehenden Bezeichner zugewiesen. Wenn die Obergrenze der Laufweite erreicht wurde,

```
ALGORITHM  searching
DEFINE
    STRUCT
        [INT,[INT,INT],INT] ds,es;
    RANGES
        intervall : {i = 1..10}, {j = 1..9};

EQUATIONS
    a = FIRST {j = 1..9}(3 * z(j) < SIN(100)); /* Gleichung 1 */;
    b(i) = FIRST {j = 1..9}(y(i,j) < 100) : {i = 1..10}; /* Gleichung 2 */;
    c(i,j) = FIRST {k = 1..5}(m(i,j,k) + n(i,j,k) > 2 * m(i,j,k) − n(i,j,k)) :
        {i = 1..10}, {j = 1..9}; /* Gleichung 3 */;
    d(i,j) = FIRST {j = 1..9} (FIRST {k = 2..5}m(i,j,k) == 5 :
        {i = 1..10}, {j = 1..9} )  <> 5 : {i = 1..10}/* Gleichung 4 */;
    e(i) = FIRST {j = 1..9}(( IF y(i,j) <> 10 THEN 12 ELSE 9 FI) <> 10) :
        {i = 1..10}, {j = 1..9} ) :{i = 1..10}/* Gleichung 5 */;
    f(i) =FIRST {k = 1..5}(y(i,j) < 100) : {i = 1..10}/* Gleichung 6 (falsch)*/;
    g(i) =FIRST {j = 1..9}(q < 100) : {i = 1..10}/* Gleichung 7 (falsch)*/;
    h(i) =FIRST {j = 1..9}(q < y(i,j)) : {i = 1..10}/* Gleichung 8 */;
    s(i,j) = IF y(i,j) > 100 THEN 150 ELSE
    (FIRST {k = 1..5}(m(i,j,k) == 15)) FI: {i = 1..10}, {j = 1..9}
    /* Gleichung 9 */;

INPUT
    q;
    z(j) : {j = 1..9};
    y(i,j) : #intervall;
    m(i,j,k), n(i,j,k) : #intervall, {k = 1..5};

COMPUTE
    a;
    b(i), d(i), e(i), f(i), g(i), h(i) : {i = 1..10};
    c(i,j), s(i,j) : #intervall;
```

Spezifikation 5.20 *Spezifikation mit FIRST-Konstrukten*

ohne daß das Prädikat erfüllt werden konnte, muß das Ende einer erfolglosen Suche signalisiert werden. Hierfür wird die um den Wert 1 erhöhte Obergrenze der *FIRST-Laufweite* verwendet. Danach wird der Vorgang für alle anderen zu berechnenden Bezeichner wiederholt.

5.8.2   Aufbau eines FIRST-Konstrukts

Anhand der ersten drei Konstrukte der Spezifikation 5.20 kann der auf einer rechten Gleichungsseite vorkommende **FIRST**-Ausdruck in folgende Teile zerlegt werden:

- Angabe des Schlüsselworts

- Angabe eines eindimensionalen Bereichs

- Angabe eines Prädikats

- Angabe einer weiteren Bereichsangabe

Mit Ausnahme der hinteren Bereichsangabe sind alle anderen Komponenten für ein syntaktisch korrektes **FIRST**-Konstrukt notwendig. In der ersten Gleichung der Spezifikation 5.20 soll genau ein Wert berechnet werden.

In diesem Fall steht auf der linken Gleichungsseite ein einfacher Bezeichner. Da dieser keine Bereichsangaben besitzt, können diese auch nicht an das Ende der Gleichungsschablone angehängt werden.

In der dritten Gleichung soll ein indizierter zweidimensionaler Bezeichner mit Hilfe eines **FIRST**-Konstrukts berechnet werden. Trotz der gegenüber den bisherigen Beispielen vergrößerten Anzahl von Dimensionen bleibt die vordere Bereichsangabe – die FIRST-Laufweite – eindimensional.

Die veränderte Dimensionsanzahl wirkt sich nur auf die am Ende der Gleichung angehängte Bereichsangabe aus. Die strengen Anforderungen an die Korrektheit von Bereichsangaben wurden bereits in den Kapiteln 4.4.2 und 5.2.3 vorgestellt.

5.8.2.1   Prädikat eines FIRST-Konstrukts

Bei dem Prädikat handelt es sich um einen allgemeinen Ausdruck. Für den Aufbau des Prädikats stehen somit beliebige Kombinationen von mathematischen und benutzerdefinierten Funktionen zur Verfügung.

5.8.2.1.1   Operatoren

Die Verwendung von IF- und FIRST-Konstrukten innerhalb eines Prädikats ist erlaubt. Aus der Sicht der Autoren sind die Fälle aus Gleichungen 4 und 5 nicht sinnvoll (siehe Spezifikation 5.20).

Diese Schreibweise führt zu unübersichtlichen Spezifikationen. Dem Benutzer steht neben dieser Variante immer noch die übersichtlichere Alternative mit einer eigenen Gleichungsschablone für das in dem Prädikat zu verwendende Konstrukt zur Verfügung. In dem Prädikat wird dann nur der Bezeichner angegeben, der auf der linken Seite der neu eingeführten Gleichungsschablone steht.

5.8.2.1.2 Bezeichner

Bezüglich der Verwendung der verschiedenen Bezeichnertypen innerhalb des Prädikats lassen sich keine allgemeinen Regeln aufstellen. Indizierte Bezeichner dürfen beliebig verwendet werden, wenn die Übereinstimmung der *FIRST-Laufweite* mit einem der Indizes des indizierten Bezeichners garantiert werden kann. Ist dieses nicht der Fall (Gleichung 6), wird die *FIRST-Laufweite* ignoriert. Dies führt zur Erkennung eines syntaktischen Fehlers.

Problematisch ist die Verwendung von einfachen Bezeichnern innerhalb eines Prädikats. Da beim Vergleich mit einer Konstanten keine weiteren Bezeichner existieren, ist die leere Indexliste des einfachen Bezeichners die Basis für die weitere Bearbeitung (Gleichung 7). In diesem Fall wird die *FIRST*-Laufweite als unnötig ignoriert, was zu syntaktischen Fehlern führt. Diese denkbare Kombination ist aus semantischer Sicht wenig sinnvoll, da das Prädikat nicht von der *FIRST-Laufweite* abhängig ist.

Ein **FIRST**-Konstrukt, bei dem ein einfacher Bezeichner mit einem indizierten Bezeichner verglichen wird (Gleichung 8), wird korrekt behandelt, wenn in der Indexliste des indizierten Bezeichners mindestens die *FIRST-Laufweite* enthalten ist.

Generell dürfen Datenstrukturen und deren Komponenten innerhalb des Prädikats verwendet werden. Die nicht zulässigen Fälle sind nicht aufgrund der Komponenten, sondern aufgrund der zugeordneten Indizes verboten. Ausschlaggebend ist hier das Vorkommen des *FIRST-Laufindex* in der Indexliste einer indizierten Datenstruktur. Bei einfachen Datenstrukturen können aufgrund der fehlenden Indizes syntaktische Fehler auftreten (siehe oben).

5.8.2.2 Kriterien für die Gestaltung von **FIRST**-Konstrukten

Bei der Spezifikation eines **FIRST**-Konstrukts muß der Benutzer folgende Kriterien beachten:

- Die *FIRST-Laufweite* ist prinzipiell eindimensional.

- Der Bezeichner in dem Prädikat hat einen Index mehr als der Bezeichner auf der linken Gleichungsseite. Dabei handelt es sich um den *FIRST-Laufindex*.

- Der Bezeichner im Prädikat muß mindestens den *FIRST-Laufindex* als Index haben.

- Die Dimensionsstruktur wird durch die Bereichsangaben am Ende der Gleichung festgelegt.

Die letzte Gleichung aus Spezifikation 5.20 zeigt die zulässige Verwendung eines **FIRST**-Konstrukts innerhalb eines **IF**-Konstrukts. Auch hier stehen die Autoren wieder auf dem Standpunkt, daß die getrennte Angabe des **FIRST**-Konstrukts in einer zusätzlichen Gleichungsschablone wesentlich zu einer übersichtlicheren Spezifikation beitragen würde.

5.8.3 Zusammenfassung und Bewertung

Der gerade beschriebene Aufbau eines **FIRST**-Konstrukts wird formal durch die BNF-Produktionen 25 beschrieben. Der Ausgangspunkt ist das Symbol ⟨expr⟩. Die Verwendung des Schlüsselworts **FIRST** ist eine von vielen Alternativen für dieses Symbol.

Die hier nicht behandelten Fälle wurden bereits bei der Behandlung von Ausdrücken (siehe Kapitel 4.3.1) besprochen.

⟨expr⟩	::=	**FIRST** ⟨range_def⟩ ⟨expr_or⟩

⟨range_def⟩	::=	⟨name⟩ = ⟨ranges⟩
⟨ranges⟩	::=	⟨range⟩
		⟨range⟩ , ⟨ranges⟩
⟨range⟩	::=	⟨affine_index⟩ .. ⟨affine_index⟩
		⟨affine_index⟩

⟨name⟩	siehe BNF-Produktionen 7
⟨expr_or⟩	siehe BNF-Produktionen 8
⟨affine_index⟩	siehe BNF-Produktionen 12

BNF-Produktionen 25 *FIRST-Konstrukt*

5.9 ASSOC

Dieses Konstrukt wurde für die Sprache RGL eingeführt [Tha89]. Da bei der Übernahme in ASL keine weiteren Überlegungen zu diesem Konstrukt erfolgten, basiert die folgende Diskussion auf der genannten Arbeit von Thalhofer.

Mit Hilfe dieses Konstrukts ist die sowohl benutzerfreundliche als auch in Hinblick auf die Implementierung effiziente Einführung einer kurzen Schreibweise für längere Ausdrücke mit mehreren Vorkommen eines assoziativen Operators möglich.

Diese Darstellung hat den Vorteil, daß mehrere Werte parallel berechnet werden können. Bei der bisherigen Form der Berechnungsvorschriften erfolgt hingegen eine sequentielle Bearbeitung aller erforderlichen Werte.

Da dieses Konstrukt erst in der Abbildungsphase (siehe [San93]) von Interesse ist, durchläuft es alle Phasen – einschließlich der Transformation in die Normalform – in unveränderter Form.

5.9.1 Aufbau eines ASSOC-Konstrukts

Neben dem Schlüsselwort **ASSOC** besitzt dieses Konstrukt drei Komponenten:

- Die assoziative Funktion

- Den Bereich, über den die Funktion ausgeführt werden soll

- Den Ausdruck, über den die Funktion ausgeführt werden soll

Der Aufbau und die Eigenschaften des **ASSOC**-Konstrukts werden anhand der Spezifikation 5.21 betrachtet.

```
ALGORITHM  associative
DEFINE
    STRUCT
        [INT,[INT,INT],INT] ds,es;
    RANGES
        intervall : {i = 1..10}, {j = 1..20};

EQUATIONS
    a = ASSOC (+, {i = 1..10}), m(i)); /* Gleichung 1 */
    b(j) =ASSOC (+, {i = 1..10}, (n(i, j)) : {j = 1..20}; /* Gleichung 2 */
    c =ASSOC (+, {i = 1..10}, {j = 1..20}, (n(i, j)); /* Gleichung 3 */
    d =ASSOC (*, {i = 1..10}, (4 * m(i) − 6 * LN(i)); /* Gleichung 4 */
    e(j) =ASSOC (*, {i = 1..10}, (IFn(i, j) == 10 THEN 25 ELSE 5 FI) :
    {j = 1..20}; /* Gleichung 5 */

INPUT
    m(i) : {i = 1..10};
    n(i, j) : #intervall;

COMPUTE
    a, c, d;
    b(j), e(j) : {j = 1..20}.
```

Spezifikation 5.21 *Spezifikation mit ASSOC-Konstrukten*

Für ein syntaktisch korrektes **ASSOC**-Konstrukt ist die Angabe aller drei Komponenten mit der erforderlichen Klammerung notwendig. In der ersten Komponente muß die assoziative Funktion angegeben werden. Neben den Operatoren $+$, $*$, AND und OR ist auch die Verwendung von benutzerdefinierten Funktionen zulässig. Thalhofer geht von folgender Annahme aus:

„Die Eigenschaft der Assoziativität der angegebenen Operation wird vom Autor der Spezifikation zugesichert. Es ist nicht vorgesehen, daß ein System, welches RGL-Spezifikationen analysiert, nur solche Operationen zuläßt, die bekanntermaßen assoziativ sind."[Tha89].

Die Anforderungen an den korrekten Aufbau der Bereichsangabe können aus den
Kapiteln 4.4 und 5.2.3 entnommen werden, siehe auch Spezifikation 5.21:

1. Summe über alle Elemente eines eindimensionalen Felds

2. Bildung von 20 Teilsummen über ein zweidimensionales Feld

3. Summe über alle Elemente eines zweidimensionalen Felds

4. Produkt über einen beliebigen mathematischen Ausdruck

5. Produkt über ein **IF**-Konstrukt

Die dritte Komponente beinhaltet den zusammenzufassenden allgemeinen Ausdruck.
In diesem dürfen beliebige Kombinationen der bislang vorgestellten Operatoren und
Funktionen mit den verschiedenen Bezeichnertypen vorkommen.

5.9.2   Zusammenfassung und Bewertung

Bei der Gestaltung eines ASSOC-Konstrukts müssen die BNF-Produktionen 26
berücksichtigt werden.

⟨expr_prim⟩	::=	**ASSOC** (⟨ass_op⟩ , ⟨equ_range_defs⟩) (⟨expr⟩)

⟨ass_op⟩	::=	**+**
	|	*****
	|	**AND**
	|	**OR**

⟨equ_range_defs⟩	siehe BNF-Produktionen 14
⟨expr⟩	siehe BNF-Produktionen 8

BNF-Produktionen 26 *BNF-Produktionen für ASSOC-Konstrukt*

Die erste Produktion stellt eine Alternative des Symbols ⟨expr_prim⟩ dar. Diese wird
für die Beschreibung von allgemeinen Ausdrücken benötigt (siehe Kapitel 4.3.1).
Übersicht 5.11 faßt die Schlüsselwörter der letzten drei Abschnitte zusammen:

Schlüsselwort	Bedeutung
IF	Anfang einer bedingten Anweisung
THEN	erste Alternative einer bedingten Anweisung
ELSE	zweite Alternative einer bedingten Anweisung
FI	Ende einer bedingten Anweisung
FIRST	Suchoperation auf einem Index
ASSOC	assoziativer Operator

Übersicht 5.11 *ASL-spezifische Schlüsselwörter*

5.10 Hardwarespezifische Konstrukte

Hierbei handelt es sich um Sprachkonstrukte von ASL, die in der ursprünglichen Fassung nicht vorgesehen waren. Die Schlüsselworte **BUS**, **CON**, **PSI** und **ADR** wurden erst später in die Sprache aufgenommen [Iss92]. Diese vier neuen Anweisungen sind für den Benutzer nicht verfügbar. Es handelt sich hierbei um Direktiven, die während der Bearbeitung der Spezifikation automatisch erzeugt werden, um die Codegenerierung zu unterstützen. Die folgende Beschreibung der Ideen und Aufgaben der Konstrukte wurde weitgehend aus [Iss92] übernommen.

Für das weitere Verständnis des PSI-Prinzips (PSI=„Parallel Synchronous Instructions") reicht es zunächst aus, die Klasse der PSI-Rechner als Erweiterung der Klasse der SIMD-Rechner (SIMD=„Single Instruction Multiple Data") aufzufassen. Das PSI-Prinzip bedeutet eine Auflockerung des strickten SIMD-Prinzips dahingehend, daß unter Forderung globaler Synchronität die Prozessoren beliebig autonom arbeiten dürfen.

5.10.1 PSI

Für die Unterstützung der Rechner der PSI-Klasse ist ein Konstrukt für die parallele Bearbeitung von Gleichungsschablonen notwendig. Diese Maßnahme dient zur Maximierung der Auslastung der einzelnen Prozessorelemente. Dabei werden entweder nur Kommunikations- oder nur Berechnungsvorgänge zusammengefaßt. Siehe hierzu auch die Arbeiten von Sandig und Gronemeyer [San93], [Gro93].

Prinzip:
Wenn der Zielrechner vom Typ PSI ist, werden speziell gekennzeichnete Gleichungsschablonen (jeweils mit identischem „Konst") parallel und synchron abgearbeitet. Damit die Eindeutigkeit einer Berechnungsvorschrift erhalten bleibt, müssen die Bereiche der Gleichungen paarweise disjunkt sein.

Im Gegensatz zu Berechnungsvorgängen können bei Kommunikationsvorgängen an den Schnittstellen zwischen zwei Kommunikationsrichtungen Probleme auftreten. Wenn die Zielmaschine keine eigenen Lösungsmechanismen besitzt, müssen die problematischen Prozessoreinheiten maskiert werden. Da in der Regel aus der Mitte eines Prozessorfelds keine Verbindungsstrukturen existieren (sonst wäre ein vollständiges Verbindungsnetzwerk notwendig), gibt es bei der Behandlung von zyklischen Verbindungen ebenfalls Schwierigkeiten.

5.10.2 CON

Die allgemeinste Art der Kommunikation in klassischen SIMD-Rechnern ist die Verbindung mit einem Prozessorelement in der direkten Nachbarschaft. Hier sind – abhängig von der Architektur des Rechners – viele verschiedene Formen denkbar, so daß eine von der Form unabhängige Syntax notwendig ist. Kann zum Beispiel bei einem Feldrechner (z.B. DAP 510) noch von dem „nördlichen" Nachbarn gesprochen

werden, so fällt es schwer, in einer dreidimensionalen Architektur das Analogon zu
finden. Auch die Verbindung zum nördlichen Nachbarn kennt zwei Ausprägungen:
die zyklische und die azyklische. Aus diesen Gründen wurde hier die wenig an-
schauliche Codierung der einzelnen Richtungen mit natürlichen Zahlen gewählt.

Prinzip:
Die als letzter Parameter angegebene Variable wird über die Nachbarschaftsverbindungen des Zielrechners verteilt. Diese sind durch den ersten Parameter des **CON**-
Konstrukts willkürlich durchnumeriert. Bei der Erzeugung des Pseudocodes entsprechen die Nummern der Nachbarschaftsverbindungen den Port-Nummern aus der
Hardwarekonfigurationsdatei (siehe [GR93]). Der zweite Parameter gibt die Anzahl
der „*Shifts*" an. Diese muß größer Null sein.

5.10.3 BUS

Die zweite häufig verwendete Art von Kommunikation sind Datenvervielfachungen
über *Broadcastbusse*. In Analogie zu dem **CON**-Konstrukt werden die *Broadcastbusse* durch natürliche Zahlen repräsentiert. Die Mitglieder eines Busses entsprechen
einer geordneten Menge von Prozessoreinheiten. Jede Bus-Definition erfordert eine
Aufteilung aller Prozessorelemente in disjunkte Mengen. Neben den bei realen Rechnern üblichen Bussen in eine Richtung sind auch freie Aufteilungen der Prozessorelemente möglich.

Prinzip:
Die als letzter Parameter angegebene Variable wird entlang einer *Broadcastverbin-
dung* des Zielrechners vervielfältigt. Auch hier sind die Verbindungen durchnumeriert. Der erste Parameter des **BUS**-Konstrukts wählt den gewünschten Bus aus.
In der zweiten Komponente wird angegeben, welches Element vervielfacht werden
soll.

5.10.4 ADR

In vielen „Hochsprachen" für parallele SIMD-Programme (z.B. DAP-Fortran, MPL)
existieren Schlüsselworte zur Realisierung einer freien Permutation auf einem Datenfeld. Die Zerlegung dieser Art von Kommunikationsanforderungen in einzelne Kommunikationsvorgänge per Bus- beziehungsweise Nachbarschaftsverbindung bedeutet
einen großen Effizienzverlust. Die Abbildung der komplexen Datenumordnung auf
die Hardware eines Rechners ist die Aufgabe der verwendeten Hochsprache.

Prinzip:
Der Befehl **ADR** erzeugt eine freie Permutation der als ersten Parameter angegebenen Variablen. Jedes Element dieser Variable wird auf das durch den zweiten Parameter beschriebene Element abgebildet.

5.10.5   Zusammenfassung und Bewertung

Da die vier hardwarespezifischen Konstrukte aus syntaktischer Sicht fast identisch aufgebaut sind, reicht eine gemeinsame Beschreibung aus. Der Ausgangspunkt hierfür ist erneut das für die Beschreibung von allgemeinen Ausdrücken (siehe Kapitel 4.3.1) benötigte Symbol ⟨expr_prim⟩. Die BNF-Produktionen 27 enthalten nur zwei der für dieses Symbol möglichen Alternativen. Der Zusammenhang zu den vier Schlüsselworten wird über die Symbole ⟨intrinsic_func_2⟩ und ⟨intrinsic_func_3⟩ hergestellt.

⟨expr_prim⟩	::=	⟨intrinsic_func_2⟩ (⟨expr⟩ , ⟨expr⟩)
	|	⟨intrinsic_func_3⟩ (⟨expr⟩ , ⟨expr⟩ , ⟨expr⟩)
⟨intrinsic_func_2⟩	::=	**ADR**
	|	**PSI**
⟨intrinsic_func_3⟩	::=	**CON**
	|	**BUS**
⟨expr⟩		siehe BNF-Produktionen 8

BNF-Produktionen 27 *Hardwarespezifische Konstrukte*

Die Einführung dieser Konstrukte in die Sprache ASL kann unter verschiedenen Gesichtspunkten gesehen werden. Gegen diese Konstrukte spricht ihre Hardwareabhängigkeit. Damit ist eine der wesentlichen Forderungen an ASL verletzt. Obwohl der Benutzer diese Konstrukte offiziell nicht verwenden darf, kann er dieses Verbot durch das Überspringen einzelner Bearbeitungsschritte umgehen. Er hat somit die Möglichkeit, eine Spezifikation hardwareabhängig zu erstellen.

Schlüsselwort	Funktion
PSI	Simulation eines PSI-Rechners
CON	Nachbarschaftskommunikation
BUS	Buskommunikation
ADR	Freie Kommunikationsmustern

Übersicht 5.12 *Hardwarespezifische Schlüsselworte*

Der Vorteil dieser Erweiterung ist wesentlich schwerwiegender. Bei den meisten Compilern sind für die verschiedenen Zwischenstufen bei der Programmgenerierung eigene Sprachen notwendig. Dieses erhöht zwangsweise den Aufwand und die Komplexität eines Compilers. Die von Isselhard bei der Codegenerierung verwendete Sprache ist bis auf die vier hardwarespezifischen Konstrukte mit ASL identisch [Iss92]. Die Aufnahme dieser Konstrukte in ASL erspart somit die Entwicklung einer eigenen Zwischensprache für die Codegenerierung. Außerdem ist es dadurch möglich, den erzeugten Code erneut auf die syntaktischen und semantischen Anforderungen zu überprüfen.

5.11 INPUT

Dieser Teil einer Spezifikation realisiert die Verbindung zum Anwender. Hier wird festgelegt, welche Werte das System zur Laufzeit als bekannt voraussetzt. Damit die Berechnungen durchgeführt werden können, muß der Anwender die entsprechenden Daten bei der Ausführung der Spezifikation bereitstellen.

Die Eingabewerte werden durch Bezeichner spezifiziert. Konstante Zahlenwerte und beliebige Ausdrücke sind nicht erlaubt. Da ein Name nicht für mehrere Bezeichner mit verschiedenen Funktionalitäten verwendet werden darf, muß besonders auf die Namensgebung geachtet werden. Bei Spezifikationen, die keine Eingabewerte benötigen, ist der Eingabeteil leer.

Die korrekte syntaktische Verwendung des Schlüsselworts **INPUT** ist durch die BNF-Produktionen 28 festgelegt.

⟨input⟩	::=	ε
	|	**INPUT** ;
	|	**INPUT** ⟨identlist⟩ ;

⟨identlist⟩	::=	⟨ident⟩
	|	⟨identrange⟩
	|	⟨ident⟩ ; ⟨identlist⟩
	|	⟨identrange⟩;⟨identlist⟩
⟨identrange⟩	::=	⟨idents⟩ : ⟨equ_range_defs⟩
⟨idents⟩	::=	⟨ident⟩
	|	⟨ident⟩ , ⟨idents⟩

| ⟨ident⟩ | | siehe BNF-Produktionen 7 |
| ⟨equ_range_defs⟩ | | siehe BNF-Produktionen 14 |

BNF-Produktionen 28 *Schlüsselwort INPUT*

Schlüsselwort	Funktion
INPUT	leitet Liste der Eingabewerte ein

Übersicht 5.13 *Schlüsselwörter im INPUT-Teil*

5.12 COMPUTE

Auch dieser Teil stellt die Verbindung zum Benutzer der Spezifikation her. Hier wird festgelegt, welche Ergebnisse der spezifizierte Algorithmus dem Anwender zur Verfügung stellt. Bei der Angabe dieser Bezeichnerliste muß ebenfalls auf die eindeutige Verwendung der Bezeichnernamen geachtet werden. Zusätzlich muß berücksichtigt werden, daß kein bereits in dem INPUT-Teil spezifizierter Bezeichner in die *Computeliste* aufgenommen wird.

Der syntaktische Aufbau dieser Liste ist analog zu der im INPUT-Teil. Im Gegensatz zur *Inputliste* darf die *Computeliste* nicht leer sein. Wäre dieses der Fall, würde der Algorithmus keine Ergebniswerte liefern.

Die BNF-Produktionen 29 beschreiben die syntaktisch korrekte Verwendung des Schlüsselworts COMPUTE.

⟨compute⟩	::=	**COMPUTE** ⟨identlist⟩

⟨identlist⟩	::=	⟨ident⟩
	|	⟨identrange⟩
	|	⟨ident⟩ ; ⟨identlist⟩
	|	⟨identrange⟩;⟨identlist⟩
⟨identrange⟩	::=	⟨idents⟩ : ⟨equ_range_defs⟩
⟨idents⟩	::=	⟨ident⟩
	|	⟨ident⟩ , ⟨idents⟩

⟨ident⟩	siehe BNF-Produktionen 7
⟨equ_range_defs⟩	siehe BNF-Produktionen 14

BNF-Produktionen 29 *Schlüsselwort COMPUTE*

Schlüsselwort	Funktion
COMPUTE	leitet Liste der Ausgabewerte ein

Übersicht 5.14 *Schlüsselwörter im COMPUTE-Teil*

5.13 Kommentare

Zur Kommentierung einer Spezifikation stehen dem Benutzer zwei Varianten zur Verfügung. Der *Benutzerkommentar* ermöglicht Beschreibungen in beliebigen Teilen

der Spezifikation. Der *gebundene Kommentar* darf nur innerhalb des Gleichungsteils im unmittelbaren Zusammenhang mit einer Gleichung verwendet werden. Im
Gegensatz zu den *Benutzerkommentaren* bleiben diese bei dem Durchlauf durch
die einzelnen Bearbeitungsphasen erhalten. Im Rahmen des Mappings werden die
Order-Kommentare und *Filter-Kommentare* eingeführt [San93].

Symbole	Kommentartyp
/* und */	Benutzerkommentar
/+ und +/	an Gleichung gebundener Kommentar
/- und -/	an Gleichung gebundener Filter-Kommentar
/# und #/	an Gleichung gebundener Order-Kommentar

Übersicht 5.15 *Kommentare*

Die syntaktisch korrekte Verwendung der verschiedenen Kommentartypen ist durch
die BNF-Produktionen 30 festgelegt. Die Beschreibung beginnt mit dem Symbol
⟨sc⟩. Dieses kommt innerhalb der anderen Produktionen an genau den Stellen vor,
an denen Kommentare verwendet werden dürfen. Die zweite Alternative zu diesem
Symbol ermöglicht den Verzicht auf einen Kommentar.

⟨sc⟩	::=	; ⟨comment⟩
	|	;
⟨comment⟩	::=	/+ ⟨text⟩ +/
	|	/* ⟨text⟩ */
	|	/− ⟨text⟩ −/
	|	/# ⟨text⟩ #/
⟨text⟩		Ein beliebiger Text (ohne Kommentarzeichen)

BNF-Produktionen 30 *Kommentare*

Kapitel 6

Transformation einer ASL-Spezifikation

In diesem Kapitel werden die bei der Behandlung einer von einem Benutzer erstellten ASL-Spezifikation notwendigen Transformationen vorgestellt. Ausführliche Beschreibungen zu den einzelnen Bearbeitungsschritten der Anwendungs- und Parallelisierungsphase findet man in [Hei92].

Die bei der Überführung in die **Normalform** anfallenden Aufgaben können in zwei nacheinander auszuführende Klassen eingeteilt werden:

1. Erzeugung der **monolithischen** Form

2. Erzeugung der **Normalform**

Diese beiden Aufgaben werden in den folgenden Abschnitten erläutert.

6.1 Erzeugung der monolithischen Form

Bei RGL wird gefordert, daß in einer **monolithischen** Spezifikation keine OBTAIN-Aufrufe anderer Spezifikationen vorkommen dürfen (siehe Kapitel 5.5) [Tha89]. Durch dieses Verbot wird garantiert, daß alle Berechnungsvorschriften in einem Gleichungsteil zusammengefaßt sind. Darin wird eine wesentliche Arbeitserleichterung für die weitere Bearbeitung gesehen:

„Dies ist im Hinblick auf das hier angestrebte Ziel, parallele Verarbeitungsmöglichkeiten auch über Grenzen von benutzer-definierten Teil-Algorithmen auszunutzen, sinnvoll. Mit dieser Möglichkeit der Elimination kann sich die anschließende Diskussion der Parallelisierung auf einen Gleichungsteil beschränken; es müssen keine Formalismen für die simultane Parallelisierung mehrerer Teil-Algorithmen zusätzlich entwickelt werden." [Tha89].

In späteren Arbeiten wird gefordert, daß in einer monolithischen Spezifikation keine benutzerdefinierten Funktionen, keine Datenstrukuren und keine FIRST-Konstrukte vorkommen dürfen [Str91b], [Xio92].

Aufgrund dieser harten Anforderungen sind folgende Schritte für die Erzeugung einer **monolithischen** Spezifikation notwendig:

1. Ersetzung von benutzerdefinierten Funktionen.

2. Auflösung von Datenstrukturen.

3. Ersetzung von FIRST-Konstrukten.

4. Ersetzung von OBTAIN-Aufrufen.

Diese Schritte werden im folgenden näher erläutert.

6.1.1   Benutzerdefinierte Funktionen

Die Definition von Funktionsbezeichnern ermöglicht die mehrfache Verwendung von nur einmal explizit angegebenen Ausdrücken (siehe Kapitel 5.4).

Da die Darstellung eines Ausdrucks mit Hilfe eines Funktionsbezeichners zumindest den in [Str91b] und [Xio92] an eine monolithische Spezifikation gestellten Anforderungen widerspricht, müssen alle Funktionsbezeichner ersetzt werden.

6.1.1.1   Situation

Das Vorgehen wird anhand der im folgenden abgebildeten Funktionsdefinitionen erklärt. Da hier nur eine Gleichung und die Funktionsdefinitionen relevant sind, wird auf die Darstellung des restlichen Spezifikationsteils verzichtet:

```
EQUATIONS
a(i, j) = 3 * func1(5 * b(i, j) − 2, c(i, j)) : {i = 1..5}, {j = 2..6};
...
FUNCTIONS
func1(x, y) = 6 * func2(x − 1, 2 * y) − SIN(y);
func2(x, y) = 3 * COS(x) + 2 * (y + 2);
```

6.1.1.2   Auflösungsverfahren

Im ersten Schritt wird jede Gleichungsschablone unabhängig von den anderen auf das Vorkommen von Funktionsbezeichnern untersucht. Bei einer erfolglosen Suche wird mit der Behandlung der nächsten Gleichung begonnen.

Ein gefundener Funktionsbezeichner muß durch die rechte Seite seiner Definition ersetzt werden. Nach diesem Schritt ergibt sich folgende modifizierte Gleichungsschablone:

EQUATIONS
$a(i,j) = 3 * (6 * func2(x - 1, 2 * y) - SIN(y))$: $\{i = 1..5\}, \{j = 2..6\}$;
...
FUNCTIONS
$func1(x,y) = 6 * func2(x - 1, 2 * y) - SIN(y)$;
$func2(x,y) = 3 * COS(x) + 2 * (y + 2)$;

In dieser Form kommen auf der rechten Gleichungsseite die formalen Parameter
(siehe Kapitel 5.4.2.2) der Funktionsdefinition vor. Da diese in der Gleichung als
undefinierte Bezeichner erkannt werden würden, müssen sie durch die beim Funktionsaufruf angegebenen Übergabewerte ersetzt werden. In diesem Beispiel werden
alle Vorkommen des Parameters x durch den Ausdruck $5 * b(i,j) - 2$ ersetzt. In
Analogie dazu wird der Parameter y durch den Bezeichner $c(i,j)$ ersetzt:

EQUATIONS
$a(i,j) = 3 * (6 * func2((5 * b(i,j) - 2) - 1, 2 * c(i,j)) - SIN(c(i,j)))$:
$\{i = 1..5\}, \{j = 2..6\}$;
...
FUNCTIONS
$func1(x,y) = 6 * func2(x - 1, 2 * y) - SIN(y)$;
$func2(x,y) = 3 * COS(x) + 2 * (y + 2)$;

Die Behandlung von Funktionsdefinitionen ohne Aufrufe anderer Funktionen ist an
dieser Stelle beendet. Da die Funktion *func1* eine weitere Funktion (*func2*) aufruft,
muß das Auflösungsverfahren erneut angewendet werden.

Nach der Auflösung aller Funktionsaufrufe wird mit der Behandlung der nächsten
Gleichung begonnen. Am Ende der Behandlung enthält der FUNCTIONS-Teil nur
noch nicht mehr benötigte Informationen, kann also aus der Spezifikation entfernt
werden.

Nach der Ersetzung des Funktionsbezeichners *func2* und dessen formalen Parametern ergibt sich die endgültige Form der obigen Gleichungsschablone:

EQUATIONS
$a(i,j) = 3 * (6 * (3 * COS((5 * b(i,j) - 2) - 1) + 2 * ((2 * c(i,j)) + 2)) - SIN(c(i,j)))$:
$\{i = 1..5\}, \{j = 2..6\}$;
...
FUNCTIONS
$func1(x,y) = 6 * func2(x - 1, 2 * y) - SIN(y)$;
$func2(x,y) = 3 * COS(x) + 2 * (y + 2)$;

6.1.2 Datenstrukturen

Die Verwendung von Datenstrukturen ermöglicht die bessere Darstellung von inhaltlichen Zusammenhängen (siehe Kapitel 5.2.1.4). Gemäß unseren Forderungen dürfen diese in einer monolithischen Spezifikation nicht mehr vorkommen, müssen also vor der Transformation in die Normalform aufgelöst werden [Str91b], [Xio92].

6.1.2.1 Situation

Das für die Auflösung von Datenstrukturen verwendete Verfahren wurde bereits für RGL entwickelt [Str91b]. Da in ASL Erweiterungen bezüglich der Verwendung von Datenstrukturen vereinbart wurden [Xio92], sind Modifikationen dieses Verfahrens notwendig. Diese betreffen die Zuweisungen, die in ASL erlaubt und in RGL verboten sind. Hierbei handelt es sich um die Zuweisung eines einfachen Wertes zu einer Datenstruktur. Vor der eigentlichen Auflösung erfolgt dann eine „gedankliche" Erweiterung des einfachen Wertes zu einer identischen Datenstruktur. Diese Umwandlung wird in [Hei92] ausführlich vorgestellt.

```
ALGORITHM  mono_rec
DEFINE
     STRUCT
          [[INT,INT],INT] a1, a2, a3, a4, a5, b;
     STRUCT
          [INT,INT] c;
     INT
          d;

EQUATIONS
     a1 = b; /* Gleichung 1 */
     a2 = [[2, 3], 4]; /* Gleichung 2 */
     a3 = 2; /* Gleichung 3 */
     a4 = d; /* Gleichung 4 */
     a5 = c[1]; /* Gleichung 5 */

INPUT
     b, c, d;

COMPUTE
     a1, a2, a3, a4, a5.
```

Spezifikation 6.1 *Beispiel für Auflösung von Datenstrukturen*

Das modifizierte Verfahren wird in der Spezifikation 6.1 vorgestellt.

6.1.2.2 Auflösungsverfahren

Bei der Auflösung einer Datenstruktur wird für jede Komponente der aktuellen Schachtelungsstufe eine neue Gleichungsschablone erzeugt. Die auf der linken Seite der neuen Gleichung stehende Komponente wird durch einen in eckigen Klammern an den Namen der Datenstruktur angehängten *Selektor* gekennzeichnet.

ALGORITHM mono_rec

DEFINE

    DEFAULT *INT*;

    STRUCT [[INT, INT], INT] a1, a2, a3, a4, a5, b;

    STRUCT [INT, INT] c;

    INT d, e;

EQUATIONS

    $a1[1][1] = b[1][1];$ /* Gleichung 1 */

    $a1[1][2] = b[1][2];$

    $a1[2] = b[2];$

    $a2[1][1] = 2;$ /* Gleichung 2 */

    $a2[1][2] = 3;$

    $a2[2] = 4;$

    $a3[1][1] = 2;$ /* Gleichung 3 */

    $a3[1][2] = 2;$

    $a3[2] = 2;$

    $a4[1][1] = d;$ /* Gleichung 4 */

    $a4[1][2] = d;$

    $a4[2] = d;$

    $a5[1][1] = c[1];$ /* Gleichung 5 */

    $a5[1][2] = c[1];$

    $a5[2] = c[1];$

INPUT

    $b, c, d;$

COMPUTE

    $a1, a2, a3, a4, a5.$

Spezifikation 6.2 *Spezifikation „mono_rec" nach Auflösung der Datenstrukturen*

Durch den *Selektor* erhält jede Komponente ihren eigenen von den anderen Komponenten unabhängigen Bezeichnernamen. Hierbei kann es sich sowohl um einen einfachen als um auch einen indizierten Bezeichner handeln. Auf der rechten Seite der Gleichung wird die äquivalente Komponente der ursprünglichen rechten Datenstruktur zugewiesen. Aus der zweiten Gleichung der Spezifikation 6.1 werden zwei neue Gleichungen erzeugt. Danach kann die ursprüngliche Gleichung aus der Spezifikation entfernt werden:

$$a2[1] = [2, 3];$$
$$a2[2] = 4;$$

Aufgrund der geschachtelten Datenstruktur des Bezeichners a sind noch nicht alle Datenstrukturen aufgelöst. Für die Beseitigung der verbleibenden Datenstrukturen ist die Behandlung der neu erzeugten Gleichungen ausreichend. Dieser Vorgang wird solange wiederholt, bis keine weiteren Datenstrukturen in den Gleichungen vorkommen. Bei dem aktuellen Beispiel reicht ein weiterer Auflösungsschritt aus:

$$a2[1][1] = [2];$$
$$a2[1][2] = [3];$$
$$a2[2] = 4;$$

Spezifikation 6.2 zeigt „*mono_rec*" nach der Auflösung aller Datenstrukturen.

6.1.2.3 Bedeutung der Selektoren

Anhand des neuen Bezeichners $a2[1][2]$ wird die Verwendung der *Selektoren* vorgestellt. Die Anzahl der *Selektoren* (in diesem Fall 2) gibt Auskunft über die Anzahl der Schachtelungsstufen. Der in „[" und „]" angegebene Wert kennzeichnet die auf der aktuellen Schachtelungsstufe betrachtete Komponente (in diesem Fall die erste). Da diese eine weitere Unterstruktur ist, wird ein zweiter *Selektor* zur Beschreibung der Position innerhalb dieser Unterstruktur benötigt. Die 2 signalisiert daß die zweite Komponente innerhalb der ersten Unterstruktur bearbeitet werden soll.

6.1.3 FIRST-Konstrukte

Das **FIRST**-Konstrukt ermöglicht die Definition eines Suchvorgangs auf einem bestimmten Index (siehe Kapitel 5.8). Da dieses Konstrukt gemäß unseren Forderungen in einer monolithischen Spezifikation nicht vorkommen darf, müssen alle Vorkommen vor der Transformation in die Normalform ersetzt werden [Str91b], [Xio92].

6.1.3.1 Situation

Das Vorgehen bei der Auflösung von FIRST-Konstrukten wird anhand der Gleichungsschablonen aus Spezifikation 6.3 vorgestellt.

6.1.3.2 Auflösungsverfahren

Bei der Auflösung wird ein **FIRST**-Konstrukt auf ein IF-THEN-ELSE-Konstrukt zurückgeführt. Zusätzlich werden zwei neue Gleichungen für die Aufnahme weiterer Informationen eingeführt. Dieses Vorgehen wird anhand der zweiten Gleichung aus Spezifikation 6.3 vorgestellt.

ALGORITHM mono_first

DEFINE

    DEFAULT

       INT;

EQUATIONS

    $a = $ **FIRST** $\{i = 1..8\}\ z(i) == 100;$ /* Erstes FIRST */

    $b(j) = $ **FIRST** $\{i = 2..9\}\ y(i,j) >= 54 : \{j = 17..21\};$ /* Zweites FIRST */

    $c(j,k) = $ **FIRST** $\{i = 3..10\}\ x(i,j,k) <> 13 : \{j = 18..22\}, \{k = 4..7\};$

    /* Drittes FIRST */

INPUT

    $z(i) : \{i = 1..8\};$

    $y(i,j) : \{i = 2..9\}, \{j = 17..21\};$

    $x(i,j,k) : \{i = 3..10\}, \{j = 18..22\}, \{k = 4..7\};$

COMPUTE

    $a;$

    $b(j) : \{j = 17..21\};$

    $c(j,k) : \{j = 18..22\}, \{k = 4..7\}.$

Spezifikation 6.3 *Beispiel für Auflösung von FIRST-Konstrukten*

In der ersten zu erzeugenden Gleichung wird dem ursprünglichen Bezeichner ein
neu generierter Bezeichner zugewiesen. Diese Zuweisung bewirkt die Anpassung
der durch das FIRST-Konstrukt vorgegebenen unterschiedlichen Dimensionszahlen
der Bezeichner. Die Generierung des neuen Bezeichners aus der *FIRST-Laufweite*
garantiert eine einheitliche Namensgebung. Anstelle der ersten Indexkomponente
wird die Untergrenze der *FIRST-Laufweite* in die Indexliste des neuen Bezeichners eingetragen. Alle weiteren Positionen innerhalb der Indexliste werden mit den
verbleibenden Indizes des ursprünglichen Bezeichners aufgefüllt. Die zweite Gleichung für das betrachtete Beispiel erhält somit folgende Form:

$$b(j) = i1(2,j) : \{j = 17..22\};$$

Die zweite zu erzeugende Gleichung nimmt das Prädikat des **FIRST**-Konstrukts auf.
Dieses kann durch ein IF-THEN-ELSE-Konstrukt beschrieben werden. Wenn das
Prädikat erfüllt ist, wird der aktuelle Wert des *FIRST-Laufindexes* zurückgeliefert.
In dem **ELSE**-Teil wird der *FIRST-Laufindex* um den Wert 1 erhöht. Die Untersuchung wird dann für das anhand der aktuellen Indizes ermittelte Element des
neuen Bezeichners wiederholt. Für das obige Beispiel ergibt sich folgende neue Gleichungsschablone:

$$\textbf{IF } b(i,j) \textbf{ THEN } i \textbf{ ELSE } i1(i+1,j) \textbf{ FI}: \{i = 2..9\}, \{j = 17..21\};$$

```
ALGORITHM  mono_first
DEFINE
    DEFAULT
        INT;
EQUATIONS
```

$a = i1(1);$ /* Erstes FIRST */

$i1(i) =$ **IF** $z(i) == 100$ **THEN** i **ELSE** $i1(i + 1)$ **FI** $: \{i = 1..8\};$

$i1(9) = 9;$

$b(j) = i2(2, j) : \{j = 17..21\};$ /* Zweites FIRST */

$i2(i, j) =$**IF** $y(i, j) >= 54$ **THEN** i **ELSE** $i2(i + 1, j)$ **FI** $:$
$\{i = 2..9\}, \{j = 17..21\};$

$i2(10, j) = 10 : \{j = 17..21\};$

$c(j, k) = i3(3, j, k) : \{j = 17..21\}, \{k = 4..7\};$ /* Drittes FIRST */

$i3(i, j, k) =$**IF** $x(i, j, k) <> 13$ **THEN** i **ELSE** $i3(i + 1, j, k)$ **FI** $:$
$\{i = 2..9\}, \{j = 17..21\}, \{k = 4..7\};$

$i3(11, j, k) = 11 : \{j = 17..21\}, \{k = 4..7\};$

```
INPUT
```

$z(i) : \{i = 1..8\};$

$y(i, j) : \{i = 2..9\}, \{j = 17..21\};$

$x(i, j, k) : \{i = 3..10\}, \{j = 18..22\}, \{k = 4..7\};$

```
COMPUTE
```

$a;$

$b(j) : \{j = 17..21\};$

$c(j, k) : \{j = 18..22\}, \{k = 4..7\}.$

Spezifikation 6.4 *Spezifikation „mono_first" nach Auflösung der FIRST-Konstrukte*

Die letzte Gleichung wird für die Beschreibung einer erfolglosen Suche verwendet. Auf der linken Seite steht der neu generierte Bezeichner. Anstelle des ersten Indexausdrucks wird der um 1 erhöhte Wert der *FIRST-Laufweite* in der Indexliste eingetragen. Alle anderen Einträge dieser Liste bleiben unverändert erhalten. Auf der rechten Seite der Gleichung wird der Wert für die erfolglose Suche eingetragen. Hierbei handelt es sich um den um 1 erhöhten Wert der Obergrenze der *FIRST-Laufweite*. Für das betrachtete Beispiel ergibt sich folgende Gleichungsschablone:

$$i1(10, j) = 10 : \{j = 17..21\};$$

Neben der Behandlung aller Gleichungsschablonen müssen bei der Auflösung von **FIRST**-Konstrukten auch die Aufrufe anderer Spezifikationen berücksichtigt werden. Bei diesen können beliebige Ausdrücke als Eingabe für die aufgerufene Spezifikation zur Verfügung gestellt werden. Ein in diesen Listen gefundenes **FIRST**-

Konstrukt wird nach dem gerade vorgestellten Verfahren aufgelöst. Spezifikation 6.4 zeigt Spezifikation *mono_first* nach der Auflösung aller **FIRST**-Konstrukte.

6.1.4 OBTAIN-Konstrukte

Die Verwendung eines **OBTAIN**-Konstrukts ermöglicht dem Benutzer den Aufruf einer anderen Spezifikation (siehe Kapitel 5.5). Da eine Spezifikation mit diesem Konstrukt nicht mehr monolithisch ist [Tha89], müssen die **OBTAIN**-Aufrufe vor der Transformation in die Normalform aufgelöst werden.

```
ALGORITHM   obtain_master
DEFINE
    DEFAULT
        INT;
    DECLARE
        N1 = $1;
        N2 = $2;
    RANGES
        intervall : {i = 1..N1}, {j = 1..N2};

EQUATIONS
        z(i, j) = 4 * a(i, j) : #intervall;
        /* Aufruf von Spezifikation obtain_slave */
        OBTAIN y(i, j), x(i, j) : #intervall
        FROM obtain_slave($1, $2)
        WITH a(i, j), b(i, j) : #intervall.

INPUT
        a(i, j), b(i, j) : #intervall;

COMPUTE
        x(i, j), y(i, j), z(i, j) : #intervall.
```

Spezifikation 6.5 *Beispiel für Auflösung von OBTAIN-Konstrukten (1)*

6.1.4.1 Situation

Das Vorgehen bei der Auflösung wird anhand der **OBTAIN**-Aufrufe aus Spezifikation 6.5 vorgestellt. Die bei dem Aufruf benötigten Algorithmen sind in den Spezifikationen 6.6 und 6.7 dargestellt. Bei der weiteren Behandlung dieser Spezifikationen wird davon ausgegangen, daß die vorkommenden größenbestimmenden Parameter wie folgt vorbesetzt sind: $1=10 und $2=20.

Die Auflösung eines **OBTAIN**-Aufrufs kann in drei Teilaufgaben zerlegt werden:

- Aufbau der *Inputschnittstelle*
- Übernahme der Gleichungen der aufgerufenen Spezifikation
- Aufbau der *Computeschnittstelle*

Diese werden im folgenden näher betrachtet.

```
ALGORITHM   obtain_slave
DEFINE
    DEFAULT
        INT;
    DECLARE
        N1 = $1;
        N2 = $2;
    RANGES
        intervall : {i = 1..N1}, {j = 1..N2};

EQUATIONS
        alpha(i, j) = SIN(gamma(i, j)) + 3 * COS(delta(i, j)) : #intervall;
        /* Aufruf der Spezifikation obtain_second_slave */
        OBTAIN beta(i, j) : #intervall
        FROM obtain_second_slave($1, $2)
        WITH gamma(i, j) : #intervall.

INPUT
        gamma(i, j), delta(i, j) : #intervall;

COMPUTE
        alpha(i, j), beta(i, j) : #intervall.
```

Spezifikation 6.6 *Beispiel für Auflösung von OBTAIN-Konstrukten (2)*

6.1.4.2   Aufbau der Inputschnittstelle

Im ersten Schritt muß die *Inputschnittstelle* zwischen den beiden Spezifikationen erstellt werden.   Hierfür werden *syntaktisch nachvollziehbare* (siehe Kapitel 5.5.4) Aufrufe gefordert [Tha89].

Durch diese Eigenschaft ist gewährleistet, daß die *Parameterliste* des **OBTAIN**-Konstrukts und die *Inputliste* der aufgerufenen Spezifikation die gleiche Anzahl von Elementen haben.   Für jedes dieser Paare wird eine eigene Gleichungsschablone erzeugt.   Auf der linken Seite steht jeweils der Bezeichner aus der *Inputliste* und auf der rechten der Bezeichner aus der *Parameterliste*. Aufgrund der *syntaktischen Nachvollziehbarkeit* ist in diesen Gleichungen die Typverträglichkeit garantiert.

Die *Inputschnittstelle* für den ersten Aufruf der Spezifikation *obtain_slave* besteht aus zwei Gleichungen:

$$gamma(i,j) = a(i,j) : \{i = 1..10\}, \{j = 1..20\};$$
$$delta(i,j) = b(i,j) : \{i = 1..10\}, \{j = 1..20\};$$

Als nächstes werden die Gleichungen der aufgerufenen Spezifikation in unveränderter Form an den Gleichungsteil der aufrufenden Spezifikation angehängt.

```
ALGORITHM   obtain_second_slave
DEFINE
    DEFAULT
        INT;
    DECLARE
        N1 = $1;
        N2 = $2;
    RANGES
        intervall : {i = 1..N1}, {j = 1..N2};

EQUATIONS
    out(i, j) = 6 * in(i, j) − SIN(in(i, j)) : #intervall;

INPUT
    in(i, j) : #intervall;

COMPUTE
    out(i, j) : #intervall.
```

Spezifikation 6.7 *Beispiel für Auflösung von OBTAIN-Konstrukten (3)*

6.1.4.3   Übernahme des Gleichungsteils

Aufgrund der Gleichungen der *Inputschnittstelle* können die Namen der Bezeichner unverändert beibehalten werden. Gegebenenfalls müssen die Namen der Bezeichner zur Vermeidung von künstlichen Abhängigkeiten geändert werden. Dieses ist dann notwendig, wenn ein in die aufrufende Spezifikation einzubindender Bezeichnername dort bereits vorkommt.

6.1.4.4   Aufbau der Computeschnittstelle

Kommen in der aufgerufenen Spezifikation keine weiteren **OBTAIN**-Aufrufe vor, kann mit der Erzeugung der *Computeschnittstelle* begonnen werden.

ALGORITHM obtain_master

DEFINE

    DEFAULT

       INT;

EQUATIONS

    /* Gleichungsschablone aus obtain_master */
    $z(i,j) = 4 * a(i,j) : \{i = 1..10\}, \{j = 1..20\};$
    /* hier beginnt der Aufruf von obtain_slave */
    /* Inputschnittstelle obtain_master $\rightarrow$ obtain_slave */
    $gamma(i,j) = a(i,j) : \{i = 1..10\}, \{j = 1..20\};$
    $delta(i,j) = b(i,j) : \{i = 1..10\}, \{j = 1..20\};$
    /* Gleichungsschablone aus obtain_slave */
    $alpha(i,j) = SIN(gamma(i,j)) + 3 * COS(delta(i,j)) :$
        $\{i = 1..10\}, \{j = 1..20\};$
    /* hier beginnt der Aufruf von obtain_second_slave */
    /* Inputschnittstelle obtain_slave $\rightarrow$ obtain_second_slave */
    $in(i,j) = gamma(i,j) : \{i = 1..10\}, \{j = 1..20\};$
    /* Gleichungsschablone aus obtain_second_slave */
    $out(i,j) = 6 * in(i,j) - SIN(in(i,j)) : \{i = 1..10\}, \{j = 1..20\};$
    /* Computeschnittstelle obtain_second_slave $\rightarrow$ obtain_slave */
    $beta(i,j) = out(i,j) : \{i = 1..10\}, \{j = 1..20\};$
    /* hier endet der Aufruf von obtain_second_slave */
    /* Computeschnittstelle obtain_slave $\rightarrow$ obtain_master */
    $y(i,j) = alpha(i,j) : \{i = 1..10\}, \{j = 1..20\};$
    $x(i,j) = beta(i,j) : \{i = 1..10\}, \{j = 1..20\};$

INPUT

    $a(i,j), b(i,j) : \{i = 1..10\}, \{j = 1..20\};$

COMPUTE

    $x(i,j), y(i,j), z(i,j) : \{i = 1..10\}, \{j = 1..20\}.$

Spezifikation 6.8 *Spezifikation „obtain_master nach Auflösung der OBTAIN-Aufrufe*

Da in diesem Beispiel aus der bereits aufgerufenen Spezifikation *obtain_slave* ein Aufruf der Spezifikation *obtain_second_slave* erfolgt, ist eine rekursive Bearbeitung notwendig. Der Gleichungsteil der aufrufenden Spezifikation *obtain_slave* wird dabei um die bei der Auflösung des Aufrufs der Spezifikation *obtain_second_slave* entstehenden Gleichungen erweitert. Für diesen Aufruf ist folgende Gleichung als *Inputschnittstelle* notwendig:

$$in(i,j) = gamma(i,j) : \{i = 1..10\}, \{j = 1..20\};$$

Da in dem Gleichungsteil der Spezifikation *obtain_second_slave* keine **OBTAIN**-Aufrufe vorkommen, kann dieser unverändert übernommen werden.

Die Erzeugung der *Computeschnittstelle* wird analog zur *Inputschnittstelle* durchgeführt. Unter der Voraussetzung der *syntaktischen Nachvollziehbarkeit* wird für jedes Bezeichnerpaar aus der *Import-* und *Computeliste* eine Gleichungsschablone erzeugt. Auf der linken Seite steht jeweils der Bezeichner aus der *Importliste*. Diesem wird auf der rechten Seite der Bezeichner aus der *Computeliste* zugewiesen. Für den Aufruf der Spezifikation *obtain_second_slave* ergibt sich folgende *Computeschnittstelle*:

$$beta(i,j) = out(i,j) : \{i = 1..10\}, \{j = 1..20\}$$

Damit erhält die aufgerufene Spezifikation *obtain_slave* folgenden Gleichungsteil:

$$
\begin{aligned}
&alpha(i,j) = SIN(gamma(i,j)) + 3 * COS(delta(i,j)): \\
&\qquad \{i = 1..10\}, \{j = 1..20\}; \\
&in(i,j) = gamma(i,j) : \{i = 1..10\}, \{j = 1..20\}; \\
&out(i,j) = 6 * in(i,j) - SIN(in(i,j)) :: \{i = 1..10\}, \{j = 1..20\} \ ; \\
&beta(i,j) = out(i,j) : \{i = 1..10\}, \{j = 1..20\};
\end{aligned}
$$

Dieser wird in den Gleichungsteil der aufrufenden Spezifikation *obtain_master* übernommen. Abschließend muß die *Computeschnittstelle* zwischen diesen beiden Spezifikationen erzeugt werden. Dabei entstehen folgende beiden Gleichungen:

$$
\begin{aligned}
&y(i,j) = alpha(i,j) : \{i = 1..10\}, \{j = 1..20\}; \\
&z(i,j) = beta(i,j) : \{i = 1..10\}, \{j = 1..20\};
\end{aligned}
$$

Spezifikation 6.8 zeigt Spezifikation *obtain_master* nach Auflösung der OBTAIN-Konstrukte.

6.2   Erzeugung der Normalform

Durch die Erzeugung der monolithischen Form ist die Spezifikation an die Erfordernisse einer weiteren rechnerspezifischen Abbildungstechnik angepaßt.
Die Transformation in die **Normalform** bewirkt die Anpassung an die Anforderungen einer bestimmten Klasse von Rechnerarchitekturen. Hierbei geht es vorwiegend um die Trennung von Berechnungs- und Kommunikationsvorgängen.

6.2.1   Behandlung von Datenumordnungen

Das Vorkommen von Datenumordnungen wird mit Hilfe der Indizes der in einer Gleichungsschablone vorkommenden Bezeichner überprüft. Es erfolgt jeweils eine Gegenüberstellung der Indizes des aktuellen Bezeichners auf der rechten Seite mit denen des Bezeichners auf der linken Seite. Von den vier denkbaren Fällen (wenn die Mengen der Indexbezeichner identisch sind, liegt keine Kommunikation vor) sind an dieser Stelle nur die Datenvervielfachungen und die Datenreduzierungen von Interesse. Die Verwendung von disjunkten Indexmengen wird aufgrund der fehlerhaften semantischen Bedeutung nicht betrachtet.

6.2.1.1 Datenvervielfachungen

Thalhofer beschreibt eine Datenvervielfachung wie folgt:
„Die Broadcastmöglichkeit erlaubt es, ein Datenfeld mit weniger Dimensionen durch Vervielfachung zu einem Datenfeld mit mehr Dimensionen auszuweiten." [Tha89].
Dort werden folgende Anforderungen an eine korrekte Datenvervielfachung gestellt:

- *„Als Indexausdrücke treten sowohl auf der linken als auch auf der rechten Seite nur konstante (also nicht von den gebundenen Bezeichnern abhängige) Ausdrücke oder einzelne gebundene Bezeichner auf.*

- *Jeder gebundene Bezeichner kommt auf der linken Seite genau einmal in dieser Form vor.*

- *Jeder gebundene Bezeichner kommt auf der rechten Seite höchstens einmal als Indexausdruck vor; einige kommen auf der rechten Seite nicht vor."* [Tha89]

Eine Datenvervielfachung liegt vor, wenn mindestens ein Bezeichner auf der rechten Gleichungsseite weniger Dimensionen als der Bezeichner auf der linken Seite besitzt. Der entsprechende Bezeichner auf der rechten Seite muß dann um eine oder mehrere Dimensionen erweitert werden. Dieser Expansionsvorgang wird **Broadcast** genannt. Es ist zum Beispiel möglich, einen Vektor zu einer Matrix zu expandieren. Je nach Bedarf kann der Vektor zeilen- oder spaltenweise in die Matrix kopiert werden.

6.2.1.1.1 Umwandlungsverfahren

Für die Vorstellung der einzelnen bei der Umwandlung notwendigen Schritte wird folgende Gleichungsschablone betrachtet, bei der auf die vollständige Angabe aller Bereiche verzichtet werden kann. Da hier nur die Anzahl der Indizes von Interesse ist, reicht es aus, die Indizes anzugeben, für die eine Bereichsangabe existiert.

$$a(i, j, k) = b(i, j, k) + c(i, j) * d(i, j): \text{ Laufweite}(i,j,k) \text{ (Gl. 1)}$$

Da der erste Bezeichner auf der rechten Seite der Gleichung die gleiche Anzahl von Dimensionen hat, wie der auf der linken Seite, kann er in unveränderter Form übernommen werden. Die zweite Komponente des Ausdrucks ist das Produkt der Bezeichner $c(i, j)$ und $d(i, j)$. Beide haben eine Dimension weniger als der Bezeichner auf der linken Seite. Das Produkt wird in einer neu anzulegenden Gleichungsschablone als Zwischenergebnis definiert. In der ursprünglichen Gleichung wird anstelle des Produkts der Bezeichner von der linken Seite der neuen Gleichung eingesetzt. Da dieser drei Dimensionen hat, werden in der Ausgangsgleichung nur noch identisch dimensionierte Bezeichner verwendet:

$$a(i,j,k) = b(i,j,k) + a1(i,j,k): \textit{Laufweite(i,j,k)}; \text{ (Gl. 1.1)}$$
$$a1(i,j,k) = c(i,j) * d(i,j) : \textit{Laufweite(i,j,k)}; \text{ (Gl. 2)}$$

Im Gegensatz zur ersten Gleichung kommen in der neu eingeführten Gleichung Bezeichner mit unterschiedlichen Dimensionen vor. Somit muß der eben beschriebene Vorgang für die neue Gleichung wiederholt werden. Für jeden der beiden Bezeichner mit weniger Dimensionen wird eine eigene neue Gleichungsschablone eingeführt:

$$d1(i,j,k) = d(i,j): \textit{Laufweite(i,j,k)}; \text{ (Gl. 3)}$$
$$c1(i,j,k) = c(i,j): \textit{Laufweite(i,j,k)}; \text{ (Gl. 4)}$$

In der zuletzt erzeugten Gleichungsschablone (Gl. 2) können die Bezeichner $c(i,j)$ und $d(i,j)$ durch $c1(i,j,k)$ beziehungsweise $d1(i,j,k)$ ersetzt werden:

$$a1(i,j,k)=c1(i,j,k)*d1(i,j,k): \textit{Laufweite(i,j,k)}; \text{ (Gl. 2.1)}$$

In der zweiten Gleichung kommen nur Bezeichner mit identischen Indexstrukturen vor. In den Gleichungen 3 und 4 werden hingegen erneut Bezeichner mit unterschiedlichen Anzahlen von Dimensionen verwendet. Im Gegensatz zu den bislang behandelten Gleichungen brauchen hier keine neuen Bezeichner eingeführt zu werden. Dadurch würden sich die Bezeichner mit unterschiedlichen Dimensionsanzahlen nur in die neu eingeführten Gleichungen verlagern. Die Gleichungen 3 und 4 sind Kommunikationsgleichungen, in denen keine mathematischen Anweisungen vorkommen. Die bislang geforderte identische Anzahl von Dimensionen gilt aber nur für Berechnungsvorschriften.

Die Ausgangsgleichung wird bei der Behandlung von Datenumordnungen in folgende vier Gleichungen zerlegt:

$$a(i,j,k) = b(i,j,k) + a1(i,j,k): \textit{Laufweite(i,j,k)}; \text{ (Gl. 1.1)}$$
$$a1(i,j,k) = c1(i,j,k) * d1(i,j,k): \textit{laufweite(i,j,k)}; \text{ (Gl. 2.1)}$$
$$d1(i,j,k) = d(i,j): \textit{Laufweite(i,j,k)}; \text{ (Gl. 3)}$$
$$c1(i,j,k) = c(i,j): \textit{Laufweite(i,j,k)}; \text{ (Gl. 4)}$$

6.2.1.1.2 Optimierungsansätze

Folgende Ansätze zur Optimierung der Transformation von Datenvervielfachungen sind denkbar:

Einsparung einer Gleichungsschablone

In dem obigen Beispiel kann auf die zweite Gleichung verzichtet werden. Anstelle des Bezeichners $a1(i,j,k)$ kann in der ersten Gleichung das Produkt der Bezeichner $c1(i,j,k)$ und $d1(i,j,k)$ eingesetzt werden. Aufgrund der einheitlichen Dimensionsstrukturen bleibt die Trennung zwischen Berechnungs- und Kommunikationsvorgängen erhalten. Diese Änderung bewirkt die Einsparung einer Gleichungsschablone bei der bislang sehr ausführlichen Aufspaltung der Berechnungsvorschrift. Unter Berücksichtigung dieses Ansatzes ergeben sich nach der Transformation der Datenvervielfachung folgende Gleichungsschablonen:

$$a(i,j,k) = b(i,j,k) + c1(i,j,k) * d1(i,j,k): \textit{Laufweite(i,j,k)};$$
$$d1(i,j,k) = d(i,j): \textit{Laufweite(i,j,k)};$$
$$c1(i,j,k) = c(i,j): \textit{Laufweite(i,j,k)};$$

Einsparung von Berechnungsaufwand

In der ursprünglichen Version soll das Produkt der beiden zweidimensionalen Bezeichner $c(i,j)$ und $d(i,j)$ gebildet werden. In der transformierten Form erfolgt die Produktbildung jedoch mit den beiden dreidimensionalen Bezeichnern $c1(i,j,k)$ und $d1(i,j,k)$. Da die Berechnungen erst nach der Anpassung der Dimensionsstrukturen erfolgen, ist ein wesentlich höherer Rechenaufwand notwendig. Es erscheint sinnvoller, erst die Berechnungen und dann die Dimensionserweiterungen vorzunehmen. In diesem Fall ist der Berechnungs- und Kommunikationssaufwand für das ursprüngliche und das transformierte System identisch. Das System von Gleichungsschablonen müßte dann folgendes Aussehen haben:

$$a(i,j,k) = b(i,j,k) + a1(i,j,k): \textit{Laufweite(i,j,k)};$$
$$a1(i,j,k) = a2(i,j) : \textit{Laufweite(i,j,k)};$$
$$a2(i,j) = c(i,j) * d(i,j) : \textit{Laufweite(i,j)};$$

6.2.1.2 Datenreduzierungen

Bei dieser Art von Datenumordung soll ein Bezeichner um eine oder mehrere Dimensionen verkleinert werden. Es kann zum Beispiel eine Matrix zu einem Vektor reduziert werden. Hierbei muß angegeben werden, welche Spalte beziehungsweise Zeile der Matrix in den Vektor übernommen werden soll. Dieses geschieht durch die Angabe einer Konstanten für die zu verdichtende Dimension:

```
vektor(i)=matrix(i,3): i=1..4; /* Vektor ist dritte Spalte der Matrix */

vektor(i)=matrix(2,i): i=1..4; /* Vektor ist zweite Zeile der Matrix */
```

Die Angabe eines Indexbezeichners anstelle der notwendigen Konstanten für die zu verdichtende Dimension ist semantisch falsch. In diesem Fall kann aufgrund des undefinierten Bereichs des Indexbezeichners nicht entschieden werden, welche Spalte oder Zeile der Matrix für die Verdichtung verwendet werden soll.
Das Vorgehen bei der Behandlung von Datenreduzierungen wird anhand der folgenden Gleichung vorgestellt:

$$a(i,j) = b(i,j) + c(i,j,k) * d(i,j,k): \textit{Laufweite(i,j)};$$

Aufgrund des undefinierten Indexbezeichners k der Bezeichner $c(i,j,k)$ und $d(i,j,k)$ ist die Gleichungsschablone semantisch unzulässig. In der korrekten Form muß dort nämlich eine Konstante stehen. Dann sind die Mengen der Indexbezeichner auf beiden Seiten identisch. In diesem Fall sind keine Veränderungen notwendig. Für die

Vorstellung der Transformation ist dieses Beispiel jedoch gut geeignet. In Analogie zu dem Vorgehen bei der Behandlung von Datenvervielfachungen wird für jeden Bezeichner, der mehr Dimensionen als der Bezeichner auf der linken Seite hat, ein neuer Bezeichner und eine neue Gleichungsschablone eingeführt. Die neuen Bezeichner haben die gleiche Dimensionsstruktur wie der Bezeichner auf der linken Seite der Ausgangsgleichung. Der undefinierte Indexbezeichner k wird bei diesem Vorgang in die beiden neu erzeugten Kommunikationsgleichungen verlagert:

$$a(i,j) = b(i,j) + c1(i,j) * d1(i,j): \ \textit{Laufweite(i,j)};$$
$$d1(i,j) = d(i,j,k): \ \textit{Laufweite(i,j)};$$
$$c1(i,j) = c(i,j,k): \ \textit{Laufweite(i,j)};$$

6.2.2 Elementare Transformationen

Die in diesem Abschnitt vorgestellten elementaren Transformationen wurden bei der Entwicklung von RGL eingeführt [Tha89]. Es muß zwischen folgenden drei Arten unterschieden werden:

- Einführung neuer Bezeichner

- Ersetzung von linken Seiten durch rechte Seiten

- Ersetzung von rechten Seiten durch linke Seiten

Diese drei Transformationen bilden die Grundlage für die Überführung einer Spezifikation in die Normalform. Es wurde gezeigt, daß die elementaren Transformationen die Korrektheit einer Spezifikation nicht beeinträchtigen [Tha89].

6.2.2.1 Einführung neuer Bezeichner

Unter der Voraussetzung, daß ein neuer Bezeichner nicht in der Spezifikation enthalten ist, kann dieser mit Hilfe einer Identitätsgleichung ohne Verlust der Integrität in die Spezifikation aufgenommen werden. Da der Bezeichner zu diesem Zeitpunkt noch keinen Bezug zu anderen Bezeichnern hat, ist er **redundant**. Diese Art von Bezeichnern wird bei der Abhängigkeitsanalyse erkannt und beseitigt [Fra93]. Durch das Einhängen in eine vorhandene Gleichungsschablone wird aus einem **redundanten** ein **relevanter** Bezeichner.

Für die Indexfunktionen des neuen Bezeichners werden Identitäten verwendet. Diese Forderung ist nicht unbedingt notwendig, erleichtert aber die Untersuchung der Eindeutigkeit [Str91b].

Eine häufige Verwendung für diese als T_{ID} bezeichnete Transformation sind die in Kapitel 6.2.1 beschriebenen Datenumordnungen. Die dabei einzuführenden Kommunikationsgleichungen werden mit Hilfe dieser Transformation generiert.

6.2.2.2 Ersetzung von linken Seiten durch rechte Seiten

Diese Art von Transformation benötigt zwei Gleichungen, bei denen der auf der linken Seite der einen Gleichung stehende Bezeichner mindestens einmal auf der rechten Seite der anderen Gleichung vorkommen muß. Diese Transformation ist wie folgt definiert [Str91b]:

Transformation: T_{LR}

Gegeben seien folgende beiden Gleichungen:

$a(f_0(i_1,..,i_n)) = g(..,b_k(f_k(i_1,..,i_n)),..): Laufweite(i_1,..,i_n)$

$b_k(f_k(i_1,..,i_n)) = h(c_1(f_1(j_1,..,j_n)),..(c_m(f_m(j_1,..,j_n)))):Laufweite(j_1,..,j_n)$

Wenn die im folgenden noch vorzustellenden Bedingungen erfüllt sind,
kann durch Einsetzen folgende Gleichungsschablone erzeugt werden:

$a(f_0(i_1,..,i_n)) = g(..,h(c_1(f_1(i_1,..,i_n)),..(c_m(f_m(i_1,..,i_n)))),..)):$
$Laufweite(i_1,..,i_n)$

Die notwendigen Bedingungen und das Vorgehen bei der T_{LR}-Transformation werden anhand der folgenden beiden Gleichungen vorgestellt:

$$a(i,j) = b(i,j) + c(i,j)\text{:}\{\text{i=1..8}\},\{\text{j=2..10}\};$$
$$b(k,l) = 4 * d(k,l) - 7\text{:}\{\text{k=1..8}\},\{\text{l=2..10}\};$$

In dem ersten Schritt wird nach Bezeichnern gesucht, die sowohl auf linken als auch auf rechten Seiten von Gleichungsschablonen vorkommen. Bevor die Ersetzung vorgenommen werden kann, müssen folgende Eigenschaften überprüft werden:

- Die Indexfunktionen des Vorkommens eines Bezeichners auf einer linken und einer rechten Gleichungsseite müssen identisch sein.

- Unter- und Obergrenze der Bereichsangaben müssen identisch sein.

Die Namen der gebundenen Bezeichner dürfen hingegen voneinander abweichen.

Die ersten beiden Kriterien sind notwendig, damit bei der Ersetzung keine redundanten Instanzen entstehen. Bei der Mißachtung der für die Ersetzung notwendigen Kriterien kann die Vollständigkeit der Spezifikation verlorengehen [Str91b].

Da bei den obigen Gleichungen die Kriterien erfüllt sind, kann die Ersetzung vorgenommen werden. Das Vorkommen des Bezeichners $b(i,j)$ wird auf der rechten Seite der ersten Gleichung durch die rechte Seite der zweiten Gleichung ersetzt:

$$a(i,j) = 4 * d(k,l) - 7 + c(i,j) : \{i = 1..8\}, \{j = 2..10\};$$

Da die beiden Vorkommen des Bezeichners b verschiedene gebundene Bezeichner verwenden, kommen nach der Ersetzung in der ersten Gleichung die undefinierten Indexbezeichner k und l vor. Diese besitzen die gleichen Bereichsangaben wie die Indexbezeichner i und j. Die Korrektheit der Gleichung wird durch das textuelle Ersetzen der Indexbezeichner sichergestellt:

$$a(i,j) = 4 * d(i,j) - 7 + c(i,j) : \{i = 1..8\}, \{j = 2..10\};$$

In diesem Beispiel ist die Ersetzung damit abgeschlossen. Da der Bezeichner b in keiner weiteren Gleichungsschablone vorkommt, kann jetzt die zweite Gleichungsschablone aus der Spezifikation entfernt werden. Dieses geht natürlich nur dann, wenn alle Vorkommen des Bezeichners ersetzt werden konnten.

6.2.2.3 Ersetzung von rechten Seiten durch linke Seiten

Diese Transformation stellt die Umkehrung der im letzten Abschnitt vorgestellten Transformation dar. Für die Ausführung dieser Transformation sind zwei Gleichungsschablonen notwendig. Die formale Definition befindet sich in [Str91b]:

Transformation: T_{RL}

Gegeben seien folgende beiden Gleichungen:
$$a(f_a(i_1,..,i_n)) = g(..,b_k(f_k(i_1,..,i_n)),..): Laufweite(i_1,..,i_n)$$
$$c(f_c(j_1,..,j_n)) = b_k(f_k(i_1,..,i_n)): Laufweite(j_1,..,j_n)$$

Diese beiden Gleichungen lassen sich zu folgender zusammenfassen:
$$a(f_a(i_1,..,i_n)) = g(..,c(f_c(j_1,..,j_n)),..) : Laufweite(i_1,..,i_n)$$

Damit bei der Anwendung der Transformation T_{RL} die Eigenschaften der Spezifikation erhalten bleiben, müssen die in Kapitel 6.2.2.2 vorgestellten Kriterien bezüglich Indexfunktionen und Bereichsangaben erfüllt sein. Zusätzlich muß die zweite verwendete Gleichung eine Identität sein. Dieses ist für die Transformation in die Normalform ausreichend [Str91b].
Zur Verdeutlichung wird die Transformation der folgenden beiden Gleichungen betrachtet:

$$a(i,j) = 4 * b(i+2, 6*j) - c(i,j) : \{i=1..8\}, \{j=2..10\};$$
$$d(2*i, 3*j) = b(i+2, 6*j) : \{i=1..8\}, \{j=2..10\};$$

Da die geforderten Kriterien erfüllt sind, kann in der ersten Gleichung anstelle des Bezeichners $b(i+2, 6*j)$ die linke Seite der zweiten Gleichung eingesetzt werden. Aufgrund der identischen gebundenen Bezeichner ergibt sich bereits nach diesem Austausch die endgültige Form:

$$a(i,j) = 4 * d(2 * i, 3 * j) - c(i,j) : \{i=1..8\}, \{j=2..10\};$$
$$d(2 * i, 3 * j) = b(i + 2, 6 * j) : \{i=1..8\}, \{j=2..10\};$$

Die zweite Gleichung kann nicht entfernt werden. Sie enthält Informationen über einen in der ersten Gleichungsschablone vorkommenden Bezeichner.

6.2.3 Indexausdrücke in Gleichungen

Die Transformationen T_{ID}, T_{LR} und T_{RL} bilden die Basis für die Transformation in die Normalform. Der wesentliche Schritt hierbei ist die isolierte Anpassung der Indexfunktionen innerhalb jeder Gleichungsschablone. Nach der Transformation sollen in einer Gleichung mit einer Berechnungsvorschrift nur noch Identitäten als Indexfunktionen vorkommen. Das in [Str91b] formal beschriebene Verfahren wird anhand eines Beispiels vorgestellt.

$$a(3 * i, 2 * j + 2, k + 6) = 3 * b(i + 2, 6 * j - 3, 2 * k) +$$
$$c(i, 2 * j, 5 * k - 1) - 7: \mathit{Laufweite(i,j,k)}; \text{ (Gl. 1)}$$

Aufgrund der unterschiedlichen Indexfunktionen der Bezeichner sind nicht alle Anforderungen an die Normalform erfüllt. Im ersten Schritt wird für jeden der Bezeichner auf der rechten Gleichungsseite mit Hilfe der Transformation T_{ID} eine neue Identitätsgleichung eingeführt. Da die neuen Bezeichner nur Identitäten als Indexfunktionen haben, können diese für die Darstellung der Normalform verwendet werden:

$$b\_neu(i,j,k) = b(i + 2, 6 * j - 3, 2 * k): \mathit{Laufweite(i,j,k)}; \text{ (Gl. 2)}$$
$$c\_neu(i,j,k) = c(i, 2 * j, 5 * k - 1): \mathit{Laufweite(i,j,k)}; \text{ (Gl. 3)}$$

Die Kommunikationsgleichungen sind aufgrund der bislang in der Spezifikation nicht verwendeten Bezeichner b_neu und c_neu **redundant**. Durch die Anwendung der T_{RL}-Transformation auf jede der neuen Gleichungen werden die neuen Bezeichner in die Ausgangsgleichung eingebunden. Damit liegt die rechte Seite der Ausgangsgleichung bereits in Normalform vor:

$$a(3 * i, 2 * j + 2, k + 6) = 3 * b\_neu(i,j,k) + c\_neu(i,j,k) - 7:$$
$$\mathit{Laufweite(i,j,k)}; \text{ (Gl. 1.1)}$$

Die Transformation T_{ID} erzeugt einen neuen Bezeichner für die linke Seite der ursprünglichen Gleichungsschablone:

$$a\_neu(i,j,k) = a(3 * i, 2 * j + 2, k + 6): \mathit{Laufweite(i,j,k)}; \text{ (Gl. 4)}$$

Die Anwendung der Transformation T_{LR} auf Gleichung 1.1 unter Verwendung von Gleichung 4 liefert folgendes Ergebnis:

$$a\_neu(i,j,k) = 3 * b\_neu(i,j,k) + c\_neu(i,j,k) - 7:$$
$$\mathit{Laufweite(i,j,k)}; \text{ (Gl. 5)}$$

Zu diesem Zeitpunkt liegen folgende Gleichungsschablonen vor:

$$a(3 * i, 2 * j + 2, k + 6) = 3 * b\_neu(i, j, k) + c\_neu(i, j, k) - 7:$$
$$Laufweite(i,j,k);$$
$$a\_neu(i, j, k) = 3 * b\_neu(i, j, k) + c\_neu(i, j, k) - 7:$$
$$Laufweite(i,j,k);$$
$$b\_neu(i, j, k) = b(i + 2, 6 * j - 3, 2 * k): Laufweite(i,j,k);$$
$$c\_neu(i, j, k) = c(i, 2 * j, 5 * k - 1): Laufweite(i,j,k);$$

Die beiden ersten Gleichungen beschreiben eine identische Berechnung. Im Gegensatz zur ersten Gleichung erfüllt die zweite die Anforderungen an die Normalform. Da ein Löschen der ersten Gleichung den Bezug zu dem ursprünglichen Bezeichner zerstören würde, muß die rechte Seite dieser Gleichung durch den für den Bezeichner auf der linken Seite neu eingeführten Bezeichner ersetzt werden. Nach dieser Ersetzung stellt die erste Gleichungsschablone die Verbindung zwischen dem ursprünglichen und dem gemäß der Anforderungen an die Normalform eingeführten Bezeichner her.

Die obige Berechnungsvorschrift wird bei der Transformation in die Normalform auf folgende Gleichungsschablonen aufgeteilt:

$$a(3 * i, 2 * j + 2, k + 6) = a\_neu(i, j, k): Laufweite(i,j,k);$$
$$a\_neu(i, j, k) = 3 * b\_neu(i, j, k) + c\_neu(i, j, k) - 7: Laufweite(i,j,k);$$
$$b\_neu(i, j, k) = b(i + 2, 6 * j - 3, 2 * k): Laufweite(i,j,k);$$
$$c\_neu(i, j, k) = c(i, 2 * j, 5 * k - 1): Laufweite(i,j,k);$$

Die zweite Gleichung beschreibt die durchzuführende Berechnung. Die anderen drei Gleichungsschablonen sind für die Kommunikation zuständig.

6.2.4 Indexausdrücke in mehreren Gleichungen

Bei der Erzeugung der Normalform wurde jede Gleichung für sich alleine betrachtet. Die Manipulation erfolgt also ohne Berücksichtigung des Umfelds. Stroiczek sieht darin folgenden Nachteil:

„Hieraus resultiert eine Spezifikation, die verschiedenartige Abbildungsvarianten enthält, die durch Kommunikationsgleichungen miteinander verbunden sind. Die Reduktion der Abbildungsstrategien vermindert den Kommunikationsaufwand und stellt somit eine Optimierung der Spezifikation dar." [Str91b].

Er schlägt ein Verfahren zur Ersetzung von Bezeichnern innerhalb verschiedener Gleichungsschablonen vor [Str91b].

Kapitel 7

Abstrakt spezifizierte Algorithmen

Die nachfolgend spezifizierten Algorithmen stellen eine charakteristische Auswahl datenparalleler, rechen- und kommunikationsintensiver Rechenanwendungen dar. Auf Aspekte der Ein-Ausgabe oder spezifischer Betriebssystemeigenschaften wird absichtlich keine Rücksicht genommen, da Prozeßparallelität und interaktives Verhalten von Prozessen eine andere Abstraktionsebene betreffen.
Alle Spezifikationen beschränken sich auf statische Problemstellungen mit regulärer Kommunikation. Zielgruppe für ASL ist damit hauptsächlich der ingenieur- und naturwissenschaftliche Bereich mit seinen vorwiegend numerischen Aufgaben. Viele strömungsmechanische, physikalische oder medizinische Anwendungen (Optik, EEG, etc.) lassen sich auf eine Auswahl von Kernanforderungen reduzieren. ASL bietet dafür die Grundlage, diese Kernanforderungen nur auf mathematische Grundlagen basierend zu spezifizieren. Eine einmalige Spezifikation kann dann für verschiedene Problemgrößen und Rechnerarchitekturen entsprechend der Eigenschaften von ASL verwendet werden. Einige typische Zielgruppen für ASL sind damit:

- Strömungsmechanik (Luft, Wasser, Silizium, etc.)

- Physik (Elektrische Teilchen, Optik, etc.)

- Medizin (EEG, EKG, Computertomographie, etc.)

- Mustererkennung (FFT, Merkmalselektion, Merkmalidentifikation, etc.)

Auf die abstrakte ASL-Spezifikation aufbauend ist die automatische Generierbarkeit des Zielprogramms mit der Wahl einer Problemgröße und eines Parallelrechners möglich [Tha89], [Str91a], [Gut91]. Dazu wird zuerst die ASL-Normalform erzeugt, in der alle Berechnungs- und Kommunikationsgleichungen getrennt sind. Anschließend erfolgen zahlreiche Analysen, um das Problem effizient auf die Hardware abzubilden. Im nächsten Kapitel sind dazu einige Beispiele für das Mapping auf verschiedene parallele Architekturen erläutert.

Die hier angeführten Beispiele sind erste Vorschläge und sollen prinzipiell Abstraktion, Mechanismen und Vorgehensweise verdeutlichen. Sie wurden im Rahmen des

Möglichen auf Korrektheit überprüft, auf formale Korrektheitsbeweise wird aber an dieser Stelle verzichtet. Da momentan noch nicht alle Transformationen automatisch möglich sind, sind auch noch nicht alle Algorithmen in der Praxis verifiziert. Wie bereits erwähnt, sollen daher die folgenden Spezifikationen die grundlegende Idee von ASL widerspiegeln und das besondere Augenmerk auf die Abstraktion der Algorithmen lenken, die eine gute Skalierbarkeit und Portabilität der Probleme auf die verschiedenen Architekturen erlauben. Folgende Beispiele werden in diesem Kapitel spezifiziert:

- Matrizenmultiplikation (Broadcasting und Datenvervielfachung)

- Matrixtransposition

- Matrixinversion

- Lösung von linearen Gleichungssystemen (Direkte Verfahren):

  - Gauß-Jordan-Algorithmus

- Behandlung von Tridiagonalmatrizen

- Lösung von linearen Gleichungssystemen (Iterative Verfahren):

  - Jacobi-Verfahren

  - Gauß-Seidel-Relaxation

  - CG-Verfahren

- Mehrgitterverfahren

- Sortierverfahren:

  - Odd-Even Transposition Sort

  - Batcher's Bitonisches Sortieren

- Fast Fourier Transformation (FFT)

- Chi-Quadrat-Methode

Neben der abstrakten problemgrößenunabhängigen Spezifikation wird stets auch die in der ersten Phase automatisch transformierte Spezifikation mit fester Problemgröße aufgeführt, die sogenannte ASL-Normalform. Damit soll verdeutlicht werden, wie die ersten Transformationen arbeiten und welche Freiheitsgrade durch Problemgrößenunabhängigkeit erreicht werden können. An vier Stellen wird allerdings auf die Normalform verzichtet, da sich diese jeweils bis über fünf Seiten erstrecken bzw. keine wesentlichen neuen Informationen beitragen. Diese Normalformen beziehen sich auf die Beispiele über die Behandlung von Tridiagonalmatrizen, die Gauß-Seidel-Relaxation, das CG-Verfahren und die FFT.

7.1 Matrizenmultiplikation

Die Matrizenmultiplikation ist eine fundamentale Komponente in vielen numerischen Berechnungen. Sie dient dabei meist als eine Funktion, die immer wieder benötigt wird und sollte daher möglichst schnell und effizient Ergebnisse liefern. Vor allem ein schnelles Berechnen bei sehr großen Matrizen ist dabei ein zeitaufwendiges Unterfangen. Beim sequentiellen Vorgehen hat die Zeitkomplexität von quadratischen Matrizen der Dimension N eine Größe von $O(N^3)$. Dies läßt sich durch geschickte Algorithmen, wie dem Verfahren von Strassen, bis auf auf Werte von $O(N^{2.376})$ reduzieren [Erh90]. Für parallele Algorithmen sind solche Komplexitätsmaße als eher schlecht anzusehen. Sie erlauben Berechnungen in der Größenordnung bis $O(ldN)$. Im folgenden werden hierzu zwei Ansätze vorgestellt, zum einen die Datenvervielfachung und zum anderen das Staggering, bei dem ein Verschieben der Daten vorgenommen wird.

7.1.1 Datenvervielfachung (Broadcasting)

Die hier verwendete Technik wird im allgemeinen als Parallelisierung durch Vervielfachung der Daten bezeichnet. Hierbei werden Schritte, für die eine gleiche Untermenge der Matrix-Komponenten (z.B. Zeilen-, Spaltenvektor) benötigt wird, zu einem parallelen Schritt zusammengefaßt. Die entsprechenden Daten werden durch Benutzung von Broadcast-Funktionen verschiedenen Prozessoren gleichzeitig zur Verfügung gestellt. Dies bedeutet konkret, daß durch das Verteilen eines Datums auf mehrere Prozessoren und einem anschließenden Rechenschritt parallele Verarbeitung erreicht werden kann [Erh90].

Die ASL-Spezifikation 7.1 zeigt die parallele Matrizenmultiplikation mit Hilfe von Datenvervielfachung. Die Dimensionen der Matrizen A, B und C für die Matrizenmultiplikation $C = A * B$ sind durch die größenbestimmenden Parameter N, M und L vorgegeben. Konkret bedeutet das für jede Matrix: $A = (N \times M)$, $B = (M \times L)$ und $C = (N \times L)$. Dies erlaubt die Multiplikation beliebig großer Matrizen nach der bekannten Methode für die Koeffizienten c_{ij}:

$$c_{ij} = \sum_{k=1}^{M} a_{ik} b_{kj} \qquad 1 \leq i \leq N, \quad 1 \leq j \leq L$$

Als erstes werden die zu multiplizierenden Matrizen A und B eingelesen und aus ihnen mit Hilfe von Broadcasts Hilfsmatrizen erzeugt. Aus der Matrix A entstehen M Matrizen mit identischen Spalten und aus B entstehen M Matrizen mit identischen Zeilen. Diese Hilfsmatrizen werden für alle k ($k = 1, \ldots, M$) elementweise multipliziert und auf eine anfänglich mit Null vorbesetzte Ergebnismatrix C addiert. Nach M Rechenschritten liegt schließlich das Ergebnis der Matrizenmultiplikation in der Matrix C vor.

```
ALGORITHM  mmbroad
DEFINE
    DEFAULT
        FLOAT;
    INT
        i, j, k;
    DECLARE
        N = $1;
        M = $2;
        L = $3;
EQUATIONS
```

$$c1(i,j,k) = a(i,k) * b(k,j) + c1(i,j,k-1) :$$
$$\{i = 1..N\}, \{j = 1..L\}, \{k = 1..M\};$$
$$c1(i,j,0) = 0 : \{i = 1..N\}, \{j = 1..L\};$$
$$c(i,j) = c1(i,j,N) : \{i = 1..N\}, \{j = 1..L\};$$

```
INPUT
```

$$a(i,j) : \{i = 1..N\}, \{j = 1..M\};$$
$$b(i,j) : \{i = 1..M\}, \{j = 1..L\};$$

```
COMPUTE
```

$$c(i,j) : \{i = 1..N\}, \{j = 1..L\}.$$

Spezifikation 7.1 *ASL-Spezifikation: Matrizenmultiplikation durch Datenvervielfachung*

Wir betrachten den Algorithmus am Beispiel der Multiplikation von (2×2)-Matrizen:

$$A = \begin{pmatrix} a_{11} & a_{12} \\ a_{21} & a_{22} \end{pmatrix} \qquad B = \begin{pmatrix} b_{11} & b_{12} \\ b_{21} & b_{22} \end{pmatrix}$$

1.Schritt:

$$A' = \begin{pmatrix} a_{11} & a_{11} \\ a_{21} & a_{21} \end{pmatrix} \qquad B' = \begin{pmatrix} b_{11} & b_{12} \\ b_{11} & b_{12} \end{pmatrix} \qquad C = \begin{pmatrix} a_{11}b_{11} & a_{11}b_{12} \\ a_{21}b_{11} & a_{21}b_{12} \end{pmatrix}$$

2.Schritt:

$$A'' = \begin{pmatrix} a_{12} & a_{12} \\ a_{22} & a_{22} \end{pmatrix} \qquad B'' = \begin{pmatrix} b_{21} & b_{22} \\ b_{21} & b_{22} \end{pmatrix}$$

$$C = \begin{pmatrix} a_{11}b_{11} + a_{12}b_{21} & a_{11}b_{12} + a_{12}b_{22} \\ a_{21}b_{11} + a_{22}b_{21} & a_{21}b_{12} + a_{22}b_{22} \end{pmatrix}$$

Die Abbildung 7.2 zeigt den in ASL-Normalform transformierten Algorithmus. Als
Beispiel für die Bereichsangaben wurde N auf den Wert 16, L auf den Wert 32 und M
auf den Wert 24 gesetzt. Deutlich wird hierbei die Trennung von Kommunikation
und Berechnung. Zu den anfänglich drei Gleichungen der ASL-Spezifikation 7.1
sind nun drei weitere hinzugekommen. Sämtliche Terme, in denen Kommunikation
erforderlich ist, sind durch Terme mit gleichen Indexbereichen ersetzt worden. Die
neu entstandenen Terme beschreiben die Kommunikation.

```
ALGORITHM  mmbroad
DEFINE
    DEFAULT
        FLOAT;
    INT
        i, j, k;
EQUATIONS
    c1(i, j, k) = c2(i, j, k) * c3(i, j, k) + c4(i, j, k) :
                                              {i = 1..16}, {j = 1..32}, {k = 1..24};
    c4(i, j, k) = c1(i, j, k − 1) :           {i = 1..16}, {j = 1..32}, {k = 1..24};
    c3(i, j, k) = b(k, j) :                   {i = 1..16}, {j = 1..32}, {k = 1..24};
    c2(i, j, k) = a(i, k) :                   {i = 1..16}, {j = 1..32}, {k = 1..24};
    c1(i, j, 0) = 0 :                                    {i = 1..16}, {j = 1..32};
    c(i, j) = c1(i, j, 16) :                             {i = 1..16}, {j = 1..32};
INPUT
    a(i, j) : {i = 1..16}, {j = 1..24};
    b(i, j) : {i = 1..24}, {j = 1..32};
COMPUTE
    c(i, j) : {i = 1..16}, {j = 1..32}.
```

Spezifikation 7.2 *ASL-Normalform: Matrizenmultiplikation durch Datenvervielfachung*

In der ASL-Normalform 7.2 sind das die Gleichungen für die Terme $C2$, $C3$ und
$C4$, die automatisch erzeugt wurden. Die Terme $C2$ und $C3$ beschreiben Broadcasts und der Term $C4$ die Rekurrenz, die eine reine Speicherkommunikation im
Prozessorelement erfordert. Die einzige Gleichung, in der die eigentliche Berechnung der Matrizenmultiplikation erfolgt, ist die Gleichung für die Berechnung von
$C1$. Diese Aufteilung erbringt eine strikte Trennung von Kommunikations- und
Berechnungsgleichungen und ermöglicht eine gute Portabilität auf die verschieden-
sten Parallelrechnerarchitekturen. Bei einem späteren Mapping auf eine parallele
Topologie muß lediglich das entsprechende rechnerspezifische Kommunikationskon-
strukt eingefügt werden.

Für die Matrizenmultiplikation mit Datenvervielfachung eignen sich Topologien mit globalen Bussen sehr gut, da sie besonders wirkungsvolles Broadcasting erlauben. Ein Beispiel hierfür ist der Feldrechner DAP, der einen Zeilen- und eine Spalten-Bus zur Vefügung stellt. Dabei handelt es sich um Bus-Systeme, an die jeweils sämtliche Prozessorelemente einer Zeile bzw. Spalte angeschlossen sind, so daß die Datenvervielfachung entlang einer Dimension leicht möglich ist [ES92].

7.1.2　Staggering (Algorithmus von Cannon)

Der Algorithmus von Cannon zur Berechnung der Matrizenmultiplikation arbeitet mit einem Verschieben der Daten auf dem Prozessorfeld. Die Funktionsweise ist dem Vorgehen mit Datenvervielfachung ähnlich; der Unterschied liegt im Verschieben statt der Vervielfachung der Daten.

ALGORITHM mmstagg
DEFINE
   DEFAULT
      $FLOAT$;
   INT
      i, j, k;
   DECLARE
      $N = \$1$;
   RANGES
      $bereich1 : \{i = 0..N - 1\}, \{j = 0..N - 1\}$;
      $bereich2 : \{i = 0..N - 1\}, \{j = 0..N - 1\}, \{k = 1..N\}$;

EQUATIONS
    $a1(i, j, 0) = a(i, (j + i)\, MOD\, N) : \#bereich1$;
    $b1(i, j, 0) = b((i + j)\, MOD\, N, j) : \#bereich1$;
    $c1(i, j, 0) = a1(i, j, 0) * b1(i, j, 0) : \#bereich1$;
    $c1(i, j, k) = a1(i, (j + 1)\, MOD\, N, k - 1) * b1((i + 1)\, MOD\, N, j, k - 1) +$
        $c1(i, j, k - 1) : \#bereich2$;
    $c(i, j) = c1(i, j, N) : \#bereich1$;

INPUT
    $a(i, j) : \#bereich1$;
    $b(i, j) : \#bereich1$;

COMPUTE
    $c(i, j) : \#bereich1$.

Spezifikation 7.3 *ASL-Spezifikation: Matrizenmultiplikation durch Datenverschiebung*

Die Parallelisierung wird hier also durch abwechselnde Schiebe- und Rechenschritte erreicht. Der Aufwand für die Kommunikation liegt dabei in einer Größenordnung von O(N).

Die ASL-Spezifikation 7.3 zeigt die parallele Matrizenmultiplikation mit Hilfe von Datenverschiebung, dem sogenannten Staggering. Die Matrizen A, B und C sollen die Dimension $N \times N$ haben und können somit beliebige quadratische Größen haben. Nach dem Einlesen der zu multiplizierenden Matrizen werden diese modifiziert, indem zyklische „*Shifts*" auf den Zeilen bzw. Spalten der Datenfelder erfolgen. Diese Schiebevorgänge sind in der ASL-Spezifikation durch Additionen auf die Indizes i und j charakterisiert. Als erstes werden die Zeilen der Matrix A um jeweils $i - 1$ Schritte nach rechts und gleichzeitig die Spalten der Matrix B um $j - 1$ Schritte zyklisch nach unten geschoben. Anschließend werden diese beiden neu entstandenen Matrizen elementweise multipliziert und einer Ergebnismatrix $C1$ zugewiesen.

Im folgenden werden N-mal abwechselnd die Matrix A um eins nach rechts und die Matrix B um eins nach unten geschoben und das Ergebnis der elementweisen Multiplikationen der jeweiligen Matrizen auf die Ergebnismatrix $C1$ addiert.

Als einfaches Beispiel für das Staggering betrachten wir wieder (2×2)-Matrizen:

$$
A = \begin{pmatrix} a_{11} & a_{12} \\ a_{21} & a_{22} \end{pmatrix} \qquad
B = \begin{pmatrix} b_{11} & b_{12} \\ b_{21} & b_{22} \end{pmatrix}
$$

Nach Ausführung von Schritt 1 haben A und b die Form:

$$
A = \begin{pmatrix} a_{11} & a_{12} \\ a_{22} & a_{21} \end{pmatrix} \qquad
B = \begin{pmatrix} b_{11} & b_{22} \\ b_{21} & b_{12} \end{pmatrix} \qquad
C = \begin{pmatrix} a_{11}b_{11} & a_{12}b_{22} \\ a_{22}b_{21} & a_{21}b_{12} \end{pmatrix}
$$

Schritt 2:

$$
A = \begin{pmatrix} a_{12} & a_{11} \\ a_{21} & a_{22} \end{pmatrix} \qquad
B = \begin{pmatrix} b_{21} & b_{12} \\ b_{11} & b_{22} \end{pmatrix}
$$

$$
C = \begin{pmatrix} a_{11}b_{11} + a_{12}b_{21} & a_{12}b_{22} + a_{11}b_{12} \\ a_{22}b_{21} + a_{21}b_{11} & a_{21}b_{12} + a_{22}b_{22} \end{pmatrix}
$$

Im Beispiel wurde der größenbestimmende Parameter N auf den Wert 32 gesetzt. Auch hier wird wieder die Trennung von Kommunikation und arithmetischen Berechnungen deutlich. Insgesamt liegen sechs Kommunikationsgleichungen und zwei Berechnungsgleichungen vor, was allein schon die Notwendigkeit schneller Kommunikationsmöglichkeiten einer Parallelrechnerarchitektur aufzeigt.

Zum Teil liegt für den Zeitindex k wieder Speicher-Kommunikation vor, aber gewichtiger sind hier die Schiebe-Operationen bei den Raumindizes i und j. Hierzu sind besonders diejenigen Parallelrechnerarchitekturen gefragt, die schnelle lokale Nachbarschaftsverbindungen aufweisen.

ALGORITHM mmstagg

DEFINE

  DEFAULT

    $FLOAT$;

  INT

    i, j, k;

EQUATIONS

$$a1(i,j,0) = a(i,(j+i)\,MOD\ 32): \qquad \{i=0..31\},\{j=0..31\};$$
$$b1(i,j,0) = b((i+j)\,MOD\ 32,j): \qquad \{i=0..31\},\{j=0..31\};$$
$$c1(i,j,0) = a1(i,j,0)*b1(i,j,0): \qquad \{i=0..31\},\{j=0..31\};$$
$$c1(i,j,k) = a2(i,j,k)*b2(i,j,k) + c2(i,j,k):$$
$$\{i=0..31\},\{j=0..31\},\{k=1..32\};$$
$$c2(i,j,k) = c1(i,j,k-1): \qquad \{i=0..31\},\{j=0..31\},\{k=1..32\};$$
$$b2(i,j,k) = b1((i+1)\,MOD\ 32,j,k-1):$$
$$\{i=0..31\},\{j=0..31\},\{k=1..32\};$$
$$a2(i,j,k) = a1(i,(j+1)\,MOD\ 32,k-1):$$
$$\{i=0..31\},\{j=0..31\},\{k=1..32\};$$
$$c(i,j) = c1(i,j,32): \qquad \{i=0..31\},\{j=0..31\};$$

INPUT

$$a(i,j): \{i=0..31\},\{j=0..31\};$$
$$b(i,j): \{i=0..31\},\{j=0..31\};$$

COMPUTE

$$c(i,j): \{i=0..31\},\{j=0..31\}.$$

Spezifikation 7.4 *ASL-Normalform: Matrizenmultiplikation durch Datenverschiebung*

Darunter fallen u.a. die Mesh- und Hypercube-Topologien. Die NEWS-Netzwerke bei den Meshes (z.B. dem DAP) erlauben effiziente zyklische „*Shifts*" über das gesamte Prozessorfeld, was für das Staggering notwendig ist.
Aber auch Hypercubes mit ihrem relativ dichten Verbindungsnetzwerk – ein k-dimensionaler Hypercube hat k Nachbarschaftsverbindungen – sind gut geeignete Topologien für die Abbildung.

Dazu gibt es bereits mehrere Veröffentlichungen, wie z.B. die verschiedenen Abbildungstechniken der Matrizenmultiplikation auf die Connection Machine [Joh87] oder allgemeine Überlegungen zu Abbildungsmöglichkeiten auf Hypercubes [Ber89].

Die Abbildung 7.4 zeigt die ASL-Normalform des Algorithmus von Cannon.

7.2 Matrixtransposition

Hauptanwendungsgebiete für Matrixtranspositionen sind numerische Verfahren der linearen Algebra, aber auch insbesondere die Bildverarbeitung und die Fouriertransformation. Hierbei gilt es, eine Matrix der Struktur

$$A(N \times M) = (a_{ij}), \qquad 1 \le i \le N, \quad 1 \le j \le M$$

in die transponierte Form

$$A^T(M \times N) = (b_{ij}), \qquad 1 \le i \le M, \quad 1 \le j \le N$$

umzuordnen, so daß $b_{ij} = a_{ji}$.

```
ALGORITHM  mtrans
DEFINE
    DEFAULT
        FLOAT;
    INT
        i, j;
    DECLARE
        N = $1;
        M = $2;
    RANGES
        bereich : {i = 1..N}, {j = 1..M};
        bereicht : [i = 1..M], {j = 1..N};

EQUATIONS
    at(i, j) = a(j, i) : #bereicht;

INPUT
    a(i, j) : #bereich;

COMPUTE
    at(i, j) : #bereicht.
```

Spezifikation 7.5 *ASL-Spezifikation: Matrixtransposition*

Die ASL-Spezifikation 7.5 zeigt die abstrakte mathematische Formulierung der Idee der Matrixtransposition. Hierbei wird die Problematik des parallelen Zugriffs sowohl auf die Zeilen als auch auf die Spalten einer Matrix deutlich. Die dabei auftretenden Konflikte und Vermeidungsmöglichkeiten sind im Zusammenhang mit der parallelen Speicherorganisation und den Verbindungsnetzwerken zu sehen [Hos83].

```
ALGORITHM   mtrans
DEFINE
    DEFAULT
        FLOAT;
    INT
        i, j;
EQUATIONS
    at(i, j) = a(j, i) : {i = 1..32}, {j = 1..16};
INPUT
    a(i, j) : {i = 1..16}, {j = 1..32};
COMPUTE
    at(i, j) : {i = 1..32}, {j = 1..16}.
```

Spezifikation 7.6 *ASL-Normalform: Matrixtransposition*

In der ASL-Normalform 7.6 ist als Beispiel eine Matrix mit den Dimensionen 16×32 gewählt. Der Gleichungsteil der Spezifikation besteht aus nur einer Gleichung, die das Transponieren der Matrixkomponenten beschreibt.

Anstelle dieser Zuweisung von $at(i, j) = a(j, i)$ muß beim späteren Mapping ein rechnerabhängiges Kommunikationskonstrukt eingefügt werden. Eine geeignete Netzwerktopologie für die Matrixtransposition ist eine Struktur, die beispielsweise auf dem Perfect-Shuffle-Prinzip beruht.
Für einen Feldrechner, wie den DAP oder Maspar würde dies bedeuten, daß das NEWS-Netzwerk durch eine Perfect-Shuffle-Struktur ersetzt werden müßte, um ein effizientes Transponieren von Matrizen zu erreichen.

Eine weitere Möglichkeit, paralleles Transponieren zu erreichen, wurde von Schumann veröffentlicht [Hos83], wobei von einem Eingabe- und einem Ausgabeband mit abwechselnden Lese- und Schreibschritten ausgegangen wird.

7.3 Matrixinversion

Die Invertierung einer Matrix ist ein häufig auftretendes algebraisches Problem. Exakte Algorithmen, die direkt die inversen Werte der Matrix berechnen, sind meist relativ langsam, numerisch instabil und ineffizient was die Prozessorauslastungen betrifft.

Diese Probleme werden durch verschiedene iterative Verfahren beseitigt. Eines davon ist der im folgenden vorgestellte Algorithmus, der auf dem Iterationsverfahren von Newton basiert [Lei92].

```
ALGORITHM  mmbroadninv
DEFINE
    DEFAULT FLOAT;
    INT i, j, t, k;
    DECLARE
        N = $1;
        M = $2;
        L = $3;
        T = $4;
EQUATIONS
    c1(i, j, t, k) = a(i, k, t) * b(k, j, t) + c1(i, j, t, k − 1) :
                    {i = 1..N}, {j = 1..L}, {t = 1..T}, {k = 1..M};
    c1(i, j, t, 0) = 0 : {i = 1..N}, {j = 1..L}, {t = 1..T};
    c(i, j, t) = c1(i, j, t, N) : {i = 1..N}, {j = 1..L}, {t = 1..T};
INPUT
    a(i, j, t) : {i = 1..N}, {j = 1..M}, {t = 1..T};
    b(i, j, t) : {i = 1..M}, {j = 1..L}, {t = 1..T};
COMPUTE
    c(i, j, t) : {i = 1..N}, {j = 1..L}.
```

Spezifikation 7.7 *ASL-Spezifikation: Matrizenmultiplikation für die Matrizeninversion*

Die Vorgehensweise ist die, daß innerhalb von T Schritten die Inverse A^{-1} einer Matrix A approximativ berechnet wird. Dabei stellt die Matrix X_t die t-te Annäherung an die Inverse A^{-1} dar. Damit sieht der Iterationsschritt $t + 1$ folgendermaßen aus:

$$X_{t+1} = 2X_t − X_t A X_t$$

Wichtig ist dabei vor allem, einen guten Startwert X_0 zu wählen, damit das Verfahren auch konvergiert. Als günstiger Wert hat sich $X_0 = \frac{1}{m} A^T$ gezeigt, wobei m die Spur von $A^T A$ ist. Der Algorithmus hat auf einem $N \times N \times N$ Mesh-Netzwerk eine Komplexität von $O(log^2 N)$ Schritten [Lei92] und übertrifft damit weit das parallele Gauß-Jordan Verfahren, das $O(N)$ Schritte benötigt.

In der ASL-Spezifikation 7.8 werden als Eingabewerte neben der Matrix A, ihre Transponierte A^T und die Spur von $A^T A$ vorausgesetzt. Die Dimension der Matrix A ist durch den größenbestimmenden Parameter N variabel. Die Anzahl der Iterationen wird durch den Parameter T festgelegt.
Die im Algorithmus benötigte Matrizenmultiplikation kann in ihrer ursprünglichen Form mit einer kleinen Änderung durch das OBTAIN-Konstrukt benutzt werden. Dazu werden alle Terme in *mmbroad* mit dem Parameter t expandiert, was die

eigentliche Matrizenmultiplikation nicht beeinflußt. Die ASL-Spezifikation 7.7 zeigt diese erweiterte Matrizenmultiplikation.

ALGORITHM ninv
DEFINE
    DEFAULT
       $FLOAT$;
    INT
       i, j, t;
    DECLARE
       $N = \$1$;
       $T = \$2$;
    RANGES
       $matrix : \{i = 1..N\}, \{j = 1..N\}$;
       $iterationen : \{t = 1..T\}$;

EQUATIONS
    $x(i, j, 0) = 1/spur * a\_t(i, j) : \#matrix$;
    $x1(i, j, t) = 2 * x(i, j, t - 1) : \#matrix, \#iterationen$;
    $an(i, j, t) = a(i, j) : \#matrix, \#iterationen$;
    OBTAIN $x2(i, j, t) : \#matrix, \#iterationen$
    FROM $mmbroadninv(\$1, \$1, \$1, \$2)$
    WITH $x(i, j, t - 1), an(i, j, t) : \#matrix, \#iterationen$.
    OBTAIN $x3(i, j, t) : \#matrix, \#iterationen$
    FROM $mmbroadninv(\$1, \$1, \$1, \$2)$
    WITH $x2(i, j, t), x(i, j, t - 1) : \#matrix, \#iterationen$.
    $x(i, j, t) = x1(i, j, t) - x3(i, j, t) : \#matrix, \#iterationen$;
    $a\_inv(i, j) = x(i, j, T) : \#matrix$;

INPUT
    $a(i, j), a\_t(i, j) : \#matrix$;
    $spur$;

COMPUTE
    $a\_inv(i, j) : \#matrix$.

Spezifikation 7.8 *ASL-Spezifikation: Matrixinversion mit Newton-Iteration*

Die ASL-Normalform 7.8 hat dann eine rein monolithische Form, da die OBTAIN-Konstrukte automatisch aufgelöst wurden. Als Beispiel wurde die Dimension der Matrix auf 128×128 und die Anzahl der Iterationen auf 16 gesetzt.
Neben den automatisch erzeugten Kommunikationsgleichungen für die Matrizenmultiplikationen (siehe ASL-Normalform 7.2) sind nur Gleichungen entstanden, die den

Iterationsparameter t betreffen. Dies entspricht beispielsweise einer reinen Speicherkommunikation im Prozessorelement selbst. Als geeignete Parallelrechnerarchitektur bieten sich die gleichen Beispiele an, wie bei der Matrizenmultiplikation durch
Datenvervielfachung, also vor allem Mesh-Topologien mit NEWS-Netzwerken und
globalen Bussen.

ALGORITHM ninv

DEFINE

    DEFAULT

        $FLOAT$;

    INT

        i, j, t;

EQUATIONS

$$x(i,j,0) = 1/spur1(i,j) * a\_t(i,j) : \qquad \{i = 1..128\}, \{j = 1..128\};$$

$$spur1(i,j) = spur : \qquad \{i = 1..128\}, \{j = 1..128\};$$

$$x1(i,j,t) = 2 * x4(i,j,t) : \qquad \{i = 1..128\}, \{j = 1..128\}, \{t = 1..16\};$$

$$x4(i,j,t) = x(i,j,t-1) : \qquad \{i = 1..128\}, \{j = 1..128\}, \{t = 1..16\};$$

$$an(i,j,t) = a(i,j) : \qquad \{i = 1..128\}, \{j = 1..128\}, \{t = 1..16\};$$

$$x(i,j,t) = x1(i,j,t) - x3(i,j,t) : \qquad \{i = 1..128\}, \{j = 1..128\}, \{t = 1..16\};$$

$$a\_inv(i,j) = x(i,j,16) : \qquad \{i = 1..128\}, \{j = 1..128\};$$

$$a\_1(i,j,t) = x(i,j,t-1) : \qquad \{i = 1..128\}, \{j = 1..128\}, \{t = 1..16\};$$

$$b(i,j,t) = an(i,j,t) : \qquad \{i = 1..128\}, \{j = 1..128\}, \{t = 1..16\};$$

$$c1(i,j,t,k) = c2(i,j,t,k) * c3(i,j,t,k) + c6(i,j,t,k) :$$
$$\{i = 1..128\}, \{j = 1..128\}, \{t = 1..16\}, \{k = 1..128\};$$

$$c6(i,j,t,k) = c1(i,j,t,k-1) :$$
$$\{i = 1..128\}, \{j = 1..128\}, \{t = 1..16\}, \{k = 1..128\};$$

$$c3(i,j,t,k) = b(k,j,t) :$$
$$\{i = 1..128\}, \{j = 1..128\}, \{t = 1..16\}, \{k = 1..128\};$$

$$c2(i,j,t,k) = a\_1(i,k,t) :$$
$$\{i = 1..128\}, \{j = 1..128\}, \{t = 1..16\}, \{k = 1..128\};$$

$$c1(i,j,t,0) = 0 : \qquad \{i = 1..128\}, \{j = 1..128\}, \{t = 1..16\};$$

$$c(i,j,t) = c1(i,j,t,128) : \qquad \{i = 1..128\}, \{j = 1..128\}, \{t = 1..16\};$$

$$x2(i,j,t) = c(i,j,t) : \qquad \{i = 1..128\}, \{j = 1..128\}, \{t = 1..16\};$$

$$a\_2(i,j,t) = x2(i,j,t) : \qquad \{i = 1..128\}, \{j = 1..128\}, \{t = 1..16\};$$

$$b\_1(i,j,t) = x(i,j,t-1) : \qquad \{i = 1..128\}, \{j = 1..128\}, \{t = 1..16\};$$

$$c1\_1(i,j,t,k) = c4(i,j,t,k) * c5(i,j,t,k) + c\_(i,j,t,k) :$$
$$\{i = 1..128\}, \{j = 1..128\}, \{t = 1..16\}, \{k = 1..128\};$$

$$c\_(i,j,t,k) = c\_1(i,j,t,k-1) :$$
$$\{i = 1..128\}, \{j = 1..128\}, \{t = 1..16\}, \{k = 1..128\};$$

$$c5(i,j,t,k) = b\_1(k,j,t):$$
$$\{i = 1..128\}, \{j = 1..128\}, \{t = 1..16\}, \{k = 1..128\};$$
$$c4(i,j,t,k) = a\_2(i,k,t):$$
$$\{i = 1..128\}, \{j = 1..128\}, \{t = 1..16\}, \{k = 1..128\};$$
$$c1\_1(i,j,t,0) = 0: \qquad \{i = 1..128\}, \{j = 1..128\}, \{t = 1..16\};$$
$$c\_1(i,j,t) = c1\_1(i,j,t,128): \qquad \{i = 1..128\}, \{j = 1..128\}, \{t = 1..16\};$$
$$x3(i,j,t) = c\_1(i,j,t): \qquad \{i = 1..128\}, \{j = 1..128\}, \{t = 1..16\};$$

INPUT

$$a(i,j): \{i = 1..128\}, \{j = 1..128\};$$
$$a\_t(i,j): \{i = 1..128\}, \{j = 1..128\};$$
$$spur;$$

COMPUTE

$$a\_inv(i,j): \{i = 1..128\}, \{j = 1..128\}.$$

Spezifikation 7.9 *ASL-Normalform: Matrixinversion mit Newton-Iteration*

7.4 Gleichungssysteme: Direkte Verfahren

Das Lösen von (linearen) Gleichungssytemen ist ein für die Praxis sehr wichtiger Teil der linearen Algebra. Ein *direktes Verfahren* zur Lösung von $Ax = y$ ist ein Verfahren, das den Lösungsvektor x aus einer endlichen Zahl von Operationen mit Skalaren berechnet und dabei, abgesehen von Rundungsfehlern, die exakte Lösung liefert. Als Voraussetzung zur Lösbarkeit werden nur inhomogene Gleichungssysteme betrachtet, wobei die Determinante der Matrix A ungleich Null sein soll.

Eines der bekanntesten direkten Verfahren zur Lösung von linearen Gleichungssystemen ist der Gauß-Jordan-Algorithmus. Er basiert auf dem Verfahren der Gauß-Elimination, ist aber für Parallelrechner besser geeignet, da die Prozessoren beim Gauß-Jordan-Verfahren besser ausgelastet sind. Die Rechenzeit ist proportional zur Dimension des Gleichungssystems, d.h. für ein N-dimensionales Gleichungssystem sind N parallele Rechenschritte nötig.

Die ASL-Spezifikation 7.10 zeigt den Gauß-Jordan-Algorithmus ohne Pivotisierung. Eingabewerte sind die Matrix A und der Vektor y mit den Dimensionen $N \times N$ und N. In N Schritten wird sukzessiv jede Zeile normiert und danach entsprechend die restlichen Zeilen transformiert. Ein Normierungsschritt erfolgt immer dann, wenn der Zeilenindex i gleich dem Zeitindex k ist, sonst erfolgen Transformationsschritte. Als Resultat liegt schließlich auf der rechtem Seite der Lösungsvektor x vor.
Für die ASL-Normalform 7.11 wurde ein System mit 32 Gleichungen gewählt. Deutlich wird bei dieser Spezifikation vor allem die große Anzahl von verschiedenen Kommunikationsgleichungen. Sämtliche Terme aus dem Bedingungsteil der IF-Konstrukte sind auf alle Indizes erweitert worden, was einem Broadcast entspricht.

```
ALGORITHM  gj
DEFINE
    DEFAULT
        FLOAT;
    INT
        i, j, k;
    DECLARE
        N = $1;
EQUATIONS
    l(i, j, 0) = a(i, j) : {i = 1..N}, {j = 1..N};
    r(i, 0) = y(i) : {i = 1..N};
    l(i, j, k) = IF  i == k  THEN
                    l(i, j, k − 1)/l(i, k, k − 1)
                ELSE
                    l(i, j, k − 1) − l(i, k, k − 1) * l(k, j, k)  FI  :
                    {i = 1..N}, {j = 1..N}, {k = 1..N};
    r(i, k) = IF  i == k  THEN
                    r(i, k − 1)/l(i, k, k − 1)
              ELSE
                    r(i, k − 1) − l(i, k, k − 1) * r(k, k)  FI : {i = 1..N}, {k = 1..N};
    x(i) = r(i, N) : {i = 1..N};
INPUT
    a(i, j) : {j = 1..N}, {i = 1..N};
    y(i) : {i = 1..N};
COMPUTE
    x(i) : {i = 1..N}.
```

Spezifikation 7.10 *ASL-Spezifikation: Gauß-Jordan Verfahren*

Dadurch gibt es neue Kommunikationsgleichungen für die Terme i1, i2, k1 und k2. Weiterhin ist reine Speicherkommunikation notwendig, wie z.B. für den Term l3. Aber auch Datenverschiebungen treten auf, wie bei dem Term l2, bei dem der Wert von l(k,j,k) nach l2(i,j,k) geschoben wird.

Diese Vielzahl von Kommunikationsanforderungen erfordert effiziente lokale aber auch globale Kommunikationsmöglichkeiten. Wünschenswert ist dabei eine Parallelrechnertopologie, die ein dichtes Verbindungsnetzwerk aufweist.

Ein Beispiel dafür ist der N-dimensionale Hypercube, der pro Prozessorknoten N Kanten zu Nachbarknoten besitzt. Aber auch Mesh-Topologien eignen sich, sofern sie effiziente Broadcast-Möglichkeiten und schnelle Nachbarschaftsverbindungen besitzen. Ein Beispiel hierfür stellt der Maspar dar, der neben seinem X-Netzwerk einen globale Router zur Verfügung stellt.

ALGORITHM gj

DEFINE

    DEFAULT

        $FLOAT$;

    INT

        i, j, k;

EQUATIONS

$l(i,j,0) = a(i,j)$: $\{i = 1..32\}, \{j = 1..32\}$;

$r(i,0) = y(i)$: $\{i = 1..32\}$;

$l(i,j,k) =$ **IF** $i1(i,j,k) == k1(i,j,k)$ **THEN**

        $l3(i,j,k)/l1(i,j,k)$

        ELSE

        $l3(i,j,k) - l1(i,j,k) * l2(i,j,k)$ **FI** :

                                $\{i = 1..32\}, \{j = 1..32\}, \{k = 1..32\}$;

$l3(i,j,k) = l(i,j,k-1)$: $\{i = 1..32\}, \{j = 1..32\}, \{k = 1..32\}$;

$k1(i,j,k) = k$: $\{i = 1..32\}, \{j = 1..32\}, \{k = 1..32\}$;

$i1(i,j,k) = i$: $\{i = 1..32\}, \{j = 1..32\}, \{k = 1..32\}$;

$l2(i,j,k) = l(k,j,k)$: $\{i = 1..32\}, \{j = 1..32\}, \{k = 1..32\}$;

$l1(i,j,k) = l(i,k,k-1)$: $\{i = 1..32\}, \{j = 1..32\}, \{k = 1..32\}$;

$r(i,k) =$ **IF** $i2(i,k) == k2(i,k)$ **THEN**

        $r2(i,k)/l1(i,k)$

        ELSE

        $r2(i,k) - l1(i,k) * r1(i,k)$ **FI** : $\{i = 1..32\}, \{k = 1..32\}$;

$r2(i,k) = r(i,k-1)$: $\{i = 1..32\}, \{k = 1..32\}$;

$k2(i,k) = k$: $\{i = 1..32\}, \{k = 1..32\}$;

$i2(i,k) = i$: $\{i = 1..32\}, \{k = 1..32\}$;

$r1(i,k) = r(k,k)$: $\{i = 1..32\}, \{k = 1..32\}$;

$x(i) = r(i,32)$: $\{i = 1..32\}$;

INPUT

    $a(i,j) : \{j = 1..32\}, \{i = 1..32\}$;

    $y(i) : \{i = 1..32\}$;

COMPUTE

    $x(i) : \{i = 1..32\}$.

Spezifikation 7.11 *ASL-Normalform: Gauß-Jordan Verfahren*

7.5 Behandlung von Tridiagonalmatrizen

Tridiagonale Systeme stellen eine sehr wichtige Klasse von linear algebraischen Gleichungen dar. Sie treten häufig bei der Diskretisierung von Differentialgleichungen mit zweiten Ableitungen auf.
Beispiele dafür sind die Laplace-, Poisson- und Diffusions-Gleichung. Eine effiziente Methode zur Lösung solcher Gleichungssysteme spielt eine Schlüsselrolle in vielen wichtigen numerischen Algorithmen. Aus diesem Grund wurde die Lösung von tridiagonalen Gleichungen bereits sehr ausführlich in der Literatur diskutiert. Der folgende Algorithmus stammt von Hockney und Jesshope und stellt eine parallele Variante der zyklischen Reduktion dar [HJ88].

Tridiagonale Systeme von irreduziblen linearen Gleichungen $Ax = y$ haben folgende charakteristische Form:

$$\begin{pmatrix} b_1 & c_1 & & & & \\ a_2 & b_2 & c_2 & & & \\ & \cdots & & & & \\ & & \cdots & & & \\ & & & \cdots & & \\ & & & a_{n-1} & b_{n-1} & c_{n-1} \\ & & & & a_n & b_n \end{pmatrix} \begin{pmatrix} x_1 \\ x_2 \\ \cdot \\ \cdot \\ \cdot \\ \cdot \\ x_n \end{pmatrix} = \begin{pmatrix} y_1 \\ y_2 \\ \cdot \\ \cdot \\ \cdot \\ \cdot \\ y_n \end{pmatrix}$$

Die Matrix A besitzt nur Elemente auf der Haupt- und den zwei Nebendiagonalen, alle anderen Elemente haben den Wert Null. Eine Alternative zur obigen Matrizenschreibweise ist die folgende Gleichungsform:

$$a_i x_{i-1} + b_i x_i + c_i x_{i+1} = y_i, \qquad \text{i=1,\dots,n}$$

$$a_1 = c_n = x_0 = x_{n+1} = 0$$

Hieraus ist ersichtlich, daß alle ungeraden Unbekannten als eine Linearkombination der geraden Unbekannten ausgedrückt werden können. Somit werden die ungeradzahligen Unbekannten ausfaktorisiert und das System zur Hälfte der Größe auf die geradzahligen Unbekannten reduziert.

Diese Reduktion wird solange wiederholt, bis nur noch eine Unbekannte übrigbleibt. Nachdem diese bestimmt wurde, können alle anderen Unbekannten durch Rücksubstitution berechnet werden [CK91]. Hockney und Jesshope haben dieses allgemeine Prinzip der zyklischen Reduktion aufgegriffen und zur Lösung des n-dimensionalen Systems auf n Prozessoren eine parallele Variante entwickelt [HJ88].

Während der Reduktionsphase wird der Grad der Parallelität auf n gehalten, so daß bereits beim letzten Reduktionsschritt die Lösungen aller Variablen parallel vorliegen. Damit fällt die Phase der Rücksubstitution weg.

Das besondere an diesem Algorithmus ist, daß der Grad der Parallelität während der gesamten Rechenzeit konstant n ist, was für die n Prozessoren eine optimale Auslastung bedeutet.

Für den folgenden Algorithmus wird der Einfachheit wegen die Dimension von A auf $n = 2^k - 1$ mit $k \in N$ gesetzt. Damit sind k Reduktionsschritte notwendig, bis die n Lösungen vorliegen. Die ASL-Spezifikation 7.12 zeigt die abstrakte Formulierung des Algorithmus.

```
ALGORITHM  tridiag
DEFINE
      DEFAULT
            FLOAT;
      INT
            i, j;
      DECLARE
            k = $1;
            n = $2;
EQUATIONS
```

$$a1(i,0) = a(i) : \{i = 2..n\};$$
$$b1(i,0) = b(i) : \{i = 1..n\};$$
$$c1(i,0) = c(i) : \{i = 1..n - 1\};$$
$$y1(i,0) = y(i) : \{i = 1..n\};$$
$$a1(i,j) = 0 : \{i = 0, 1, n + 1), \{j = 0..k\};$$
$$b1(i,j) = 1 : \{i = 0, n + 1), \{j = 0..k\};$$
$$c1(i,j) = 0 : \{i = 0, n, n + 1), \{j = 0..k\};$$
$$y1(i,j) = 0 : \{i = 0, n + 1), \{j = 0..k\};$$
$$a1(i,j) = \textbf{IF } i < 2^{j-1} \textbf{ THEN } 0$$
$$\qquad \textbf{ELSE}$$
$$\qquad -a1(i,j-1) * a1(i - 2^{j-1}, j - 1)/b1(i - 2^{j-1}, j - 1) \textbf{ FI} :$$
$$\qquad \{i = 2..n\}, \{j = 1..k\};$$
$$b1(i,j) = \textbf{IF } i < 2^{j-1} \textbf{ THEN}$$
$$\qquad b1(i,j-1) - c1(i,j-1) * a1(i + 2^{j-1}, j - 1)/b1(i + 2^{j-1}, j - 1)$$
$$\qquad \textbf{ELSE } b2(i,j) \textbf{ FI} : \{i = 1..n\}, \{j = 1..k\};$$
$$b2(i,j) = \textbf{IF } i > n - 2^{j-1} \textbf{ THEN}$$
$$\qquad b1(i,j-1) - a1(i,j-1) * c1(i - 2^{j-1}, j - 1)/b1(i - 2^{j-1}, j - 1)$$
$$\qquad \textbf{ELSE}$$
$$\qquad b1(i,j-1) - a1(i,j-1) * c1(i - 2^{j-1}, j - 1)/b1(i - 2^{j-1}, j - 1) -$$
$$\qquad c1(i,j-1) * a1(i + 2^{j-1}, j - 1)/b1(i + 2^{j-1}, j - 1) \textbf{ FI} :$$
$$\qquad \{i = 1..n\}, \{j = 1..k\};$$
$$c1(i,j) = \textbf{IF } i > n - 2^{j-1} \textbf{ THEN } 0$$
$$\qquad \textbf{ELSE}$$
$$\qquad -c1(i,j-1) * c1(i + 2^{j-1}, j - 1)/b1(i + 2^{j-1}, j - 1) \textbf{ FI} :$$
$$\qquad \{i = 1..n - 1\}, \{j = 1..k\};$$

$$y1(i,j) = \textbf{IF } i < 2^{j-1} \textbf{ THEN}$$
$$y1(i,j-1) - c1(i,j-1) * y1(i+2^{j-1},j-1)/b1(i+2^{j-1},j-1)$$
$$\textbf{ELSE}$$
$$y2(i,j) \textbf{ FI} : \{i = 1..n\}, \{j = 1..k\};$$
$$y2(i,j) = \textbf{IF } i > n - 2^{j-1} \textbf{ THEN}$$
$$y1(i,j-1) - a1(i,j-1) * y1(i-2^{j-1},j-1)/b1(i-2^{j-1},j-1)$$
$$\textbf{ELSE}$$
$$y1(i,j-1) - a1(i,j-1) * y1(i-2^{j-1},j-1)/b1(i-2^{j-1},j-1) -$$
$$c1(i,j-1) * y1(i+2^{j-1},j-1)/b1(i+2^{j-1},j-1) \textbf{ FI} :$$
$$\{i = 1..n\}, \{j = 1..k\};$$
$$x(i) = y1(i,k)/b1(i,k) : \{i = 1..n\};$$

INPUT

$$a(i) : \{i = 2..n\};$$
$$b(i) : \{i = 1..n\};$$
$$c(i) : \{i = 1..n-1\};$$
$$y(i) : \{i = 1..n\};$$

COMPUTE

$$x(i) : \{i = 1..n\}.$$

Spezifikation 7.12 *ASL-Spezifikation: Lösung tridiagonaler Gleichungssysteme*

Anzumerken ist, daß Potenzausdrücke, wie 2^i, momentan gegen die ASL-Syntax verstoßen, da Potenzausdrücke nicht affin sind. Allerdings lassen sich diese Potenzen durch eine endliche Anzahl von affinen Ausdrücken ersetzen, was in einer zukünftigen Spracherweiterung automatisch erfolgen soll. Dies wird in diesem Beispiel bereits vorausgesetzt. Die in der Spezifikation verwendeten IF-Konstrukte sollen ein Über- oder Unterschreiten des Definitionsbereichs verhindern. Während der Index i ein Raumindex ist, stellt der Index j den Parameter dar, der rekurrent die Reduktionsschritte von $j = 1, \ldots, k$ beschreibt. Somit werden zyklisch die Werte für $a(i,j)$, $b(i,j)$, $c(i,j)$ und $y(i,j)$ bestimmt, so daß nach k Schritten direkt $x(i) = y(i,k)/b(i,k)$, $i = 1, \ldots, n$ berechnet werden kann.
Die ASL-Normalform wurde für dieses Beispiel nicht aufgeführt, da sie sich über mehrere Seiten erstreckt und keine wesentlichen neuen Informationen bringt.
Die auf den ersten Blick sicherlich naheliegendste Parallelrechnerarchitektur zur Lösung von Tridiagonalmatrizen ist ein lineares Feld von Prozessoren, wobei die Indizes der Matrizenelemente mit den Prozessorindizes übereinstimmen. Der Kommunikationsaufwand ist dabei allerdings relativ groß, da die zu berechnenden Elemente im j-ten Reduktionsschritt um 2^j, $j = 0, \ldots, k-1$ das Feld entlang „geshiftet" werden müssen.
Eine Alternative dazu ist das Mapping auf eine 2-dimensionale Mesh-Topologie mit k Prozessorelementen in jeder Dimension. Hierbei sinkt der Kommunikations-

aufwand, da die „*Shiftdistanz*" (bei zyklischen „*Shifts)*" eine maximale Größe von k beträgt [Joh87]. Eine weitere interessante Netzwerktopologie für die zyklische Reduktion sind vollständige binäre Bäume. Johnsson hat dazu einen Algorithmus zur Pfad-Einbettung veröffentlicht, der es ermöglicht, den maximalen Abstand zwischen zwei benachbarten Knoten auf dem Wert drei zu halten.
Weitere Verbesserungen bringen Shuffle-Exchange- und Perfect-Shuffle-Netzwerke. Ein vollständiger binärer Baum mit $2^k - 1$ Knoten kann so in ein Shuffle-Exchange-Netz abgebildet werden, daß die Abstände zwischen zwei benachbarten Knoten des Baums meistens nur zwei ist. Die größte Reduzierung des Kommunikationsaufwands läßt sich schließlich bei der Einbettung eines binären Baums in einen Hypercube erzielen. Dabei kann man einen binären Baum mit 2^k Knoten in einen 2k-dimensionalen Hypercube so abbilden, daß benachbarte Knoten des Baums nur einen Abstand von eins im Hypercube haben [Joh87].

7.6 Gleichungssysteme: Iterative Verfahren

Die Lösung partieller Differentialgleichungen spielt in den Natur- und Ingenieurwissenschaften eine große Rolle, allerdings ist ein direktes numerisches Lösen äußerst aufwendig. Die Diskretisierung dieser Gleichungen führt auf große lineare Gleichungssysteme, die im allgemeinen schwach besetzt sind, d.h. nur relativ wenige Koeffizienten sind von Null verschieden. Zu deren Lösung eignen sich iterative Verfahren wesentlich besser. Im Gegensatz zu den direkten Verfahren gehen die iterativen Verfahren von einer Näherungslösung für x aus und approximieren die Lösung von $Ax = y$ iterativ bis zur Erfüllung von Abbruchkriterien. Die Rechenzeit bei diesen Verfahren ist dabei im wesentlichen von der Konvergenzgeschwindigkeit der ausgewählten Algorithmen abhängig.

7.6.1 Jacobi-Relaxation (Gesamtschrittverfahren)

Bei der numerischen Lösung der zweidimensionalen Laplace-Differentialgleichung

$$\Delta f := \frac{\partial^2 f}{\partial x^2} + \frac{\partial^2 f}{\partial y^2} = 0$$

auf einem quadratischen Grundgebiet Ω mit der Randbedingung $f(x,y) = c(x,y)$ auf $\partial\Omega$ kommt man nach geeigneter Diskretisierung auf ein zweidimensionales Gitter zum Gleichungssystem:

$$x_{i,j} = \frac{1}{4}(x_{i-1,j} + x_{i+1,j} + x_{i,j+1} + x_{i,j-1}), \qquad 2 \le i \le N - 1, \quad 2 \le j \le N - 1$$

$$x_{i,j} = c_{i,j}, \qquad i,j \in \{1, N\}$$

Mit Hilfe der Jacobi-Relaxation läßt sich dieses Gleichungssystem lösen [Hos83]. Man geht von einer bekannten Näherungslösung von Schritt $t - 1$ aus und berechnet die neue Lösung im Schritt t.

```
ALGORITHM  jacobi
DEFINE
    DEFAULT
        FLOAT;
    INT
        i, j, t;
    DECLARE
        N = $1; /* Matrixgröße */
        T = $2; /* Anzahl der Iterationsschritte */
EQUATIONS
    /* Relaxationsschritt */
    x(i, j, t) = 0.25 * (x(i - 1, j, t - 1) + x(i + 1, j, t - 1) +
                    x(i, j - 1, t - 1) + x(i, j + 1, t - 1)) :
                    {i = 2..N - 1}, {j = 2..N - 1}, {t = 1..T};
    /* Vorbesetzung mit 'init' */
    x(i, j, 0) = init(i, j) : {i = 2..N - 1}, {j = 2..N - 1};
    /* Randwerte am Anfang */
    x(1, j, 0) = a(1, j) : {j = 1..N};
    x(N, j, 0) = a(N, j) : {j = 1..N};
    x(i, 1, 0) = a(i, 1) : {i = 2..N - 1};
    x(i, N, 0) = a(i, N) : {i = 2..N - 1};
    /* Die Randwerte bleiben unverändert */
    x(1, j, t) = x(1, j, t - 1) : {j = 1..N}, {t = 1..T};
    x(N, j, t) = x(N, j, t - 1) : {j = 1..N}, {t = 1..T};
    x(i, 1, t) = x(i, 1, t - 1) : {i = 2..N - 1}, {t = 1..T};
    x(i, N, t) = x(i, N, t - 1) : {i = 2..N - 1}, {t = 1..T};
    lsg(i, j) = x(i, j, T) : {i = 1..N}, {j = 1..N};
INPUT
    init(i, j) : {i = 2..N - 1}, {j = 2..N - 1};
    /* Randwerte */
    a(1, j), a(N, j) : {j = 1..N};
    a(i, 1), a(i, N) : {i = 2..N - 1};
COMPUTE
    /* komplettes Wertefeld nach T Iterationen */
    lsg(i, j) : {i = 1..N}, {j = 1..N}.
```

Spezifikation 7.13 *ASL-Spezifikation: Jacobi-Relaxation*

Nach T Iterationsschritten liegt schließlich die Näherungslösung vor. Die ASL-Spezifikation 7.13 geht von einem Startwert *init* aus, der alle Gitterpunkte, bis auf die Ränder, vorbesetzt. Die Randwerte bleiben während der gesamten Iterationen gleich.

ALGORITHM jacobi

DEFINE

    DEFAULT

        $FLOAT$;

    INT

        i, j, t;

EQUATIONS

$$x(i,j,t) = 0.25 * (x1(i,j,t) + x2(i,j,t) +$$
$$x3(i,j,t) + x4(i,j,t)):$$

$$\{i = 2..1023\}, \{j = 2..1023\}, \{t = 1..300\};$$

$x4(i,j,t) = x(i, j+1, t-1):$ $\{i = 2..1023\}, \{j = 2..1023\}, \{t = 1..300\};$

$x3(i,j,t) = x(i, j-1, t-1):$ $\{i = 2..1023\}, \{j = 2..1023\}, \{t = 1..300\};$

$x2(i,j,t) = x(i+1, j, t-1):$ $\{i = 2..1023\}, \{j = 2..1023\}, \{t = 1..300\};$

$x1(i,j,t) = x(i-1, j, t-1):$ $\{i = 2..1023\}, \{j = 2..1023\}, \{t = 1..300\};$

$x(i,j,0) = init(i,j):$ $\{i = 2..1023\}, \{j = 2..1023\};$

$x(1,j,0) = a(1,j):$ $\{j = 1..1024\};$

$x(1024,j,0) = a(1024,j):$ $\{j = 1..1024\};$

$x(i,1,0) = a(i,1):$ $\{i = 2..1023\};$

$x(i,1024,0) = a(i,1024):$ $\{i = 2..1023\};$

$x(1,j,t) = x(1,j,t-1):$ $\{j = 1..1024\}, \{t = 1..300\};$

$x(1024,j,t) = x(1024,j,t-1):$ $\{j = 1..1024\}, \{t = 1..300\};$

$x(i,1,t) = x(i,1,t-1):$ $\{i = 2..1023\}, \{t = 1..300\};$

$x(i,1024,t) = x(i,1024,t-1):$ $\{i = 2..1023\}, \{t = 1..300\};$

$lsg(i,j) = x(i,j,300):$ $\{i = 1..1024\}, \{j = 1..1024\};$

INPUT

    $init(i,j) : \{i = 2..1023\}, \{j = 2..1023\};$

    $a(1,j) : \{j = 1..1024\};$

    $a(1024,j) : \{j = 1..1024\};$

    $a(i,1) : \{i = 2..1023\};$

    $a(i,1024) : \{i = 2..1023\};$

COMPUTE

    $lsg(i,j) : \{i = 1..1024\}, \{j = 1..1024\}.$

Spezifikation 7.14 *ASL-Normalform: Jacobi-Relaxation*

In der ASL-Normalform 7.14 wurde die Matrixgröße N auf den Wert 1024 und die Anzahl der Iterationen T auf 300 gesetzt. Die Kommunikationsanforderungen zeigen sich in den neu entstandenen Gleichungen für die Ausdrücke x1, x2, x3 und x4.

Hier ist einerseits Speicherkommunikation nötig, da die Daten von Schritt $t-1$ verwendet werden, und andererseits lokale Nachbarschaftskommunikation bei den Indizes i und j. Die Abbildung der ursprünglichen zweidimensionalen Differentialgleichung auf ein quadratisches Gitter bedingt geradezu ein Mapping auf eine Mesh-Topologie.

Das Jacobi-Verfahren ist in diesem Fall einfach auf einem NEWS-Netzwerk (z.B. DAP) zu realisieren, da eben genau diese Kommunikationsmöglichkeiten bestehen. Allerdings besitzt das Verfahren eine geringe Konvergenzgeschwindigkeit und einen relativ hohen Speicheraufwand, da immer die Werte der t-ten und $t-1$-ten Iteration gespeichert werden müssen. Das im folgenden beschriebene Gauß-Seidel-Verfahren schafft da Verbesserungen.

7.6.2 Gauß-Seidel-Relaxation (Einzelschrittverfahren)

Die Gauß-Seidel-Relaxation ist dem Jacobi-Verfahren sehr ähnlich, nur daß bei der Berechnung des t-ten Schritts sowohl Werte der t-1-ten als auch der t-ten Iteration herangezogen werden. Dadurch wird der Speicherplatzbedarf halbiert und außerdem konvergiert das Verfahren meist schneller als die Jacobi-Relaxation [Erh90].

Ein Nachteil des Algorithmus ist seine eher sequentielle Natur (Einzelschrittverfahren), da nicht immer alle Prozessoren gleichzeitig aktiv sein können. Auf einem Feldrechner bedeutet dies, daß die Iterationen wellenförmig über das Prozessorfeld laufen. Abwechselnd werden immer die geraden und die ungeraden Punkte in zwei Iterationsstufen berechnet.
Dies läßt sich durch zwei schachbrettförmige Masken erreichen. Nach folgendem Schema läuft die Berechnung mit Punkt 1 am Anfang ab:

```
1  2  3  4  5  6  7
2  3  4  5  6  7
3  4  5  6  7
4  5  6  7
5  6  7
6  7
7
```

Die ASL-Spezifikation 7.15 macht diese Maskenbildung noch nicht deutlich. Sie wird erst beim Mapping auf die Hardware realisiert. Aus diesem Grund erscheint sowohl die ASL-Spezifikation als auch die ASL-Normalform dem Jacobi-Verfahren sehr ähnlich, weshalb die letztere auch nicht aufgeführt ist.

Geeignete Parallelrechnerarchitekturen stellen – wie beim Jacobiverfahren – die Mesh-Topologien dar, da sich ihre NEWS-Netzwerke gut für die Kommunikationsanforderungen des Gauß-Seidel-Verfahrens eignen. Die hauptsächliche Interprozessorkommunikation ist die direkte Nachbarschaftsverbindung. Sofern eine Architektur dafür effiziente Möglichkeiten bietet, läßt sich das Gauß-Seidel-Verfahren gut darauf abbilden.

ALGORITHM gs

DEFINE

    DEFAULT

        $FLOAT$;

    INT

        i, j, t;

    DECLARE

        $N = \$1$; /* Matrixgröße */

        $T = \$2$; /* Anzahl der Iterationsschritte */

EQUATIONS

    /* Relaxationsschritt */

$$x(i, j, t) = 0.25 * (x(i - 1, j, t) + x(i + 1, j, t - 1) \ +$$
$$x(i, j - 1, t) + x(i, j + 1, t - 1)) :$$
$$\{i = 2..N - 1\}, \{j = 2..N - 1\}, \{t = 1..T\};$$

    /* Vorbesetzung mit 'init' */

$$x(i, j, 0) = init(i, j) : \{i = 2..N - 1\}, \{j = 2..N - 1\};$$

    /* Randwerte am Anfang */

$$x(1, j, 0) = a(1, j) : \{j = 1..N\};$$
$$x(N, j, 0) = a(N, j) : \{j = 1..N\};$$
$$x(i, 1, 0) = a(i, 1) : \{i = 2..N - 1\};$$
$$x(i, N, 0) = a(i, N) : \{i = 2..N - 1\};$$

    /* Die Randwerte bleiben unverändert */

$$x(1, j, t) = x(1, j, t - 1) : \{j = 1..N\}, \{t = 1..T\};$$
$$x(N, j, t) = x(N, j, t - 1) : \{j = 1..N\}, \{t = 1..T\};$$
$$x(i, 1, t) = x(i, 1, t - 1) : \{i = 2..N - 1\}, \{t = 1..T\};$$
$$x(i, N, t) = x(i, N, t - 1) : \{i = 2..N - 1\}, \{t = 1..T\};$$
$$lsg(i, j) = x(i, j, T) : \{i = 1..N\}, \{j = 1..N\};$$

INPUT

$$init(i, j) : \{i = 2..N - 1\}, \{j = 2..N - 1\};$$

    /* Randwerte */

$$a(1, j), a(N, j) : \{j = 1..N\};$$
$$a(i, 1), a(i, N) : \{i = 2..N - 1\};$$

COMPUTE

    /* komplettes Wertefeld nach T Iterationen */

$$lsg(i, j) : \{i = 1..N\}, \{j = 1..N\}.$$

Spezifikation 7.15 *ASL-Spezifikation: Gauß-Seidel-Relaxation*

7.6.3   CG-Verfahren (Conjugate Gradient)

Der klassische Conjugate Gradient Algorithmus ist ein iterativer Algorithmus zur Lösung von Gleichungssystemen. Das folgende System von n^2 Gleichungen $Ax = b$ entsteht typischerweise bei 2-dimensionalen elliptischen partiellen Differentialgleichungen auf einem rechteckigen Bereich bei der Benutzung eines Diskretisierungsverfahrens auf einem Gitter mit n^2 Punkten. A ist eine symmetrische positiv definite Tridiagonalmatrix der Größe $n \times n$. Das CG-Verfahren basiert auf der Minimierung der Funktion $F(x) = x^T A x - 2b^T x$. Das Minimum ist die Lösung des linearen Gleichungssystems. Dies wird durch schrittweise Addition eines neuen Wertes p^l auf die Lösung x^l des vorherigen Iterationsschritts erreicht.

```
ALGORITHM  cg
DEFINE
    DEFAULT
        FLOAT;
    INT
        i, j, t;
    DECLARE
        N = $1;
        T = $2;
    RANGES
        bereich1 : {i = 1..N};
        bereich2 : {i = 1..N}, {t = 1..T};
        bereich3 : {i = 1..N}, {j = 1..N};

EQUATIONS
        r(i, 0) = b(i) - a1(i, 0) : #bereich1;
        OBTAIN a1(i, 0) : #bereich1
        FROM mvmult($1, $2)
        WITH a(i, j) : #bereich3;
             x0(i, 0) : #bereich1.
        p(i, 0) = r(i, 0) : #bereich1;
        z(i, 0) = p(i, 0) : #bereich1;
        OBTAIN q(i, 0) : #bereich1
        FROM mvmult($1, $2)
        WITH a(i, j) : #bereich3;
             p(i, 0) : #bereich1.
        OBTAIN zsk
        FROM skprod($1, $2)
        WITH z(i, 0), z(i, 0) : #bereich1.
```

OBTAIN qsk
FROM $skprod(\$1, \$2)$
WITH $q(i, 0), q(i, 0) : \#bereich1.$
$alfa(i, 0) = zsk/qsk : \#bereich1;$
$x(i, t) = x(i, t - 1) + alfa(i, t - 1) * p(i, t - 1) : \#bereich2;$
$r(i, t) = r(i, t - 1) - alfa(i, t - 1) * q(i, t - 1) : \#bereich2;$
OBTAIN $z(i, t) : \#bereich2$
FROM $mvmult(\$1, \$2)$
WITH $at(i, j) : \#bereich3;$
$\qquad r(i, t) : \#bereich2.$
OBTAIN $z1sk$
FROM $skprod(\$1, \$2)$
WITH $z(i, t), z(i, t) : \#bereich2.$
OBTAIN $z11sk$
FROM $skprod(\$1, \$2)$
WITH $z(i, t - 1), z(i, t - 1) : \#bereich2.$
$beta(i, t - 1) = z1sk/z11sk : \#bereich2;$
$p(i, t) = z(i, t) + beta(i, t - 1) * p(i, t - 1) : \#bereich2;$
OBTAIN $q(i, t) : \#bereich2$
FROM $mvmult(\$1, \$2)$
WITH $a(i, j) : \#bereich1;$
$\qquad p(i, t) : \#bereich2.$
OBTAIN $z2sk$
FROM $skprod(\$1, \$2)$
WITH $z(i, t), z(i, t) : \#bereich2.$
OBTAIN $q2sk$
FROM $skprod(\$1, \$2)$
WITH $q(i, t), q(i, t) : \#bereich2.$
$alfa(i, t) = z2sk/q2sk : \#bereich2;$
$loesung(i) = x(i, T) : \#bereich1;$

INPUT

$\qquad a(i, j) : \#bereich3; /* \text{Ausgangsmatrix A} */$
$\qquad at(i, j) : \#bereich3; /* \text{Transponierte von A} */$
$\qquad x0(i, 0) : \#bereich1; /* \text{Anfangsschätzung für x} */$

COMPUTE

$\qquad loesung(i) : \#bereich1.$

Spezifikation 7.16 *ASL-Spezifikation: Conjugate Gradient Verfahren*

Dies geschieht in der Art, daß x^{l+1} die beste Approximation der Lösung x im durch $x^0+p^0, x^0+p^1, \ldots, x^0+p^l$ aufgespannten Unterraum ist. Für den Fall, daß die Matrix positiv definit ist, ist garantiert, daß die exakte Lösung in maximal n Iterationen erreicht wird, da die p^i alle orthogonal zueinander sind. Durch eine günstige Vorkonditionierung kann dies beschleunigt werden. Das Verfahren konvergiert schneller, wenn die Matrix A eine geeignetere Form besitzt [ME91] [And88].

```
ALGORITHM  skprod
DEFINE
    DEFAULT
        FLOAT;
    INT
        i, t;
    DECLARE
        N = $1;
        T = $2;
    RANGES
        bereich : {i = 1..N}, {t = 1..T};

EQUATIONS
    c1(0, t) = 0 : {t = 1..T};
    c1(i, t) = a(i, t) * b(i, t) + c1(i - 1, t) : #bereich;
    c = c1(N, t) : {t = 1..T};

INPUT
    a(i, t) : #bereich;
    b(i, t) : #bereich;

COMPUTE
    c.
```

Spezifikation 7.17 *ASL-Spezifikation: Skalarprodukt*

Die ASL-Spezifikation 7.16 verwendet einen Algorithmus, der als Eingabe die Matrix A, die Transponierte A^T und eine Anfangsschätzung x_0 benötigt. Als Hilfsfunktionen werden das Skalarprodukt und die Multiplikation einer Matrix mit einem Vektor eingebunden. Diese Spezifikationen sind extern implementiert und können mit dem OBTAIN-Konstrukt verwendet werden. Das Skalarprodukt *skprod* und die Multiplikation *mvmult* sind noch durch den Iterationsparameter t erweitert worden, was aber die eigentlichen algebraischen Berechnungen nicht beeinflußt. Die ASL-Spezifikationen 7.17 und 7.18 sind im folgenden aufgeführt.
Die Multiplikation von Matrix und Vektor ist so spezifiziert, daß sie im Prinzip auf der Matrizenmultiplikation beruht. Die Spalten des Vektors werden vervielfacht, bis

aus dem Vektor eine quadratische Matrix entstanden ist. Nach der Matrizenmultiplikation, die auf der ASL-Spezifikation 7.1 beruht, wird dann die erste Spalte der Lösungsmatrix als Ergebnisvektor hergenommen.

ALGORITHM mvmult

DEFINE

    DEFAULT

      $FLOAT$;

    INT

      i, j, k, t;

    DECLARE

      $N = \$1$;

      $T = \$2$;

    RANGES

      $bereich1 : \{i = 1..N\}, \{j = 1..N\}, \{t = 1..T\}$;

      $bereich2 : \{i = 1..N\}, \{j = 1..N\}, \{t = 1..T\}, \{k = 1..N\}$;

EQUATIONS

    $b1(i, j, t) = b(i, t) : \#bereich1$;

    $a1(i, j, t) = a(i, j) : \#bereich1$;

    $c1(i, j, t, k) = a1(i, k, t) * b1(k, j, t) + c1(i, j, t, k - 1) : \#bereich2$;

    $c1(i, j, t, 0) = 0 : \#bereich1$;

    $cc(i, j, t) = c1(i, j, t, N) : \#bereich1$;

    $c(i, t) = cc(i, 1, t) : \#bereich1$;

INPUT

    $a(i, j) : \{i = 1..N\}, \{j = 1..N\}$;

    $b(i, t) : \{i = 1..N\}, \{t = 1..T\}$;

COMPUTE

    $c(i, t) : \{i = 1..N\}, \{t = 1..T\}$.

Spezifikation 7.18 *ASL-Spezifikation: Multiplikation Matrix-Vektor*

Auf die ASL-Normalform für das CG-Verfahren wurde an dieser Stelle verzichtet, da die Auflösung aller OBTAIN-Konstrukte eine Normalform von über fünf Seiten Länge mit sich brächte. Da das CG-Verfahren mehrmals die Multiplikation von Matrix und Vektor benötigt, sind etwa die gleichen Parallelrechnerarchitekturen geeignet wie bei der Matrizenmultiplikation. Entscheidend sind vor allem effiziente Broadcastmöglichkeiten, um globale Datenvervielfachungen vornehmen zu können. Günstig sind hierzu Mesh- und Hypercube-Topologien mit entsprechend globalen Kommunikationsmöglichkeiten.

7.7 Mehrgitterverfahren

Mehrgitterverfahren werden benutzt, um partielle Differentialgleichungssysteme auf numerischem Weg zu lösen. Herkömmliche iterative Verfahren, wie z.B. das Jacobi-Verfahren oder das Verfahren von Stone, glätten die Fehler mit einer Wellenlänge, die der Maschenweite des verwendeten Gitters entspricht, schnell und effizient. Nach dieser Glättung sinkt aber die Konvergenzrate für kleinere Fehlerfrequenzen stark ab. Die Mehrgittermethode umgeht dieses nachteilige Verhalten durch das Wechseln des Lösungsverfahrens auf ein gröberes Gitter. Auf diesem neuen Gitter entsprechen sich Maschenweiten und Wellenlängen wieder, so daß immer eine hohe Konvergenzrate vorliegt. Das Berechnungsschema wird als ein V-Zyklus bezeichnet, der sich aus folgenden drei Teilen zusammensetzt:

Restriktion: Interpolation der Zwischenlösung auf ein gröberes Gitter.

Glättung: Lösen des Gleichungssystems durch iterative Lösungsverfahren (z.B. Verfahren von Stone).

Prolongation: Interpolation des Berechnungsfehlers vom gröberem Gitter auf ein feineres Gitter und Addition dieses interpolierten Fehlers auf die Lösung des feinen Gitters.

7.7.1 Restriktion

Unter Restriktion versteht man die Interpolation der Lösung vom aktuellen feinen Gitter auf ein gröberes Gitter. Durch ein anschließendes Lösen der Gleichung auf diesem gröberen Gitter werden längerwellige Fehlerfrequenzen ausgefiltert.

```
ALGORITHM  restr
DEFINE
    DEFAULT
        FLOAT;
    INT
        x, y;
    DECLARE
        Nf = $1; /* Anzahl der feinen Gitterpunkte in x- und y-Richtung */
        Ng = $2; /* Anzahl der groben Gitterpunkte in x- und y-Richtung */
    RANGES
        active_innen : {x = 1..Nf - 2}, {y = 1..Nf - 2};
        active_grob : {x = 0..Ng - 1}, {y = 0..Ng - 1};
        active_innen_grob : {x = 1..Ng - 2}, {y = 1..Ng - 2};
```

EQUATIONS

$fi(x, y) = fiinp(2 * x + 1, 2 * y) : \#active\_innen\_grob;$

$fxf(x, y) = fxfinp(2 * x + 1, 2 * y) : \#active\_innen\_grob;$

$fyf(x, y) = fyfinp(2 * x + 1, 2 * y) : \#active\_innen\_grob;$

$/*Südrand*/$

$fig(x, y) =$ **IF** $x == Ng - 1$ AND $y > 0$ AND $y < Ng - 1$ **THEN**

$\qquad fxf(x, y - 1) * fi(x, y - 1) + (1 - fxf(x, y - 1)) * fi(x, y)$

$\qquad$ **ELSE**

$\qquad fig1(x, y)$ **FI** $: \#active\_grob;$

/* Nordrand */

$fig1(x, y) =$ **IF** $x == 0$ AND $y > 0$ AND $y < Ng - 1$ **THEN**

$\qquad fxf(x, y - 1) * fi(x, y - 1) + (1 - fxf(x, y - 1)) * fi(x, y)$

$\qquad$ **ELSE**

$\qquad fig2(x, y)$ **FI** $: \#active\_grob;$

/* Westrand */

$fig2(x, y) =$ **IF** $y == 0$ AND $x > 0$ AND $x < Ng - 1$ **THEN**

$\qquad fyf(x + 1, y) * fi(x + 1, y) + (1 - fyf(x + 1, y)) * fi(x, y)$

$\qquad$ **ELSE**

$\qquad fig3(x, y)$ **FI** $: \#active\_grob;$

/* Ostrand */

$fig3(x, y) =$ **IF** $y == Ng - 1$ AND $x > 0$ AND $x < Ng - 1$ **THEN**

$\qquad fyf(x + 1, y) * fi(x + 1, y) + (1 - fyf(x + 1, y)) * fi(x, y)$

$\qquad$ **ELSE**

$\qquad fig4(x, y)$ **FI** $: \#active\_grob;$

$fig4(x, y) = fxf(x + 1, y - 1) * (fyf(x + 1, y - 1) * fi(x + 1, y - 1) +$

$\qquad (1 - fyf(x + 1, y - 1)) * fi(x, y - 1)) +$

$\qquad (1 - fxf(x + 1, y - 1)) * (fyf(x + 1, y - 1) * fi(x + 1, y) +$

$\qquad (1 - fyf(x + 1, y - 1)) * fi(x, y)) : \#active\_grob;$

INPUT

/* Lösung des feinen Gitters */

$fiinp(x, y) : \#active\_innen;$

/* Interpolationsfaktoren des feinen Gitters */

$fxfinp(x, y), fyfinp(x, y) : \#active\_innen;$

COMPUTE

/* Lösung des groben Gitters */

$fig(x, y) : \#active\_grob.$

Spezifikation 7.19 *ASL-Spezifikation: Restriktion*

Die ASL-Spezifikation 7.19 hat dazu zwei größenbestimmende Parameter: Nf für die Anzahl der feinen Gitterpunkte einer Dimension und Ng entsprechend für die groben Gitterpunkte. Da hier von zwei-dimensionalen Gittern ausgegangen wird, bedeutet dies ein feines Gitter mit $Nf \times Nf$ Punkten und ein grobes Gitter mit $Ng \times Ng$ Punkten. Für den Größenunterschied zwischen beiden Gitterebenen gibt es eine allgemeine Regel, die eine effiziente Interpolation von fein nach grob und umgekehrt erlaubt (siehe Prolongation). Diese Formel lautet $Nf = 2 * Ng - 2$, was dann als Beispiel in der ASL-Normalform 7.20 für $Nf = 32$ und $Ng = 17$ bedeutet.

ALGORITHM restr

DEFINE

    DEFAULT

        $FLOAT$;

    INT

        x, y;

EQUATIONS

$$fi(x,y) = fiinp(2*x+1, 2*y): \qquad \{x = 1..15\}, \{y = 1..15\};$$
$$fxf(x,y) = fxfinp(2*x+1, 2*y): \qquad \{x = 1..15\}, \{y = 1..15\};$$
$$fyf(x,y) = fyfinp(2*x+1, 2*y): \qquad \{x = 1..15\}, \{y = 1..15\};$$
$$fig(x,y) = \textbf{IF } x1(x,y) == 16 \ AND \ y1(x,y) > 0 \ AND \ y2(x,y) < 16$$
$$\textbf{THEN } fxf1(x,y) * fi1(x,y) + (1 - fxf2(x,y)) * fi(x,y)$$
$$\textbf{ELSE } fig1(x,y) \textbf{ FI}: \qquad \{x = 0..16\}, \{y = 0..16\};$$
$$fxf2(x,y) = fxf(x, y-1): \qquad \{x = 0..16\}, \{y = 0..16\};$$
$$fi1(x,y) = fi(x, y-1): \qquad \{x = 0..16\}, \{y = 0..16\};$$
$$fxf1(x,y) = fxf(x, y-1): \qquad \{x = 0..16\}, \{y = 0..16\};$$
$$y2(x,y) = y: \qquad \{x = 0..16\}, \{y = 0..16\};$$
$$y1(x,y) = y: \qquad \{x = 0..16\}, \{y = 0..16\};$$
$$x1(x,y) = x: \qquad \{x = 0..16\}, \{y = 0..16\};$$
$$fig1(x,y) = \textbf{IF } x2(x,y) == 0 \ AND \ y3(x,y) > 0 \ AND \ y4(x,y) < 16$$
$$\textbf{THEN } fxf3(x,y) * fi2(x,y) + (1 - fxf4(x,y)) * fi(x,y)$$
$$\textbf{ELSE } fig2(x,y) \textbf{ FI}: \qquad \{x = 0..16\}, \{y = 0..16\};$$
$$fxf4(x,y) = fxf(x, y-1): \qquad \{x = 0..16\}, \{y = 0..16\};$$
$$fi2(x,y) = fi(x, y-1): \qquad \{x = 0..16\}, \{y = 0..16\};$$
$$fxf3(x,y) = fxf(x, y-1): \qquad \{x = 0..16\}, \{y = 0..16\};$$
$$y4(x,y) = y: \qquad \{x = 0..16\}, \{y = 0..16\};$$
$$y3(x,y) = y: \qquad \{x = 0..16\}, \{y = 0..16\};$$
$$x2(x,y) = x: \qquad \{x = 0..16\}, \{y = 0..16\};$$
$$fig2(x,y) = \textbf{IF } y5(x,y) == 0 \ AND \ x3(x,y) > 0 \ AND \ x4(x,y) < 16$$
$$\textbf{THEN } fyf1(x,y) * fi3(x,y) + (1 - fyf2(x,y)) * fi(x,y)$$
$$\textbf{ELSE } fig3(x,y) \textbf{ FI}: \qquad \{x = 0..16\}, \{y = 0..16\};$$
$$fyf2(x,y) = fyf(x+1, y): \qquad \{x = 0..16\}, \{y = 0..16\};$$
$$fi3(x,y) = fi(x+1, y): \qquad \{x = 0..16\}, \{y = 0..16\};$$

$$fyf1(x,y) = fyf(x+1,y) : \qquad \{x = 0..16\}, \{y = 0..16\};$$
$$x4(x,y) = x : \qquad \{x = 0..16\}, \{y = 0..16\};$$
$$x3(x,y) = x : \qquad \{x = 0..16\}, \{y = 0..16\};$$
$$y5(x,y) = y : \qquad \{x = 0..16\}, \{y = 0..16\};$$
$$fig3(x,y) = \textbf{IF } y6(x,y) == 16 \ AND \ x5(x,y) > 0 \ AND \ x6(x,y) < 16$$
$$\textbf{THEN } fyf3(x,y) * fi4(x,y) + (1 - fyf4(x,y)) * fi(x,y)$$
$$\textbf{ELSE } fig4(x,y) \ \textbf{FI} : \qquad \{x = 0..16\}, \{y = 0..16\};$$
$$fyf4(x,y) = fyf(x+1,y) : \qquad \{x = 0..16\}, \{y = 0..16\};$$
$$fi4(x,y) = fi(x+1,y) : \qquad \{x = 0..16\}, \{y = 0..16\};$$
$$fyf3(x,y) = fyf(x+1,y) : \qquad \{x = 0..16\}, \{y = 0..16\};$$
$$x6(x,y) = x : \qquad \{x = 0..16\}, \{y = 0..16\};$$
$$x5(x,y) = x : \qquad \{x = 0..16\}, \{y = 0..16\};$$
$$y6(x,y) = y : \qquad \{x = 0..16\}, \{y = 0..16\};$$
$$fig4(x,y) = fxf5(x,y) * (fyf5(x,y) * fi5(x,y) + (1 - fyf6(x,y)) * fi6(x,y)) \ +$$
$$(1 - fxf6(x,y)) * (fyf7(x,y) * fi7(x,y) \ +$$
$$(1 - fyf8(x,y)) * fi(x,y)) : \qquad \{x = 0..16\}, \{y = 0..16\};$$
$$fyf8(x,y) = fyf(x+1,y-1) : \qquad \{x = 0..16\}, \{y = 0..16\};$$
$$fi7(x,y) = fi(x+1,y) : \qquad \{x = 0..16\}, \{y = 0..16\};$$
$$fyf7(x,y) = fyf(x+1,y-1) : \qquad \{x = 0..16\}, \{y = 0..16\};$$
$$fxf6(x,y) = fxf(x+1,y-1) : \qquad \{x = 0..16\}, \{y = 0..16\};$$
$$fi6(x,y) = fi(x,y-1) : \qquad \{x = 0..16\}, \{y = 0..16\};$$
$$fyf6(x,y) = fyf(x+1,y-1) : \qquad \{x = 0..16\}, \{y = 0..16\};$$
$$fi5(x,y) = fi(x+1,y-1) : \qquad \{x = 0..16\}, \{y = 0..16\};$$
$$fyf5(x,y) = fyf(x+1,y-1) : \qquad \{x = 0..16\}, \{y = 0..16\};$$
$$fxf5(x,y) = fxf(x+1,y-1) : \qquad \{x = 0..16\}, \{y = 0..16\};$$

INPUT

$$fiinp(x,y) : \{x = 1..30\}, \{y = 1..30\};$$
$$fxfinp(x,y) : \{x = 1..30\}, \{y = 1..30\};$$
$$fyfinp(x,y) : \{x = 1..30\}, \{y = 1..30\};$$

COMPUTE

$$fig(x,y) : \{x = 0..16\}, \{y = 0..16\}.$$

Spezifikation 7.20 *ASL-Normalform: Restriktion*

Eingabewerte der Restriktion sind die Lösung des feinen Gitters *fiinp* und die Interpolationsfaktoren des feinen Gitters *fxfinp* für die x-Richtung und *fyfinp* für die y-Richtung. Als erstes werden diese Eingabewerte vom feinen auf das grobe Gitter projiziert und zwar jeder zweite Wert in beiden Dimensionen. Alle Folgeberechnungen finden dann auf dem groben Gitter statt.

Die allgemeine Berechnung der restringierten Lösung *fig* wird durch die Gleichung *fig4* erreicht, allerdings müssen noch als Sonderfälle alle Randwerte des Gitters berücksichtigt werden [Hor89]. Wie schon erwähnt ist in der ASL-Normalform 7.20 Nf auf den Wert 32 und Ng auf 17 gesetzt worden. Die hier augenscheinlich häufigste Kommunikationsart zwischen den Prozessoren ist lokale Nachbarschaftskommunikation. Durch Abbildung der Gitter auf zwei-dimensionale Prozessorfelder mit NEWS-Netzwerken lassen sich effiziente Ergebnisse erzielen. Parallelrechner, wie der DAP oder der Maspar, ermöglichen Datenverschiebungen über das gesamte Prozessorfeld, was bei Mehrgitterverfahren erforderlich ist. Haben die Gitter mehr Punkte als Prozessorelemente zur Verfügung, dann sind Partitionierungsstrategien nötig. Hier eignet sich das *Crinkling* [Erh90] besonders gut, da die Restriktion lokal in den Prozessoren möglich ist. Eine weitere effiziente parallele Topologie ist der Hypercube, der durch sein dichtes Verbindungsnetzwerk gute lokale Kommunikation zwischen benachbarten Prozessoren erlaubt.

7.7.2 Glättung

Im allgemeinen werden Mehrgitterverfahren zur Lösung großer linearer Gleichungssysteme mit schwach besetzten Matrizen benutzt. Das dazu verwendete Lösungsverfahren ist meist iterativ , wobei neben dem Jacobi- und Gauß-Seidel-Verfahren das Verfahren von Stone Anwendung findet.

```
ALGORITHM  sipsol
DEFINE
    DEFAULT
        FLOAT;
    INT
        x, y, l;
    DECLARE
        Ng = $1;
        ns = $2;
    RANGES
        active : {x = 0..Ng − 1}, {y = 0..Ng − 1};
        active_innen : {x = 1..Ng − 2}, {y = 1..Ng − 2};
        sweeps : {l = 1..ns};

EQUATIONS
        fi(x, y, 0) = fiinp(x, y) : #active_innen;
        /* Berechnung der B-Koeffizienten */
        small(x, y) = 0.00001 : #active;
```

$alfa(x,y) = 0.92 : \#active;$

$bw(x,y) = -aw(x,y)/(1 + (alfa(x,y) * bn(x,y-1))) : \#active\_innen;$

$bs(x,y) = -as(x,y)/(1 + (alfa(x,y) * be(x+1,y))) : \#active\_innen;$

$pom1(x,y) = alfa(x,y) * bw(x,y) * bn(x,y-1) : \#active\_innen;$

$pom2(x,y) = alfa(x,y) * bs(x,y) * be(x+1,y) : \#active\_innen;$

$bp(x,y) = 1/(ap(x,y) + pom1(x,y) + pom2(x,y) - bw(x,y) * be(x,y-1) -$
$\qquad bs(x,y) * bn(x+1,y) + small(x,y)) : \#active\_innen;$

$bn(x,y) = (-an(x,y) - pom1(x,y)) * bp(x,y) : \#active\_innen;$

$be(x,y) = (-ae(x,y) - pom2(x,y)) * bp(x,y) : \#active\_innen;$

/* Berechnung der Residuen und Aktualisierung des Vektors fi */

$res1(x,y,l) = an(x,y) * fi(x-1,y,l-1) +$
$\qquad as(x,y) * fi(x+1,y,l-1) +$
$\qquad ae(x,y) * fi(x,y+1,l-1) +$
$\qquad aw(x,y) * fi(x,y-1,l-1) +$
$\qquad su(x,y) - ap(x,y) * fi(x,y,l-1) : \#active\_innen, \#sweeps;$

$res2(x,y,l) = (res1(x,y,l) - bs(x,y) * res1(x+1,y,l) -$
$\qquad bw(x,y) * res1(x,y-1,l)) * bp(x,y) : \#active\_innen, \#sweeps;$

$res(x,y,l) = res2(x,y,l) - bn(x,y) * res2(x-1,y,l) -$
$\qquad be(x,y) * res2(x,y+1,l) : \#active\_innen, \#sweeps;$

$fi(x,y,l) = fi(x,y,l-1) + res(x,y,l) : \#active\_innen, \#sweeps;$

$fires(x,y) = fi(x,y,ns) : \#active\_innen;$

INPUT

$\qquad ap(x,y), an(x,y), as(x,y), aw(x,y), ae(x,y), su(x,y),$
$\qquad fiinp(x,y) : \#active\_innen;$

COMPUTE

$\qquad fires(x,y) : \#active\_innen.$

Spezifikation 7.21 *ASL-Spezifikation: SipSol*

Dieses Verfahren mit dem Namen SipSol (Semi Implicit SOLver) ist in der Lage, Bandmatrizen auf eine sehr effiziente Art zu lösen. Die Matrix A des Gleichungssystems $A\Phi = S$ wird in zwei Dreiecksmatrizen L und U zerlegt, was in der ASL-Spezifikation 7.21 durch die Berechnung der B-Koeffizienten realisiert wird.

Der nächste Schritt ist die Berechnung des Residuums und die Aktualisierung des Lösungsvektors Φ. Der eigentliche Algorithmus von Stone führt diesen Schritt sooft aus, bis ein bestimmtes Konvergenzkriterium unterschritten wird. Dazu ist programmiertechnisch ein WHILE-Konstrukt notwendig, was aber in ASL nicht zur Verfügung steht. Daher wird – wie bei den bisher aufgeführten iterativen Lösungsverfahren – eine feste Anzahl von Iterationen benutzt, um das System zu lösen.

Unter dem Residuum versteht man die Abweichung der approximierten rechten Seite der Gleichung von ihrem Sollwert nach dem n-ten Iterationsschritt: $Res = S - A\Phi^n$. Nach jedem dieser Schritte wird das Residuum auf den Lösungsvektor Φ addiert, bis bei der letzten Iteration das Ergebnis vorliegt.

ALGORITHM sipsol

DEFINE

    DEFAULT

        $FLOAT$;

    INT

        x, y, l;

EQUATIONS

$$fi(x,y,0) = fiinp(x,y): \qquad \{x = 1..15\}, \{y = 1..15\};$$

$$small(x,y) = 1e - 05: \qquad \{x = 0..16\}, \{y = 0..16\};$$

$$alfa(x,y) = 0.92: \qquad \{x = 0..16\}, \{y = 0..16\};$$

$$bw(x,y) = -aw(x,y)/(1 + (alfa(x,y) * bn1(x,y))):$$
$$\{x = 1..15\}, \{y = 1..15\};$$

$$bn1(x,y) = bn(x,y-1): \qquad \{x = 1..15\}, \{y = 1..15\};$$

$$bs(x,y) = -as(x,y)/(1 + (alfa(x,y) * be1(x,y))):$$
$$\{x = 1..15\}, \{y = 1..15\};$$

$$be1(x,y) = be(x+1,y): \qquad \{x = 1..15\}, \{y = 1..15\};$$

$$pom1(x,y) = alfa(x,y) * bw(x,y) * bn2(x,y): \qquad \{x = 1..15\}, \{y = 1..15\};$$

$$bn2(x,y) = bn(x,y-1): \qquad \{x = 1..15\}, \{y = 1..15\};$$

$$pom2(x,y) = alfa(x,y) * bo(x,y) * bc2(x,y): \qquad \{x = 1..15\}, \{y = 1..15\};$$

$$be2(x,y) = be(x+1,y): \qquad \{x = 1..15\}, \{y = 1..15\};$$

$$bp(x,y) = 1/(ap(x,y) + pom1(x,y) + pom2(x,y) - bw(x,y) * be3(x,y) -$$
$$bs(x,y) * bn3(x,y) + small(x,y)): \qquad \{x = 1..15\}, \{y = 1..15\};$$

$$bn3(x,y) = bn(x+1,y): \qquad \{x = 1..15\}, \{y = 1..15\};$$

$$be3(x,y) = be(x,y-1): \qquad \{x = 1..15\}, \{y = 1..15\};$$

$$bn(x,y) = (-an(x,y) - pom1(x,y)) * bp(x,y): \qquad \{x = 1..15\}, \{y = 1..15\};$$

$$be(x,y) = (-ae(x,y) - pom2(x,y)) * bp(x,y): \qquad \{x = 1..15\}, \{y = 1..15\};$$

$$res1(x,y,l) = res3(x,y,l) * fi1(x,y,l) + res4(x,y,l) * fi2(x,y,l) +$$
$$res5(x,y,l) * fi3(x,y,l) + res6(x,y,l) * fi4(x,y,l) +$$
$$res7(x,y,l) - res8(x,y,l) * fi5(x,y,l):$$
$$\{x = 1..15\}, \{y = 1..15\}, \{l = 1..10\};$$

$$fi5(x,y,l) = fi(x,y,l-1): \qquad \{x = 1..15\}, \{y = 1..15\}, \{l = 1..10\};$$

$$fi4(x,y,l) = fi(x,y-1,l-1): \qquad \{x = 1..15\}, \{y = 1..15\}, \{l = 1..10\};$$

$$fi3(x,y,l) = fi(x,y+1,l-1): \qquad \{x = 1..15\}, \{y = 1..15\}, \{l = 1..10\};$$

$$fi2(x,y,l) = fi(x+1,y,l-1): \qquad \{x = 1..15\}, \{y = 1..15\}, \{l = 1..10\};$$

$$fi1(x,y,l) = fi(x-1,y,l-1): \qquad \{x = 1..15\}, \{y = 1..15\}, \{l = 1..10\};$$

$$res8(x, y, l) = ap(x, y) : \qquad \{x = 1..15\}, \{y = 1..15\}, \{l = 1..10\};$$
$$res7(x, y, l) = su(x, y) : \qquad \{x = 1..15\}, \{y = 1..15\}, \{l = 1..10\};$$
$$res6(x, y, l) = aw(x, y) : \qquad \{x = 1..15\}, \{y = 1..15\}, \{l = 1..10\};$$
$$res5(x, y, l) = ae(x, y) : \qquad \{x = 1..15\}, \{y = 1..15\}, \{l = 1..10\};$$
$$res4(x, y, l) = as(x, y) : \qquad \{x = 1..15\}, \{y = 1..15\}, \{l = 1..10\};$$
$$res3(x, y, l) = an(x, y) : \qquad \{x = 1..15\}, \{y = 1..15\}, \{l = 1..10\};$$
$$res2(x, y, l) = (res1(x, y, l) - res9(x, y, l) * res14(x, y, l) \; -$$
$$res10(x, y, l) * res15(x, y, l)) * res11(x, y, l) :$$
$$\{x = 1..15\}, \{y = 1..15\}, \{l = 1..10\};$$
$$res15(x, y, l) = res1(x, y - 1, l) : \qquad \{x = 1..15\}, \{y = 1..15\}, \{l = 1..10\};$$
$$res14(x, y, l) = res1(x + 1, y, l) : \qquad \{x = 1..15\}, \{y = 1..15\}, \{l = 1..10\};$$
$$res11(x, y, l) = bp(x, y) : \qquad \{x = 1..15\}, \{y = 1..15\}, \{l = 1..10\};$$
$$res10(x, y, l) = bw(x, y) : \qquad \{x = 1..15\}, \{y = 1..15\}, \{l = 1..10\};$$
$$res9(x, y, l) = bs(x, y) : \qquad \{x = 1..15\}, \{y = 1..15\}, \{l = 1..10\};$$
$$res(x, y, l) = res2(x, y, l) - res12(x, y, l) * res16(x, y, l) \; -$$
$$res13(x, y, l) * res17(x, y, l) : \qquad \{x = 1..15\}, \{y = 1..15\}, \{l = 1..10\};$$
$$res17(x, y, l) = res2(x, y + 1, l) : \qquad \{x = 1..15\}, \{y = 1..15\}, \{l = 1..10\};$$
$$res16(x, y, l) = res2(x - 1, y, l) : \qquad \{x = 1..15\}, \{y = 1..15\}, \{l = 1..10\};$$
$$res13(x, y, l) = be(x, y) : \qquad \{x = 1..15\}, \{y = 1..15\}, \{l = 1..10\};$$
$$res12(x, y, l) = bn(x, y) : \qquad \{x = 1..15\}, \{y = 1..15\}, \{l = 1..10\};$$
$$fi(x, y, l) = fi6(x, y, l) + res(x, y, l) : \qquad \{x = 1..15\}, \{y = 1..15\}, \{l = 1..10\};$$
$$fi6(x, y, l) = fi(x, y, l - 1) : \qquad \{x = 1..15\}, \{y = 1..15\}, \{l = 1..10\};$$
$$fires(x, y) = fi(x, y, 10) : \qquad \{x = 1..15\}, \{y = 1..15\};$$

INPUT

$$ap(x, y) : \{x = 1..15\}, \{y = 1..15\};$$
$$an(x, y) : \{x = 1..15\}, \{y = 1..15\};$$
$$as(x, y) : \{x = 1..15\}, \{y = 1..15\};$$
$$aw(x, y) : \{x = 1..15\}, \{y = 1..15\};$$
$$ae(x, y) : \{x = 1..15\}, \{y = 1..15\};$$
$$su(x, y) : \{x = 1..15\}, \{y = 1..15\};$$
$$fiinp(x, y) : \{x = 1..15\}, \{y = 1..15\};$$

COMPUTE

$$fires(x, y) : \{x = 1..15\}, \{y = 1..15\}.$$

Spezifikation 7.22   *ASL-Normalform: Sipsol*

Die ASL-Spezifikation 7.21 benötigt als Eingabewerte die Koeffizienten der Bandmatrix A, die rechte Seite der Gleichung S und einen Startwert für den Lösungsvektor Φ. Der Parameter l ist ein Zeitindex, der die Iterationsschritte charakterisiert und hat den Wert ns als obere Schranke.

Die SipSol-Version ist hier für das grobe Gitter spezifiziert und soll längerwellige
Fehleranteile der Lösung glätten.
In der ASL-Normalform 7.22 ist die Anzahl der Iterationen ns auf den Wert 10
gesetzt. Da auf dem groben Gitter gearbeitet wird, ist der Wert von $Ng = 17$.
Die automatisch neu erzeugten Kommunikationsgleichungen erfordern hauptsächlich
Nachbarschaftsverbindungen und Speicherkommunikation. Daher sind, wie bei der
Restriktion, Mesh- und Hypercube-Topologien als Parallelrechner geeignet.

7.7.3 Prolongation

Im Rahmen der Prolongation wird die Differenz zwischen der geglätteten und der
ungeglätteten Lösung des groben Gitters auf das feine Gitter interpoliert. Dieser
Korrekturwert wird anschließend auf die Lösung des feinen Gitters addiert [Hor89].

```
ALGORITHM  prolong
DEFINE
    DEFAULT
        FLOAT;
    INT
        x, y;
    DECLARE
        Nf = $1;
        Ng = $2;
    RANGES
        active_grob : {x = 0..Ng − 1}, {y = 0..Ng − 1};
        active_innen_grob : {x = 1..Ng − 2}, {y = 1..Ng − 2};
        active_innen : {x = 1..Nf − 2}, {y = 1..Nf − 2};
        active : {x = 0..Nf − 1}, {y = 0..Nf − 1};
        fip : {x = 1..Ng − 1}, {y = 0..Ng − 2};
        fis : {x = 0..Ng − 2}, {y = 0..Ng − 2};
        fiw : {x = 1..Ng − 1}, {y = 1..Ng − 1};
        fisw : {x = 0..Ng − 2}, {y = 1..Ng − 1};

EQUATIONS
    /* Lösungsdifferenz auf grobem Gitter */
    diff(x, y) = figglatt(x, y) − figold(x, y) : #active_grob;
    fig(2 * x + 1, 2 * y) = diff(x, y) : #active_innen_grob;
    fx(2 * x + 1, 2 * y) = fxg(x, y) : #active_innen_grob;
    fy(2 * x + 1, 2 * y) = fyg(x, y) : #active_innen_grob;
    /* Hilfswerte */
```

$fy1\_w(x, y) = fy(x, y) * fyf(x + 1, y) : \#active;$

$fy1\_e(x, y) = fy(x, y + 1) * fyf(x + 1, y + 1) : \#active;$

$fy2\_w(x, y) = (1 - fy(x, y)) * (1 - fyf(x - 1, y)) : \#active;$

$fy2\_e(x, y) = (1 - fy(x, y + 1)) * (1 - fyf(x - 1, y + 1)) : \#active;$

$fx1\_s(x, y) = fx(x, y) * fxf(x, y - 1) : \#active;$

$fx1\_n(x, y) = fx(x - 1, y) * fxf(x - 1, y - 1) : \#active;$

$fx2\_s(x, y) = (1 - fx(x, y)) * (1 - fxf(x, y + 1)) : \#active;$

$fx2\_n(x, y) = (1 - fx(x - 1, y)) * (1 - fxf(x - 1, y + 1)) : \#active;$

$fi\_sw(x, y) = fy1\_w(x, y) * fig(x - 1, y) + (1 - fy1\_w(x, y)) * fig(x, y) : \#active;$

$fi\_se(x, y) = fy1\_e(x, y) * fig(x - 1, y + 1) + (1 - fy1\_e(x, y)) * fig(x, y - 1) : \#active;$

$fi\_nw(x, y) = fy2\_w(x, y) * fig(x, y) + (1 - fy2\_w(x, y)) * fig(x - 1, y) : \#active;$

$fi\_ne(x, y) = fy2\_e(x, y) * fig(x, y + 1) +$
$$(1 - fy2\_e(x, y)) * fig(x - 1, y + 1) : \#active;$$

$diff\_f(2 * x - 1, 2 * y) = fx1\_s(2 * x - 1, 2 * y) * fi\_se(2 * x - 1, 2 * y) +$
$$(1 - fx1\_s(2 * x - 1, 2 * y)) * fi\_sw(2 * x - 1, 2 * y) : \#fip;$$

$helpsued(2 * x - 1, 2 * y) = fx1\_n(2 * x - 1, 2 * y) * fi\_ne(2 * x - 1, 2 * y) +$
$$(1 - fx1\_n(2 * x - 1, 2 * y)) * fi\_nw(2 * x - 1, 2 * y) : \#fip;$$

$diff\_f(2 * x, 2 * y) = helpsued(2 * x + 1, 2 * y) : \#fis;$

$helpwest(2 * x - 1, 2 * y) = fx2\_s(2 * x - 1, 2 * y) * fi\_sw(2 * x - 1, 2 * y) +$
$$(1 - fx2\_s(2 * x - 1, 2 * y)) * fi\_se(2 * x - 1, 2 * y) : \#fip;$$

$diff\_f(2 * x - 1, 2 * y - 1) = helpwest(2 * x - 1, 2 * y - 2) : \#fiw;$

$helpsw(2 * x - 1, 2 * y) = fx2\_n(2 * x - 1, 2 * y) * fi\_nw(2 * x - 1, 2 * y) +$
$$(1 - fx2\_n(2 * x - 1, 2 * y)) * fi\_ne(2 * x - 1, 2 * y) : \#fip;$$

$diff\_f(2 * x, 2 * y - 1) = helpsw(2 * x + 1, 2 * y - 2) : \#fisw;$

/* Korrektur der Lösung auf feinem Gitter */

$fi(x, y) = fiold(x, y) + diff\_f(x, y) : \#active\_innen;$

INPUT

/* Ursprüngliche Lösung auf feinem Gitter */
$fiold(x, y) : \#active\_innen;$
/* Geglättete Lösung auf grobem Gitter */
$figglatt(x, y),$
/* Nichtgeglättete Lösung auf grobem Gitter */
$figold(x, y) : \#active\_grob;$
/* Interpolationsfaktoren grob und fein */
$fxg(x, y), fyg(x, y) : \#active\_innen\_grob;$
$fxf(x, y), fyf(x, y) : \#active\_innen;$

COMPUTE

$fi(x, y) : \#active\_innen.$

Spezifikation 7.23 *ASL-Spezifikation: Prolongation*

In der ASL-Spezifikation 7.23 sind folgende Eingabewerte nötig:

[*fiold:*] Die zu korrigierende Lösung auf dem feinen Gitter.

[*figglatt:*] Durch SipSol geglättete Lösung auf grobem Gitter.

[*figold:*] Nicht geglättete Lösung auf grobem Gitter.

[*fxg, fyg:*] Interpolationsfaktoren auf grobem Gitter.

[*fxf, fyf:*] Interpolationsfaktoren auf feinem Gitter.

Nachdem im Gleichungsteil der Spezifikation die zu interpolierende Differenz berechnet wird, müssen die Differenz und die groben Interpolationsfaktoren auf das feine Gitter abgebildet werden. Anschließend wird eine Folge von Hilfswerten berechnet, die zur Interpolation auf das feine Gitter benötigt wird. Die Differenz *diff_f* auf dem feinen Gitter ergibt sich schließlich in vier Schritten. Zuerst werden alle Punkte an den Stellen $(2 * x - 1, 2 * y)$ mit $x = 1 \ldots Ng - 1$ und $y = 0 \ldots Ng - 2$ für *diff_f*, *helpsued*, *helpwest* und *helpsw* berechnet. Danach wird *helpsued* allen Punkten von *diff_f* zugewiesen, die um eine Distanz nördlich von *helpsued* liegen. *Helpwest* wird allen Punkten von *diff_f* zugewiesen, die östlich von *helpwest* liegen und abschließend wird *helpsw* allen nordwestlich gelegenen *diff_f*-Punkten zugewiesen. Damit ist das gesamte Wertefeld von *diff_f* innerhalb von $x = 0 \ldots Nf - 1$ und $y = 0 \ldots Nf - 1$ berechnet und die Prolongation abgeschlossen. Als letzter Schritt bleibt noch die Addition von *diff_f* auf die Lösung des feinen Gitters. Die Summe wird dem Ausdruck *fi* zugewiesen, der für die korrigierte Lösung steht.

```
ALGORITHM  prolong
DEFINE
    DEFAULT  FLOAT;
    INT  x, y;

EQUATIONS
```

$$diff(x,y) = figglatt(x,y) - figold(x,y) : \qquad \{x = 0..16\}, \{y = 0..16\};$$
$$fig(2 * x + 1, 2 * y) = diff(x,y) : \qquad \{x = 1..15\}, \{y = 1..15\};$$
$$fx(2 * x + 1, 2 * y) = fxg(x,y) : \qquad \{x = 1..15\}, \{y = 1..15\};$$
$$fy(2 * x + 1, 2 * y) = fyg(x,y) : \qquad \{x = 1..15\}, \{y = 1..15\};$$
$$fy1\_w(x,y) = fy(x,y) * fyf1(x,y) : \qquad \{x = 0..31\}, \{y = 0..31\};$$
$$fyf1(x,y) = fyf(x+1,y) : \qquad \{x = 0..31\}, \{y = 0..31\};$$
$$fy1\_e(x,y) = fy1(x,y) * fyf2(x,y) : \qquad \{x = 0..31\}, \{y = 0..31\};$$
$$fyf2(x,y) = fyf(x+1,y+1) : \qquad \{x = 0..31\}, \{y = 0..31\};$$
$$fy1(x,y) = fy(x,y+1) : \qquad \{x = 0..31\}, \{y = 0..31\};$$
$$fy2\_w(x,y) = (1 - fy(x,y)) * (1 - fyf3(x,y)) : \qquad \{x = 0..31\}, \{y = 0..31\};$$

$$fyf3(x,y) = fyf(x-1,y): \qquad \{x = 0..31\}, \{y = 0..31\};$$
$$fy2\_e(x,y) = (1 - fy2(x,y)) * (1 - fyf4(x,y)): \qquad \{x = 0..31\}, \{y = 0..31\};$$
$$fyf4(x,y) = fyf(x-1,y+1): \qquad \{x = 0..31\}, \{y = 0..31\};$$
$$fy2(x,y) = fy(x,y+1): \qquad \{x = 0..31\}, \{y = 0..31\};$$
$$fx1\_s(x,y) = fx(x,y) * fxf1(x,y): \qquad \{x = 0..31\}, \{y = 0..31\};$$
$$fxf1(x,y) = fxf(x,y-1): \qquad \{x = 0..31\}, \{y = 0..31\};$$
$$fx1\_n(x,y) = fx1(x,y) * fxf2(x,y): \qquad \{x = 0..31\}, \{y = 0..31\};$$
$$fxf2(x,y) = fxf(x-1,y-1): \qquad \{x = 0..31\}, \{y = 0..31\};$$
$$fx1(x,y) = fx(x-1,y): \qquad \{x = 0..31\}, \{y = 0..31\};$$
$$fx2\_s(x,y) = (1 - fx(x,y)) * (1 - fxf3(x,y)): \qquad \{x = 0..31\}, \{y = 0..31\};$$
$$fxf3(x,y) = fxf(x,y+1): \qquad \{x = 0..31\}, \{y = 0..31\};$$
$$fx2\_n(x,y) = (1 - fx2(x,y)) * (1 - fxf4(x,y)): \qquad \{x = 0..31\}, \{y = 0..31\};$$
$$fxf4(x,y) = fxf(x-1,y+1): \qquad \{x = 0..31\}, \{y = 0..31\};$$
$$fx2(x,y) = fx(x-1,y): \qquad \{x = 0..31\}, \{y = 0..31\};$$
$$fi\_sw(x,y) = fy1\_w(x,y) * fig1(x,y) + (1 - fy1\_w(x,y)) * fig(x,y):$$
$$\{x = 0..31\}, \{y = 0..31\};$$
$$fig1(x,y) = fig(x-1,y): \qquad \{x = 0..31\}, \{y = 0..31\};$$
$$fi\_se(x,y) = fy1\_e(x,y) * fig2(x,y) + (1 - fy1\_e(x,y)) * fig3(x,y):$$
$$\{x = 0..31\}, \{y = 0..31\};$$
$$fig3(x,y) = fig(x,y-1): \qquad \{x = 0..31\}, \{y = 0..31\};$$
$$fig2(x,y) = fig(x-1,y+1): \qquad \{x = 0..31\}, \{y = 0..31\};$$
$$fi\_nw(x,y) = fy2\_w(x,y) * fig(x,y) + (1 - fy2\_w(x,y)) * fig4(x,y):$$
$$\{x = 0..31\}, \{y = 0..31\};$$
$$fig4(x,y) = fig(x-1,y): \qquad \{x = 0..31\}, \{y = 0..31\};$$
$$fi\_ne(x,y) = fy2\_e(x,y) * fig5(x,y) + (1 - fy2\_e(x,y)) * fig6(x,y):$$
$$\{x = 0..31\}, \{y = 0..31\};$$
$$fig6(x,y) = fig(x-1,y+1): \qquad \{x = 0..31\}, \{y = 0..31\};$$
$$fig5(x,y) = fig(x,y+1): \qquad \{x = 0..31\}, \{y = 0..31\};$$
$$diff\_f(2*x-1,2*y) = diff\_f1(x,y): \qquad \{x = 1..16\}, \{y = 0..15\};$$
$$diff\_f1(x,y) = fx3(x,y) * fi\_se1(x,y) + (1 - fx4(x,y)) * fi\_sw1(x,y):$$
$$\{x = 1..16\}, \{y = 0..15\};$$
$$fi\_sw1(x,y) = fi\_sw(2*x-1,2*y): \qquad \{x = 1..16\}, \{y = 0..15\};$$
$$fx4(x,y) = fx1\_s(2*x-1,2*y): \qquad \{x = 1..16\}, \{y = 0..15\};$$
$$fi\_se1(x,y) = fi\_se(2*x-1,2*y): \qquad \{x = 1..16\}, \{y = 0..15\};$$
$$fx3(x,y) = fx1\_s(2*x-1,2*y): \qquad \{x = 1..16\}, \{y = 0..15\};$$
$$helpsued(2*x-1,2*y) = helpsued1(x,y): \qquad \{x = 1..16\}, \{y = 0..15\};$$
$$helpsued1(x,y) = fx5(x,y) * fi\_ne1(x,y) + (1 - fx6(x,y)) * fi\_nw1(x,y):$$
$$\{x = 1..16\}, \{y = 0..15\};$$
$$fi\_nw1(x,y) = fi\_nw(2*x-1,2*y): \qquad \{x = 1..16\}, \{y = 0..15\};$$
$$fx6(x,y) = fx1\_n(2*x-1,2*y): \qquad \{x = 1..16\}, \{y = 0..15\};$$

$$fi\_ne1(x,y) = fi\_ne(2*x-1,2*y): \qquad \{x=1..16\}, \{y=0..15\};$$

$$fx5(x,y) = fx1\_n(2*x-1,2*y): \qquad \{x=1..16\}, \{y=0..15\};$$

$$diff\_f(2*x,2*y) = diff\_f2(x,y): \qquad \{x=0..15\}, \{y=0..15\};$$

$$diff\_f2(x,y) = helpsued(2*x+1,2*y): \qquad \{x=0..15\}, \{y=0..15\};$$

$$helpwest(2*x-1,2*y) = helpwest1(x,y): \qquad \{x=1..16\}, \{y=0..15\};$$

$$helpwest1(x,y) = fx7(x,y)*fi\_sw2(x,y) + (1-fx8(x,y))*fi\_se2(x,y):$$
$$\{x=1..16\}, \{y=0..15\};$$

$$fi\_se2(x,y) = fi\_se(2*x-1,2*y): \qquad \{x=1..16\}, \{y=0..15\};$$

$$fx8(x,y) = fx2\_s(2*x-1,2*y): \qquad \{x=1..16\}, \{y=0..15\};$$

$$fi\_sw2(x,y) = fi\_sw(2*x-1,2*y): \qquad \{x=1..16\}, \{y=0..15\};$$

$$fx7(x,y) = fx2\_s(2*x-1,2*y): \qquad \{x=1..16\}, \{y=0..15\};$$

$$diff\_f(2*x-1,2*y-1) = diff\_f3(x,y): \qquad \{x=1..16\}, \{y=1..16\};$$

$$diff\_f3(x,y) = helpwest(2*x-1,2*y-2): \qquad \{x=1..16\}, \{y=1..16\};$$

$$helpsw(2*x-1,2*y) = helpsw1(x,y): \qquad \{x=1..16\}, \{y=0..15\};$$

$$helpsw1(x,y) = fx9(x,y)*fi\_nw2(x,y) + (1-fx10(x,y))*fi\_ne2(x,y):$$
$$\{x=1..16\}, \{y=0..15\};$$

$$fi\_ne2(x,y) = fi\_ne(2*x-1,2*y): \qquad \{x=1..16\}, \{y=0..15\};$$

$$fx10(x,y) = fx2\_n(2*x-1,2*y): \qquad \{x=1..16\}, \{y=0..15\};$$

$$fi\_nw2(x,y) = fi\_nw(2*x-1,2*y): \qquad \{x=1..16\}, \{y=0..15\};$$

$$fx9(x,y) = fx2\_n(2*x-1,2*y): \qquad \{x=1..16\}, \{y=0..15\};$$

$$diff\_f(2*x,2*y-1) = diff\_f4(x,y): \qquad \{x=0..15\}, \{y=1..16\};$$

$$diff\_f4(x,y) = helpsw(2*x+1,2*y-2): \qquad \{x=0..15\}, \{y=1..16\};$$

$$fi(x,y) = fiold(x,y) + diff\_f(x,y): \qquad \{x=1..30\}, \{y=1..30\};$$

INPUT

$$fiold(x,y): \{x=1..30\}, \{y=1..30\};$$
$$figglatt(x,y): \{x=0..16\}, \{y=0..16\};$$
$$figold(x,y): \{x=0..16\}, \{y=0..16\};$$
$$fxg(x,y): \{x=1..15\}, \{y=1..15\};$$
$$fyg(x,y): \{x=1..15\}, \{y=1..15\};$$
$$fxf(x,y): \{x=1..30\}, \{y=1..30\};$$
$$fyf(x,y): \{x=1..30\}, \{y=1..30\};$$

COMPUTE

$$fi(x,y): \{x=1..30\}, \{y=1..30\}.$$

Spezifikation 7.24 *ASL-Normalform: Prolongation*

Für die ASL-Normalform 7.24 gilt prinzipiell das gleiche, wie für die Restriktion. Die Gittergrößen sind auf die gleichen Werte $Nf = 32$ und $Ng = 17$ gesetzt worden und die Kommunikationsgleichungen sind von der gleichen Art wie die der Restriktion.

7.8 Sortierverfahren

Effiziente Sortieralgorithmen sind heute in den meisten Softwarepaketen enthalten. Dies gilt insbesondere für Datenbanksysteme. Da die Rechenzeit eines Sortierverfahrens grundsätzlich von der Anzahl der zu sortierenden Elemente abhängig ist, gilt es vor allem bei sehr großen Datenfeldern die Rechenzeit zu minimieren. Wenn die Anzahl der zu sortierenden Ausdrücke allerdings nicht zu groß ist (weniger als 500 Elemente), dann kann ein elementarer Sortieralgorithmus sehr viel günstiger sein als ein komplexeres, schwer zu implementierendes Verfahren.

Beispiele dafür sind unter anderem Bubble Sort oder Quick Sort [Sed91], die für sequentielle Rechner mit den entsprechend kleinen Problemgrößen recht effiziente Ergebnisse liefern. Für große Datenfelder ist aber ein paralleler Ansatz durchaus lohnend, da die sogenannten 'Compare-Exchange-Schritte' parallel ablaufen können. Unter einem Compare-Exchange-Schritt (CE-Schritt) versteht man eine Vergleichs- und eine eventuell darauf folgende Vertauschoperation. Bei N Daten benötigt ein Verfahren wie Bubble Sort im Schnitt $\frac{N^2}{2}$ und Quick Sort $2N * ld(N)$ CE-Schritte. Für parallele Suchalgorithmen ist dagegen ein Wert in der Größe von N, wie er beim *Odd-Even Transposition Sort* auf einem linearen Prozessorfeld erreicht wird, bereits als schlecht anzusehen.

Im folgenden werden zwei Sortierverfahren für Parallelrechner spezifiziert. Zum einen das bereits genannte Odd-Even Transposition Sort, das einen beinahe schon historischen Ansatz für einen parallelen Algorithmus zum Sortieren eines linearen Datenfelds darstellt. Zum anderen wird ein komplexerer Algorithmus vorgestellt, nämlich Batchers bitonisches Sortieren.

7.8.1 Odd-Even Transposition Sort

Das parallele Sortierverfahren *Odd-Even Transposition Sort* basiert darauf abwechselnd geradzahlige und ungeradzahlige Datenfeldpositionen zu vergleichen und gegebenenfalls die Inhalte zu vertauschen. Bei diesem Verfahren wird im allgemeinen angenommen, daß die Daten in einem linearen Feld vorliegen und jeweils benachbarte Daten verglichen werden.

In N Schritten kann somit ein Feld mit N Werten sortiert werden. Manchmal wird dieser Algorithmus als eine parallele Form des bekannten Bubble Sort bezeichnet. Die Vorgehensweise des Verfahrens ist die, daß die Werte von Feld i und $i + 1$ innerhalb von Schritt t verglichen und eventuell vertauscht werden, wobei $i + 1$ ($1 \leq i < N, 1 \leq t \leq N$) geradzahlig sein muß [Lei92].
Die ASL-Spezifikation 7.25 sortiert beliebige Datenfelder der Größe N mit reellen Zahlenwerten. Als Eingabewert liegt die unsortierte Folge in Schritt Null vor, die dann sukzessiv in N Schritten sortiert wird.
Es gibt zwei CE-Gleichungen, die jeweils das aktuelle Datenfeld erneuern oder den alten Wert übernehmen. $CE1$ weist dem Feld i den kleineren Wert vom Feld $i + 1$ zu und $CE2$ umgekehrt den größeren Wert von $i - 1$ nach i.

```
ALGORITHM  oesort
DEFINE
    DEFAULT
        FLOAT;
    INT
        i, t;
    DECLARE
        N = $1;
    RANGES
        bereich : {i = 1..N}, {t = 1..N};

EQUATIONS
    a(i, 0) = unsort(i) : {i = 1..N};
    a(i, t) = IF ((i + t) MOD 2) == 0 THEN
            ce1(i, t)
            ELSE
            ce2(i, t) FI : #bereich;
    ce1(i, t) = IF (a(i, t − 1) > a(i + 1, t − 1)) AND i < N THEN
            a(i + 1, t − 1)
            ELSE
            a(i, t − 1) FI : #bereich;
    ce2(i, t) = IF (a(i, t − 1) < a(i − 1, t − 1)) AND i > 1 THEN
            a(i − 1, t − 1)
            ELSE
            a(i, t − 1) FI : #bereich;
    sort(i) = a(i, N) : {i = 1..N};

INPUT
    unsort(i) : {i = 1..N};

COMPUTE
    sort(i) : {i = 1..N}.
```

Spezifikation 7.25 *ASL-Spezifikation: Odd-Even Transposition Sort*

Das folgende Beispiel soll die Vorgehensweise des Algorithmus verdeutlichen. Wir betrachten eine Liste mit $N = 8$ Elementen: $7, 6, 8, 5, 3, 4, 1, 2$

In 8 Schritten wird die Folge aufsteigend sortiert. Die Pfeile in Tab. 7.1 zeigen an, welche Elemente jeweils verglichen und gegebenenfalls vertauscht werden.

In der ASL-Normalform 7.26 ist der Parameter N auf den Wert 32 gesetzt, d.h. es soll ein Datenfeld mit 32 Elementen sortiert werden.

ALGORITHM   oesort

DEFINE

   DEFAULT

      $FLOAT$;

   INT

      i, t;

  EQUATIONS

$$a(i, 0) = unsort(i) : \{i = 1..32\};$$
$$a(i, t) = \textbf{IF } ((i1(i,t) + t1(i,t)) \ MOD \ 2) == 0 \textbf{ THEN}$$
$$ce1(i, t)$$
$$\textbf{ELSE}$$
$$ce2(i, t) \textbf{ FI}: \qquad\qquad \{i = 1..32\}, \{t = 1..32\};$$
$$t1(i, t) = t : \qquad\qquad \{i = 1..32\}, \{t = 1..32\};$$
$$i1(i, t) = i : \qquad\qquad \{i = 1..32\}, \{t = 1..32\};$$
$$ce1(i, t) = \textbf{IF } (a1(i,t) > a2(i,t)) \ AND \ i2(i,t) < 32 \textbf{ THEN}$$
$$a3(i, t)$$
$$\textbf{ELSE}$$
$$a4(i, t) \textbf{ FI}: \qquad\qquad \{i = 1..32\}, \{t = 1..32\};$$
$$a4(i, t) = a(i, t-1) : \qquad\qquad \{i = 1..32\}, \{t = 1..32\};$$
$$a3(i, t) = a(i+1, t-1) : \qquad\qquad \{i = 1..32\}, \{t = 1..32\};$$
$$i2(i, t) = i : \qquad\qquad \{i = 1..32\}, \{t = 1..32\};$$
$$a2(i, t) = a(i+1, t-1) : \qquad\qquad \{i = 1..32\}, \{t = 1..32\};$$
$$a1(i, t) = a(i, t-1) : \qquad\qquad \{i = 1..32\}, \{t = 1..32\};$$
$$ce2(i, t) = \textbf{IF } (a5(i,t) < a6(i,t)) \ AND \ i3(i,t) > 1 \textbf{ THEN}$$
$$a7(i, t)$$
$$\textbf{ELSE}$$
$$a8(i, t) \textbf{ FI}: \qquad\qquad \{i = 1..32\}, \{t = 1..32\};$$
$$a8(i, t) = a(i, t-1) : \qquad\qquad \{i = 1..32\}, \{t = 1..32\};$$
$$a7(i, t) = a(i-1, t-1) : \qquad\qquad \{i = 1..32\}, \{t = 1..32\};$$
$$i3(i, t) = i : \qquad\qquad \{i = 1..32\}, \{t = 1..32\};$$
$$a6(i, t) = a(i-1, t-1) : \qquad\qquad \{i = 1..32\}, \{t = 1..32\};$$
$$a5(i, t) = a(i, t-1) : \qquad\qquad \{i = 1..32\}, \{t = 1..32\};$$
$$sort(i) = a(i, 32) : \qquad\qquad \{i = 1..32\};$$

INPUT

   $unsort(i) : \{i = 1..32\};$

COMPUTE

   $sort(i) : \{i = 1..32\}.$

Spezifikation 7.26 *ASL-Normalform: Odd-Even Transposition Sort*

Diese automatisch erzeugte Spezifikation enthält drei Arten von Kommunikationsgleichungen: Erstens können die Ausdrücke i1 und t1 durch Broadcasts berechnet werden, zweitens liegt Nachbarschaftskommunikation und drittens auch Speicherkommunikation vor.

Zum Beispiel wird für den Term $a1(i,t)$ nur der Wert des vorherigen Schritts benötigt, während der Term $a2(i,t)$ auch den Wert des Nachbarprozessors zugewiesen bekommt.

i	1		2		3		4		5		6		7		8
t=0:	7	↔	6		8	↔	5		3	↔	4		1	↔	2
t=1:	6		7	↔	5		8	↔	3		4	↔	1		2
t=2:	6	↔	5		7	↔	3		8	↔	1		4	↔	2
t=3:	5		6	↔	3		7	↔	1		8	↔	2		4
t=4:	5	↔	3		6	↔	1		7	↔	2		8	↔	4
t=5:	3		5	↔	1		6	↔	2		7	↔	4		8
t=6:	3	↔	1		5	↔	2		6	↔	4		7	↔	8
t=7:	1		3	↔	2		5	↔	4		6	↔	7		8
t=8:	1		2		3		4		5		6		7		8

Tabelle 7.1: Sortierverfahren

Die naheliegendste Parallelrechnerarchitektur ist bei diesem Sortierverfahren ein lineares Prozessorfeld. Aber auch ein Mapping auf eine Mesh-Topologie ist mit kleinen Änderungen möglich [KT77].

7.8.2 Batcher's Bitonisches Sortieren

Batcher's Bitonisches Sortieren ist ein paralleles Sortierverfahren, bei dem eine bitonische Sequenz in eine rein steigende Sequenz umgeordnet wird. Eine Sequenz $X = (x_1, x_2, \ldots, x_N)$ ist bitonisch, wenn es einen Index i gibt, mit $1 \leq i \leq N$, so daß $x_1 \leq x_2 \leq \ldots \leq x_i \geq x_{i+1} \geq \ldots \geq x_N$ oder die Sequenz kann so zyklisch verschoben werden, daß diese Bedingung erfüllt ist.

Jede beliebige Sequenz $Y = (y_1, \ldots, y_N)$ kann rekursiv sortiert werden, so daß sie aus einem steigenden Teil $(y_1, \ldots, y_{\frac{N}{2}})$ und einem fallenden Teil $(y_{\frac{N}{2}+1}, \ldots, y_N)$ besteht. Danach kann diese Sequenz mit Batcher's Algorithmus in eine steigende Ordnung gebracht werden [NS79].

In der folgenden ASL-Spezifikation 7.27 wird davon ausgegangen, daß ein Datenfeld der Größe N mit $N = 2^n$ als bitonische Sequenz vorliegt. Das Verfahren benötigt n Schritte und jeweils $\frac{N}{2}$ CE-Schritte, um das gesamte Datenfeld zu sortieren. Die zu sortierenden Daten werden mit a(i,s,p) bezeichnet, wobei p den Schritt, s die Nummer der Teilsequenz und i die Position des Datums innerhalb der Teilsequenz beschreibt. Innerhalb von n Schritten werden jeweils sukzessiv zwei sortierte Teilsequenzen zu sortierten Sequenzen doppelter Länge gemischt.

Somit liegen als Eingabe zu Beginn N „sortierte" Teilfolgen der Länge 1 vor und als Ausgabe schließlich eine sortierte Teilfolge der Länge N.

Zur Veranschaulichung soll folgende bitonische Sequenz der Länge $N = 8$ nach dem Algorithmus von Batcher sortiert werden: 2 5 7 8 6 4 3 1. Dazu sind $ld(N) = n = 3$ Schritte nötig, siehe Tab. 7.2.

ALGORITHM batcher

DEFINE

    DEFAULT

        $FLOAT$;

    INT

        i, t;

    DECLARE

        $N = \$1$;

        $n = \$2$;

    RANGES

        $bereich : \{i = 1..2^{p-1}\}, \{s = 1..2^{n-p}\}, \{p = 1..n\}$;

EQUATIONS

    $A(1, s, 0) = bitonisch(s) : \{s = 1..N\}$;

    $a(i, s, p) = $ **IF** $A(i, s, p - 1) < A(i, s + 2^{n-p}, p - 1)$ **THEN**

        $A(i, s, p - 1)$

        ELSE

        $A(i, s + 2^{n-p}, p - 1)$ **FI** $: \#bereich$;

    $a(i, s + 2^{n-p}, p) = $ **IF** $A(i, s, p - 1) > A(i, s + 2^{n-p}, p - 1)$ **THEN**

        $A(i, s, p - 1)$

        ELSE

        $A(i, s + 2^{n-p}, p - 1)$ **FI** $: \#bereich$;

    $A(2 * i - 1, s, p) = a(i, s, p) : \#bereich$;

    $A(2 * i, s, p) = a(i, s + 2^{n-p}, p) : \#bereich$;

INPUT

    $bitonisch(s) : \{s = 1..N\}$;

COMPUTE

    $A(i, 1, n) : \{i = 1..N\}$.

Spezifikation 7.27 *ASL-Spezifikation: Batcher's Bitonisches Sortieren*

In der ASL-Normalform 7.28 sind die Parameter N auf den Wert 32 und n auf 5 gesetzt worden. Das bedeutet, daß eine bitonische Sequenz der Länge 32 in 5 Schritten in eine steigende Reihenfolge sortiert wird.

```
ALGORITHM  batcher
DEFINE
    DEFAULT
        FLOAT;
    INT
        i, t;
EQUATIONS
```

$A(1, s, 0) = bitonisch(s) : \{s = 1..32\};$

$a(i, s, p) = $ **IF** $A1(i, s, p) < A2(i, s, p)$ **THEN**

$\qquad A3(i, s, p)$

ELSE

$\qquad A4(i, s, p)$ **FI** : $\qquad \{i = 1..2^{p-1}\}, \{s = 1..2^{5-p}\}, \{p = 1..5\};$

$A4(i, s, p) = A(i, s + 2^{5-p}, p - 1) : \qquad \{i = 1..2^{p-1}\}, \{s = 1..2^{5-p}\}, \{p = 1..5\};$

$A3(i, s, p) = A(i, s, p - 1) : \qquad \{i = 1..2^{p-1}\}, \{s = 1..2^{5-p}\}, \{p = 1..5\};$

$A2(i, s, p) = A(i, s + 2^{5-p}, p - 1) : \qquad \{i = 1..2^{p-1}\}, \{s = 1..2^{5-p}\}, \{p = 1..5\};$

$A1(i, s, p) = A(i, s, p - 1) : \qquad \{i = 1..2^{p-1}\}, \{s = 1..2^{5-p}\}, \{p = 1..5\};$

$a(i, s - p + 5, p) = a1(i, s, p) : \qquad \{i = 1..2^{p-1}\}, \{s = 1..2^{5-p}\}, \{p = 1..5\};$

$a1(i, s, p) = $ **IF** $A5(i, s, p) > A6(i, s, p)$ **THEN**

$\qquad A7(i, s, p)$

ELSE

$\qquad A8(i, s, p)$ **FI** : $\qquad \{i = 1..2^{p-1}\}, \{s = 1..2^{5-p}\}, \{p = 1..5\};$

$A8(i, s, p) = A(i, s + 2^{5-p}, p - 1) : \qquad \{i = 1..2^{p-1}\}, \{s = 1..2^{5-p}\}, \{p = 1..5\};$

$A7(i, s, p) = A(i, s, p - 1) : \qquad \{i = 1..2^{p-1}\}, \{s = 1..2^{5-p}\}, \{p = 1..5\};$

$A6(i, s, p) = A(i, s + 2^{5-p}, p - 1) : \qquad \{i = 1..2^{p-1}\}, \{s = 1..2^{5-p}\}, \{p = 1..5\};$

$A5(i, s, p) = A(i, s, p - 1) : \qquad \{i = 1..2^{p-1}\}, \{s = 1..2^{5-p}\}, \{p = 1..5\};$

$A(2 * i - 1, s, p) = a(i, s, p) : \qquad \{i = 1..2^{p-1}\}, \{s = 1..2^{5-p}\}, \{p = 1..5\};$

$A(2 * i, s, p) = A9(i, s, p) : \qquad \{i = 1..2^{p-1}\}, \{s = 1..2^{5-p}\}, \{p = 1..5\};$

$A9(i, s, p) = a(i, s + 2^{5-p}, p) : \qquad \{i = 1..2^{p-1}\}, \{s = 1..2^{5-p}\}, \{p = 1..5\};$

```
INPUT
```

$bitonisch(s) : \{s = 1..32\};$

```
COMPUTE
```

$A(i, 1, 5) : \{i = 1..32\}.$

Spezifikation 7.28 *ASL-Normalform: Batcher's Bitonisches Sortieren*

Die Potenzausdrücke, die auch in der Normalform noch auftreten, müssen noch
aufgelöst werden, da diese nicht affin sind. In einer späteren Version von ASL werden die Potenzausdrücke durch eine endliche Anzahl affiner Ausdrücke automatisch
ersetzt. Somit wird die ASL-Normalform ohne jegliche nichtaffine Terme sein. Die
Kommunikationsgleichungen in der ASL-Normalform 7.28 erfordern zum größten

Teil Schiebeoperationen bei denen die Daten zu einem Prozessor geschoben, dort verglichen und gegebenenfalls verschoben werden müssen.

Im Gegensatz zum Odd-Even Transposition Sort wird hier nicht nur zwischen direkt benachbarten Prozessoren kommuniziert, sondern über Distanzen die Zweierpotenzen entsprechen (2^i, $i = 0..n$).

p=0:	2	5	7	8	6	4	3	1
p=1:	2	4	3	1	6	5	7	8
p=2:	2	1	3	4	6	5	7	8
p=3:	1	2	3	4	5	6	7	8

Tabelle 7.2: Sortierschritte

Als Netzwerk eignen sich Hypercubes dafür besonders gut, da die Hypercube-Topologie durch ihre binäre Codierung der Prozessorelemente genau den hier benötigten Kommunikationsanforderungen entspricht.

7.9 Fast Fourier Transformation (FFT)

Die Fouriertransformation spielt in vielen technischen und mathematischen Bereichen eine große Rolle. Die Entdeckung der schnellen Fouriertransformation (Fast Fourier Transformation FFT) hat die Möglichkeiten der Signalverarbeitung weit vorangetrieben. Die FFT findet Anwendung in der Sprachübertragung, der Codierungstheorie und allgemein in der Mustererkennung.

Mit der harmonischen Analyse wird eine periodische Funktion $f(x)$ in eine Reihe nach trigonometrischen Funktionen entwickelt. Diese Fourierreihe läßt sich in folgender Form darstellen:

$$f(x) = \frac{a_0}{2} + \sum_{n=1}^{\infty} (a_n \cos(w_n x) + b_n \sin(w_n x))$$

mit

$$w_0 = \frac{2\pi}{T}, \quad w_n = n * w_0, \quad T \text{ ist Periode}$$

In der Praxis bricht man die Entwicklung nach endlich vielen Gliedern ab und hat somit eine Approximation der periodischen Funktion durch ein trigonometrisches Polynom.

Durch mehrere Umformungen erhält man für die Fourierreihe folgende Form:

$$f(x) = \sum_{n=-\infty}^{\infty} c_n * e^{j w_n x} \quad mit \quad c_n = \frac{1}{T} \int_{-\frac{T}{2}}^{\frac{T}{2}} f(x) * e^{-j w_n x} dx$$

Für die weiteren Betrachtungen ist die nachfolgende Darstellung geeigneter:

$$F(w_n) := T * c_n, \quad \triangle w_n := \frac{2\pi}{T} \quad \Rightarrow$$

$$f(x) = \frac{1}{2\pi} \sum_{n=-\infty}^{\infty} F(w_n) * e^{jw_n x} * \triangle w_n$$

Nichtperiodische Funktionen können durch das Fourierintegral von $f(x)$ ausgedrückt werden. Geht die Periode also gegen unendlich ($T \to \infty, \quad nw_0 \to w$), so läßt sich schreiben:

$$f(x) = \frac{1}{2\pi} \int_{-\infty}^{\infty} F(w) * e^{jwx} dw$$

Die Fouriertransformierte $F(w)$ von $f(x)$ ist folgendermaßen festgelegt:

$$F(w) = \int_{-\infty}^{\infty} f(x) * e^{-jwx} dx$$

Der Übergang von $f(x)$ zu $F(w)$ wird als Fouriertransformation bezeichnet. Es handelt sich hierbei um die kontinuierliche Fouriertransformation (CFT).

Grundlage der FFT ist aber die diskrete Fouriertransformation (DFT), bei der die Funktion $f(x)$ in festen Abständen T abgetastet und die Folge $f(nT)$ mit ($n = 0, \ldots, N - 1$) geliefert wird. Die DFT kann als Approximation der CFT gesehen werden und hat folgende Form:

$$F(k) = \sum_{n=0}^{N-1} f(n) * W^{nk}, \quad k = 0, \ldots, N - 1$$

$$mit \quad f(nT) = f(n), \quad W = W_N = e^{-j\frac{2\pi}{N}}$$

Für die DFT soll nun eine schnellere Berechnungsmethode gefunden werden. In der bisherigen Form wären für eine N-Punkt-DFT ungefähr N^2 komplexe Multiplikationen erforderlich. Mit der von Cooley und Tukey entwickelten Radix-2^q-Methode läßt sich der Aufwand auf $O(N ld N)$ verringern.

Bei diesem Verfahren wird vorausgesetzt, daß es sich bei der Anzahl der Punkte um Potenzen von 2 handelt. Man teilt die N-Punkt-DFT in geeigneter Form in zwei $N/2$-Punkt-DFTs und verknüpft die Ergebnisse.

Bei den neu entstandenen DFTs geht man auf dieselbe Weise vor und kommt somit iterativ auf 1-Punkt-DFTs, die die Identität darstellen. Konkret sieht die FFT so aus, daß zunächst wieder eine geeignetere Darstellungsform gesucht wird, die uns die Berechnung vereinfacht, wie wir später sehen werden.

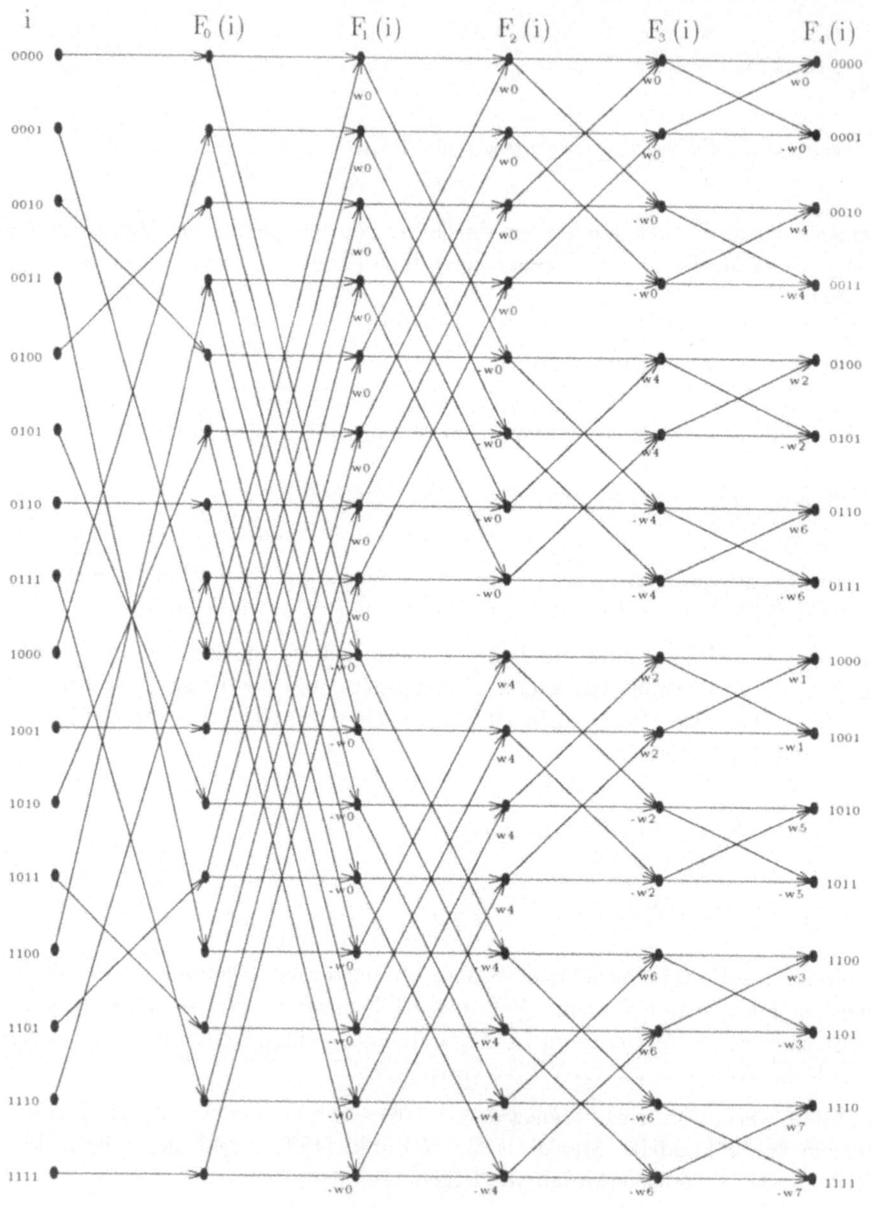

Abbildung 7.1: FFT für 16 Knoten

Die oben formulierte DFT wird in zwei Teilfolgen gegliedert, bei denen zwischen
geraden $(2n)$ und ungeraden $(2n + 1)$ Werten als Eingabe für die Funktion f unterschieden wird:

$$F(k) = \sum_{n=0}^{\frac{N}{2}-1} f(2n) * W_N^{2nk} + \sum_{n=0}^{\frac{N}{2}-1} f(2n + 1) * W_N^{(2n+1)k}$$

$$= \sum_{n=0}^{\frac{N}{2}-1} f(2n) * W_{\frac{N}{2}}^{nk} + W_N^k * \sum_{n=0}^{\frac{N}{2}-1} f(2n + 1) * W_{\frac{N}{2}}^{nk}$$

$$mit \quad k = 0, \ldots, N - 1; \quad W = W_N = e^{-j\frac{2\pi}{N}}$$

Nun folgt die Teilung der N-Punkt-DFT in zwei $N/2$-Punkt-DFTs:

$$F_1(k) = \sum_{n=0}^{\frac{N}{2}-1} f(2n) * W_{\frac{N}{2}}^{nk} + W_N^k * \sum_{n=0}^{\frac{N}{2}-1} f(2n + 1) * W_{\frac{N}{2}}^{nk}$$

$$F_2(k + \frac{N}{2}) = \sum_{n=0}^{\frac{N}{2}-1} f(2n) * W_{\frac{N}{2}}^{nk} - W_N^k * \sum_{n=0}^{\frac{N}{2}-1} f(2n + 1) * W_{\frac{N}{2}}^{nk}$$

$$mit \quad k = 0, \ldots, \frac{N}{2} - 1, \quad -W_N^k = W_N^{k+\frac{N}{2}}$$

Allgemein kann man die Beziehung der DFTs auf folgende Weise ausdrücken:

$$F_{s+1}(i) = F_s(i) + W_N^r * F_s(i^{\iota})$$

$$F_{s+1}(i') = F_s(i) - W_N^r * F_s(i^{\iota}) \quad mit \quad i' = i + \frac{N}{2^{s+1}}$$

Durch dieses Berechnungsschema können geschickt Operationen eingespart werden.
Da in ASL aber keine Rekursionen erlaubt sind, muß man diese auflösen. Dies ist
möglich, weil anhand der Problemgröße N die Schachtelungstiefe der Rekursionen
ermittelt werden kann $(p = ld(N))$. Im folgenden wird der Algorithmus möglichst
anschaulich hergeleitet; für Details sei auf [Bri89] verwiesen. Die Abb. 7.1 stellt eine
FFT für $N = 16$ dar, in der die oben gewonnenen Erkenntnisse verarbeitet sind.
Aus ihr kann entnommen werden, welche Operationen nötig sind.

Die Abb. 7.1 ist folgendermaßen zu verstehen: In jeden Knoten fließen Pfade, die
jeweils aus einem Knoten der vorhergehenden Spalte stammen. Jeder Pfad über-
nimmt den Wert seines Ausgangsknotens, multipliziert ihn mit w^r und liefert ihn an
den Zielknoten. Die W-Faktoren stehen unterhalb der Pfeilspitze. Ist für einen Pfad
keine Gewichtung angegeben, so bedeutet das $w^r = 1$. In jedem Knoten werden die
ankommenden Werte summiert.

Eine notwendige Zusatzaufgabe, um eine FFT durchzuführen, ist das Umordnen der Daten, weil durch die Berechnungen, die in der Graphik dargestellt sind, die Reihenfolge der Werte verändert wird. Diese Permutation kann vor oder nach den eigentlichen Berechnungen durchgeführt werden. Wie der Graphik zu entnehmen ist, wurde sie hier auf die Eingabedaten angewendet.

Durchaus möglich wäre auch, den Vorgang der Datenumordnung mit der Berechnung der F_1 aus den F_0 zu kombinieren, was aber nicht zur Übersichtlichkeit des Algorithmus beiträgt. Das wichtigere Argument ist aber, daß die anfallenden Kommunikationsschritte der Datenumordnung und die für die Berechnung der F_1 notwendigen Schritte idealerweise durch das Mapping sowieso kombiniert werden.

```
ALGORITHM  bitreverse /* Spezifikation der Permutation Bitreversion */
DEFINE
    INT
        i, j, p, a, b;
    STRUCT  [FLOAT,FLOAT] x,y;
    DECLARE
        N = $1;
    RANGES
        bereich1 : {j = 0..N − 1};

EQUATIONS
    p = LD(N);
    x(j) = y(b(j)) : #bereich1;
    b(j) = ASSOC (+, {i = 0..p − 1})(2^i * a(j, i)) : #bereich1;
    a(j, i) = (j/2^{(p−1)−i})MOD2 : {j = 0..N − 1}, {i = 0..p − 1};

INPUT
    y(j) : #bereich1;

COMPUTE
    x(j) : #bereich1.
```

Spezifikation 7.29 *ASL-Spezifikation: bitreverse*

Zunächst soll die Datenumordnung erläutert werden. Es handelt sich bei dieser Permutation um eine Bitreversion: man stelle sich die Knotennummern als Binärzahlen mit $p = ld(N)$ Stellen vor, lese sie von links nach rechts und übertrage sie wieder ins Dezimalsystem.

Dieser Vorgang stellt ein abgetrenntes Verfahren dar und wird als eigene Spezifikation implementiert. Der verwendete Algorithmus beruht auf der Zahlendarstellung nach dem Schema von Horner.

ALGORITHM fft /* Spezifikation der Fast Fourier Transformation */
DEFINE
    DEFAULT
        $FLOAT$;
    INT
        $i, i1, j, k, s$;
    STRUCT [FLOAT,FLOAT] F,f,w,v;
    DECLARE
        $PI = 3.14159265358979$;
        $N = \$1$;
        $p = LD(N)$;
        $N2 = N/2$;
    RANGES
        $bereich1 : \{i = 2 * k * j + i1\}, \{i1 = 0..j - 1\}, \{j = N/(2^{s+1})\},$
        $\{k = 0..2^s - 1\}, \{s = 0..p - 1\}$;
        $bereich2 : \{i = 0..N - 1\}$;
        $bereich3 : \{i = 0..N2 - 1\}$;

EQUATIONS
    /* Berechnung der F-Werte (Butterfly) */
    $F(i, s + 1) = F(i, s) \oplus w(i/2^{p-s}) \otimes F(i + j, s)$;
    $F(i + j, s + 1) = F(i, s) \ominus w(i/2^{p-s}) \otimes F(i + j, s) : \#bereich1$;
    /* Berechnung der W-Faktoren */
    $v(i) = [COS((PI * i)/N2), -SIN((PI * i)/N2)] : \#bereich3$;
    /* Zuordnen der Startwerte */
    OBTAIN $F(i, 0) : \#bereich2$;
    FROM $bitreverse(p)$;
    WITH $f(i) : \#bereich2$;
    /* Zuordnen der w-Faktoren */
    OBTAIN $w(i) : \#bereich3$;
    FROM $bitreverse(p - 1)$;
    WITH $v(i) : \#bereich3$;

INPUT
    $f(i) : \#bereich2$;

COMPUTE
    $F(i, p) : \#bereich2$.

Spezifikation 7.30 *ASL-Spezifikation: FFT*

Folgend wird die Vorgehensweise der ASL-Spezifikation *bitreverse* dargestellt:

Der größenbestimmende Parameter ist auf $N = 16$ festgelegt. Damit ergibt sich für die Anzahl der Stellen der Binärzahl $p = ld(N) = ld(16) = 4$:

$$x(14) = y(b(14));$$

$$b(14) = 2^0 * a(14,0) + 2^1 * a(14,1) + 2^2 * a(14,2) + 2^3 * a(14,3);$$

$$
\begin{aligned}
a(14,0) &= (14/2^3)mod2 = 1; \\
a(14,1) &= (14/2^2)mod2 = 1; \\
a(14,2) &= (14/2^1)mod2 = 1; \\
a(14,3) &= (14/2^0)mod2 = 0;
\end{aligned}
$$

Die Zahl 14 ist dual dargestellt und die einzelnen Bits sind in umgekehrter Reihenfolge der Variable $a(14,i)$ zugewiesen. Die errechneten Ergebnisse werden eingesetzt:

$$
\begin{aligned}
b(14) &= 2^0 * 1 + 2^1 * 1 + 2^2 * 1 + 2^3 * 0; \\
b(14) &= 1 * 1 + 2 * 1 + 4 * 1 + 8 * 0; \\
b(14) &= 1 + 2 + 4 = 7;
\end{aligned}
$$

$$x(14) = y(7);$$

Wie man der Graphik entnehmen kann, haben wir das gewünschte Ergebnis ereicht: die Eingabe $y(14)$ wird der Ausgabe $x(7)$ zugeordnet.

Wie schon oben ausgeführt, reduziert man die N-Punkt-DFT auf zwei $N/2$-Punkt-DFTs und spart durch die besonders geeignete Berechnungsdarstellung Operationen ein. Dies beruht vor allem auf der Existenz von dualen Knoten, die den Abstand $\frac{N}{2^{s+1}}$ *mit* $s = 0 \ldots ld(N)-1$ zueinander haben, was auch in der Graphik deutlich zur Geltung kommt. Die zentralen Butterfly-Gleichungen können in ASL wie oben hergeleitet angegeben werden.

Die Schwierigkeit liegt in der Indizierung, um in jeder Rekursionsstufe eine geeignete Maskierung zu finden, deshalb wird auf die Bereichsangabe *bereich2* der Spezifikation *fft* näher eingegangen. Die Dimension s bezeichnet die Stufe der Berechnung, deshalb läuft sie von 0 bis $ld(N)-1$. Der Ausdruck $ld(N)-s-1$ kann auch als Rekursionstiefe verstanden werden.

Der Index k läuft von 0 bis zu der Anzahl der Sprünge – 1, die in jeder Stufe nötig sind. Die Variable j stellt die Sprungweite dar und i1 durchläuft sie. Der Index i bezeichnet in jeder Stufe die Basisgleichungen und $i + j$ die dazu dualen.

In dem folgenden Beispiel wird der Verlauf der FFT für $N = 16$ numerisch nachvollzogen:

$$s = 0, \quad k = 0, \quad j = 8, \quad i1 = 0..7, \quad i = 0..7$$

$$F(0..7, 1) \;=\; F(0..7, 0) + v(0) * F(8..15, 0);$$
$$F(8..15, 1) \;=\; F(0..7, 0) - v(0) * F(8..15, 0);$$

$$s = 1, \quad k = 0..1, \quad j = 4, \quad i1 = 0..3, \quad i = 0..3, 8..13$$

$$F(0..3, 2) \;=\; F(0..3, 1) + v(0) * F(4..7, 1);$$
$$F(4..7, 2) \;=\; F(0..3, 1) - v(0) * F(4..7, 1);$$
$$\ldots \;=\; \ldots$$
$$F(8..11, 2) \;=\; F(8..11, 1) + v(4) * F(12..15, 1);$$
$$F(12..15, 2) \;=\; F(8..11, 1) - v(4) * F(12..15, 1);$$

$$s = 2, \quad k = 0..3, \quad j = 2, \quad i1 = 0..1, \quad i = 0, 1, 4, 5, 8, 9, 12, 13$$

$$F(0..1, 3) \;=\; F(0..1, 2) + v(0) * F(2..3, 2);$$
$$F(2..3, 3) \;=\; F(0..1, 2) - v(0) * F(2..3, 2);$$
$$\ldots \;=\; \ldots$$
$$F(12..13, 3) \;=\; F(12..13, 2) + v(6) * F(14..15, 2);$$
$$F(14..15, 3) \;=\; F(12..13, 2) - v(6) * F(14..15, 2);$$

$$s = 3, \quad k = 0..7, \quad j = 1, \quad i1 = 0, \quad i = 0, 2, 4, 6, 8, 10, 12, 14$$

$$F(0, 4) \;=\; F(0, 3) + v(0) * F(1, 3);$$
$$F(1, 4) \;=\; F(0, 3) - v(0) * F(1, 3);$$
$$\ldots \;=\; \ldots$$
$$F(14, 4) \;=\; F(14, 3) + v(7) * F(15, 3);$$
$$F(15, 4) \;=\; F(14, 3) - v(7) * F(15, 3);$$

Um die komplexen W-Faktoren in ASL geeignet darstellen zu können, wird die trigonometrische Schreibweise verwendet, wobei für die Umrechnung die Euler'sche Formel benötigt wird: $W_N^r = e^{-i\frac{2\pi r}{N}} = \cos(\frac{2\pi r}{N}) - i * \sin(\frac{2\pi r}{N})$.

Um den richtigen W-Faktor zu ermitteln, muß man die Knotennummer durch 2^{p-s} dividieren und dann eine Bitreversion auf $p - 1$ Stellen durchführen. Als Beispiel dienen die dualen Knoten $F_3(12)$ und $F_3(14)$ für die FFT mit $N = 16$:

$$F(i, s+1) \;=\; F(i, s) + w(i/2^{p-s}) * F(i + j, s);$$
$$F(i + j, s+1) \;=\; F(i, s) - w(i/2^{p-s}) * F(i + j, s);$$
$$F(12, 3) \;=\; F(12, 2) + w(12/2^2) * F(14, 2);$$
$$F(14, 3) \;=\; F(12, 2) - w(12/2^2) * F(14, 2);$$
$$F(12, 3) \;=\; F(12, 2) + w(3) * F(14, 2);$$
$$F(14, 3) \;=\; F(12, 2) - w(3) * F(14, 2);$$
$$F(12, 3) \;=\; F(12, 2) + v(6) * F(14, 2);$$
$$F(14, 3) \;=\; F(12, 2) - v(6) * F(14, 2);$$

In der Spezifikation mußten einige Kompromisse eingegangen werden, um den bisherigen Möglichkeiten von ASL gerecht zu werden. Zum Beispiel wurden die komplexen Operationen mit $\oplus$, $\ominus$ und $\otimes$ angegeben.

In ASL ist es bisher nicht möglich, Potenzen in Bereichsangaben zu verwenden. Deshalb wurde an solchen Stellen die Schreibweise 2^n verwendet. Mit dem Logarithmus Dualis verhält es sich genauso. Bei der Spezifikation *fft* werden als Eingabe komplexe Werte erwartet. Handelt es sich bei der zu transformierenden Funktion um eine reellwertige, so muß der jeweilige Imaginärteil weggelassen werden.

7.10 Chi-Quadrat-Methode

Gegeben sei eine Menge von Paaren reeller Zahlen (x_i, y_i) $i = 1, \ldots, N$ und eine Menge von Parametern a_j $j = 1, \ldots, M$, die möglichst gut an diese Paare angepaßt werden sollen. Aus diesem Modell läßt sich folgende funktionale Abhängigkeit darstellen:

$$y(x) = y(x; a_1, \ldots, a_M)$$

Die Chi-Quadrat-Methode [PFTV86] beschreibt nun folgende Möglichkeit, die optimalen a_j zu finden. Es gilt den Ausdruck

$$\chi^2 \equiv \sum_{i=1}^{N} \left(\frac{y_i - y(x_i; a_1 \ldots a_M)}{\sigma_i} \right)^2$$

für die a_j zu minimieren. Jeder Datenpunkt (x_i, y_i) hat seine eigene Standardabweichung σ_i, die bekannt sein muß.

Im folgenden Beispiel betrachten wir den Fall, eine Menge von N Datenpunkten (x_i, y_i) an eine Gerade anzupassen. Dieses Problem wird häufig als *Lineare Regression* bezeichnet und läßt sich funktional als $y(x) = y(x; a + bx)$ darstellen. Mit Hilfe der Chi-Quadrat-Methode lassen sich optimale Parameter a und b bestimmen, wobei das Minimum der Chi-Quadrat-Funktion zu suchen ist:

$$\chi^2(a, b) = \sum_{i=1}^{N} \left(\frac{y_i - a - bx_i}{\sigma_i} \right)^2$$

Dies bedeutet, daß die Stellen a und b Nullstellen für die Ableitung der Chi-Quadrat-Funktion sein müssen. Mathematisch ergeben sich folgende Gleichungen:

$$0 = \frac{\partial \chi^2}{\partial a} = -2 \sum_{i=1}^{N} \frac{y_i - a - bx_i}{\sigma_i^2}$$

$$0 = \frac{\partial \chi^2}{\partial b} = -2 \sum_{i=1}^{N} \frac{x_i(y_i - a - bx_i)}{\sigma_i^2}$$

```
ALGORITHM  chi_quad
DEFINE
    DEFAULT
        FLOAT;
    DECLARE
        N = $1;
EQUATIONS
    s  =ASSOC (+, {i = 1..N})(sig(i) * sig(i));
    sx =ASSOC (+, {i = 1..N})(sig(i) * sig(i) * x(i));
    sy =ASSOC (+, {i = 1..N})(sig(i) * sig(i) * y(i));
    t(i) = sig(i) * (x(i) − sx/s) : {i = 1..N};
    stt =ASSOC (+, {i = 1..N})(t(i) * t(i)) : {i = 1..N};
    b1 =ASSOC (+, {i = 1..N})(t(i) * y(i) * sig(i));
    b = b1/stt;
    a = (sy − sx * b)/s;
INPUT
    /* 1/Varianz */
    sig(i),
    /* N (x,y) Paare */
    x(i), y(i) : {i = 1..N};
COMPUTE
    a; b.
```

Spezifikation 7.31 *ASL-Spezifikation: Chi-Quadrat-Methode*

Diese Gleichungen können direkt nach a und b aufgelöst werden. Um für die ASL-Spezifikation 7.31 eine günstigere Schreibweise zu erhalten, werden folgende Summen definiert [PFTV86]:

$$S = \sum_{i=1}^{N} \frac{1}{\sigma_i^2} \qquad S_x = \sum_{i=1}^{N} \frac{x_i}{\sigma_i^2} \qquad S_y = \sum_{i=1}^{N} \frac{y_i}{\sigma_i^2} \qquad S_{tt} = \sum_{i=1}^{N} t_i^2$$

$$t_i = \frac{1}{\sigma_i} \left(x_i - \frac{S_x}{S} \right), \quad i = 1, \ldots, N$$

Dadurch ergeben sich für a und b die Formeln:

$$a = \frac{S_y - S_x b}{S} \qquad\qquad b = \frac{1}{S_{tt}} \sum_{i=1}^{N} \frac{t_i y_i}{\sigma_i}$$

ALGORITHM chi_quad

DEFINE

    DEFAULT

        $FLOAT$;

EQUATIONS

    $s =$**ASSOC** $(+, \{i = 1..100\})(sig(i) * sig(i))$;

    $sx =$**ASSOC** $(+, \{i = 1..100\})(sig(i) * sig(i) * x(i))$;

    $sy =$**ASSOC** $(+, \{i = 1..100\})(sig(i) * sig(i) * y(i))$;

    $t(i) = sig(i) * (x(i) - sx1(i)/s1(i)) : \{i = 1..100\}$;

    $s1(i) = s : \{i = 1..100\}$;

    $sx1(i) = sx : \{i = 1..100\}$;

    $stt =$**ASSOC** $(+, \{i = 1..100\})(t(i) * t(i))$;

    $b1 =$**ASSOC** $(+, \{i = 1..100\})(t(i) * y(i) * sig(i))$;

    $b = b1/stt$;

    $a = (sy - sx * b)/s$;

INPUT

    $sig(i) : \{i = 1..100\}$;

    $x(i) : \{i = 1..100\}$;

    $y(i) : \{i = 1..100\}$;

COMPUTE

    a;

    b.

Spezifikation 7.32 *ASL-Normalform: Chi-Quadrat-Methode*

Als Eingabewerte der ASL-Spezifikation 7.31 sind die Datenpunkte $x(i)$ und $y(i)$ und der Kehrwert der Standardabweichung aller Datenpunkte $sig(i)$ vorausgesetzt. Die Gleichungen sind deutlich getrennt zwischen parallelisierbaren und rein sequentiellen Ausdrücken. Die Summenbildungen werden durch den ASSOC-Operator realisiert und können durch effiziente Hardware parallel verarbeitet werden.

Die endgültige Berechnung der Parameter a und b ist sequentiell und wird durch den Host-Rechner bestimmt. Die ASL-Normalform 7.31 besitzt als einziges Kommunikationskonstrukt den ASSOC-Operator; die parallele Hardware sollte also allein darauf bezogen gewählt werden.

Kapitel 8

Schlußbemerkungen

Im abschließenden Kapitel soll nochmal kurz auf die Problematik der effektiven und effizienten Abbildung von Spezifikationen auf konkrete Architekturen eingegangen werden. Obwohl dies nicht unmittelbares Thema von ASL ist, so stellt die zielrechnerorientierte Transformation von Algorithmen dennoch eine bedeutende Aufgabe im Rahmen der Programmentwicklung dar. Anschließend werden die in diesem Buch erörterten Ergebnisse noch einmal kurz zusammengefaßt und es wird ein Ausblick auf momentan laufende und künftige Aufgaben in diesem Arbeitsgebiet gegeben.

8.1   Transformierte Algorithmen

Anhand einiger Beispiele aus dem vorherigen Kapitel wird aufgezeigt, wie hardwareunabhängige Problembeschreibungen auf verschiedene Typen von Parallelrechnerarchitekturen abgebildet werden können. Die Transformationen erfolgen mit speziell dafür entwickelten Werkzeugen und sollen für Gitter- und Hypercube-Topologien beschrieben werden. Dabei gilt es, eine günstige Abbildung (Mapping) zu finden, so daß die zur Berechnung benötigten Daten geeignet auf die Prozessoren verteilt werden können. Die dabei von den parallelen Architekturen zur Verfügung gestellten Kommunikationsmöglichkeiten zwischen den Prozessoren sollten dazu möglichst effizient genutzt werden, um die Berechnungszeit zu optimieren.

Charakteristische Merkmale einer abgebildeten ASL–Spezifikation sind die Kommunikationskonstrukte und die sogenannten Order-Kommentare. Die hardwareabhängigen Kommunikationskonstrukte beschreiben die Interprozessorkommunikationsmöglichkeiten der jeweiligen Architektur und werden in den folgenden Abschnitten genauer erläutert. Die Order-Kommentare haben die Syntax /# $<$ *number* $>$ #/ und legen die Reihenfolge der Abarbeitung der Gleichungen fest.

8.1.1   Algorithmenspezifische Anforderungen

Zur Abbildung von ASL–abstrakten Algorithmen auf parallele Architekturen werden von unterschiedlichen Rechnern verschiedene Eigenschaften vorausgesetzt. Diese betreffen zum einen die ALUs der Prozessoren und zum anderen die Kommunikationsmöglichkeiten zwischen den Prozessoren. Tabelle 8.1 gibt eine allgemeine Übersicht zu den von der Hardware erwarteten Instruktionen und zu den Möglichkeiten der Interprozessorkommunikation. Während arithmetische Instruktionen großteils vom Prozessor unabhängig sind (elementare arithmetische Befehle sind normiert), trifft dies für Kommunikationsbefehle nicht zu. Dies bereitet derzeit noch große Probleme bei der effizienten Abbildung eines beliebigen Algorithmus auf verschiedene Architekturen.

Arithmetik–Logik	Instruktionen
Arithmetik	Integer und Floatingpoint
Boolsche Arithmetik	AND, OR, XOR, NOT
Bit–Operationen	Setzen von Bits, etc.
Trigonometrie	Sinus, Cosinus, etc.
Transzendente Funktionen	ln, log, sqrt, etc.
Konvertierung	Integer – Float
Vergleiche	Integer, Float: $<, >, <=, >=, <>, ==$
Sprünge, Loops	goto, loop, etc.
Kommunikation	**Instruktionen**
Zuweisungen	send, receive, pop, push, etc.
Translation	Bewegung um eine bestimmte Distanz
Elementvertauschung	z.B. Vertauschung von Zeilen und Spalten einer Matrix
Lineare Kompression	Zusammenschieben von Daten entlang einer Dimension
Lineare Expansion	Separieren von Daten
Reversion	Reihenfolgeumkehrung der Elemente einer Dimension
Broadcast	Verteilen eines Wertes auf mehrere Dimensionen

Tabelle 8.1: Instruktionen der parallelen Architekturen

Im folgenden sollen die beiden Kommunikationsformen Translation und Broadcast herausgegriffen werden. Diese werden bei einer Bus-/Gitter- und einer Hypercube–Topologie verwendet. Die Translation wird bei beiden Topologien als ein „*Shift*" um die Distanz 1 zum Nachbarprozessor verstanden. Die Broadcast–Funktion wird nur beim Bussystem benötigt, wobei diese durch Spalten- und Zeilen-Busse erreicht wird. Eine ausführliche Erläuterung dieser Kommunikationsformen findet in den nachstehenden Abschnitten statt.

8.1.2   Bemerkungen zur Partitionierung

Die Art der Abbildung ist sowohl abhängig vom Verhältnis der Anzahl der Daten zur Anzahl der Prozessoren als auch abhängig von den algorithmusspezifischen Kommunikationsanforderungen. Dabei gilt es, die zur Verfügung stehenden Kommunikationsformen effizient zu nutzen und – wenn möglich – rechenzeitintensive Kommunikation durch geschickte Aufteilung der Daten auf die Prozessoren zu vermeiden. Im allgemeinen müssen die Daten derart partitioniert werden, daß bei den parallelen Operationen ein gleichzeitiger Zugriff auf die benötigten Daten möglich ist, ohne daß größere Datenumordnungen realisiert werden müssen. In Übersicht 8.2 sind die zu berücksichtigenden Fälle aufgeführt und Tabelle 8.3 gibt einige Beispiele zur Datenpartitionierung.

Verhältnis Daten/Prozessoren	Folge
Anzahl Daten < Anzahl Prozessoren	Prozessor–Kommunikation wird teurer, da Distanzen größer werden
Anzahl Daten = Anzahl Prozessoren	„*Shift*"-distanz = 1
Anzahl Daten > Anzahl Prozessoren	Partitionierungsstrategie notwendig, da pro Prozessor mehrere Werte zu berechnen sind

Tabelle 8.2: Partitionierung

Partitionierungsstrategie [San93, Str91a]	Idee
Abrollen von Dimensionen	"Abrollen" eines Bezeichners auf das Prozessornetzwerk
Tauschen von Dimensionen	z.B. Tauschen von Zeilen und Spalten einer Matrix
Slicing	Fortlaufende Datenindizes werden in fortlaufende Prozessorindizes abgebildet
Crinkling	Fortlaufende Datenindizes werden zyklisch auf die Prozessorindizes abgebildet

Tabelle 8.3: Partitionierungsstrategien

8.1.3 Beispiel Matrizenmultiplikation

Im folgenden Beispiel wird die ASL–Normalform der Matrizenmultiplikation durch Datenvervielfachung 7.2 auf eine BusMCC–Architektur (Mesh Connected Computer with multiple Busses) [Str91a] abgebildet. Diese Architektur stellt Kommunikationsmöglichkeiten zur Datenvervielfachung in Form von Bussen zur Verfügung, wobei in diesem Beispiel ein Spalten–Bus für die Ost–West–Richtung und ein Zeilen–Bus für die Nord–Süd–Richtung definiert wird. Weiterhin existiert die Möglichkeit der lokalen Kommunikation mit den jeweils vier Nachbar–Prozessoren eines jeden Prozessors. Vergleichbare Interprozessorkommunikationsmöglichkeiten stellt der DAP–510 zur Verfügung [FST89].
Diese Kommunikationsformen erscheinen in den abgebildeten ASL–Spezifikationen in Form von speziellen Konstrukten. Für einen Bus steht der Bezeichner **BUS_OW**

bzw. **BUS_NS**, wobei die Buchstaben **OW** bzw. **NS** für die Richtungen Ost–West und Nord–Süd stehen. Die lokale Nachbarschaftskommunikation wird durch sogenannte „*Shifts*" ausgedrückt, wobei für einen West–Shift **SHW** oder für einen Nord–„*Shift*" **SHN** geschrieben wird. Die genaue Semantik dieser Konstrukte wird bei der genaueren Beschreibung der abgebildeten ASL–Spezifikationen erläutert.

Die beiden folgenden ASL–Spezifikationen (Spez. 8.1 und 8.2) sind in Abhängigkeit von der Anzahl der Daten auf verschiedene Weise auf ein BusMCC–Modell abgebildet. Im ersten Fall werden zwei Matrizen der Größe 32*32 auf eine Architektur der gleichen Größe abgebildet, so daß die Anzahl der Daten der Anzahl der Prozessoren entspricht. Im zweiten Fall werden zwei Matrizen der Größe 4*2 und 2*4 auf ein Prozessorfeld der Größe 2*2 abgebildet. Dies führt dazu, daß mehr als ein Wert pro Prozessorelement berechnet werden muß und die Aufteilung der Daten auf dem Prozessorfeld dementsprechend zu konfigurieren ist.

8.1.3.1   Datenfeld gleich Prozessorfeld

Wie bereits erwähnt, werden in der abgebildeten ASL–Spezifikation 8.1 zwei Matrizen der Größe 32*32 auf einem BusMCC–Modell der gleichen Größe multipliziert. Dies führt dazu, daß beide Matrizen direkt auf das Prozessorfeld abgebildet werden und im lokalen Speicher eines jeden Prozessors ein Wert abgelegt wird.
Dazu werden die ganzzahligen Werte der beiden Matrizen a und b im INPUT–Teil der Spezifikation 8.1 eingelesen. Die Indizes i und j sind sogenannte Raumindizes, mit denen jedes Prozessorelement direkt angesprochen werden kann. Der Index k ist ein sogenannter Zeitindex, der eine Stelle im lokalen Speicher eines jeden Prozessorelements angibt.

Der EQUATIONS–Teil besteht aus den Gleichungen 1 bis 5. In der ersten Gleichung werden alle Spalten der Matrix a in Ost–West–Richtung vervielfacht, wodurch 32 Hilfsmatrizen c2 mit identischen Spalten entstehen. Das gleiche geschieht für die Nord–Süd–Richtung mit der Matrix b, wobei dadurch 32 Hilfsmatrizen c3 mit identischen Zeilen entstehen. Diese Datenvervielfachungen werden durch die beiden Spalten– und Zeilen–Busse realisiert. Dadurch liegen nun alle Daten so in den einzelnen Prozessorelementen vor, daß alle arithmetischen Operationen lokal ohne weitere Interprozessorkommunikation durchgeführt werden können.

Die eigentliche arithmetische Matrizenmultiplikation findet nun in der Gleichung 4 statt. Diese Gleichung ist in die beiden Teile 4.1 und 4.2 aufgeteilt, wobei beide Gleichungen iterativ über den Index k=32 mal durchlaufen werden. Die Gleichung 4.1 stellt dabei den Iterationsschritt dar mit der Gleichung 3 als Anfangsbedingung. Für jedes k wird das Ergebnis in der Variablen c1 abgespeichert, so daß sich nach 32 Schritten in der Gleichung 5 die Ergebnis–Matrix c aus der Matrix c1 ergibt. Diese Matrix c enthält schließlich das Produkt der Matrizen a und b und wird im COMPUTE–Teil ausgegeben.

ALGORITHM matmult1

DEFINE

    DEFAULT *INT*;

EQUATIONS

$$c2(i,j,k) = BUS\_OW(a(i,k)) : \quad \{i=0..31\},\{j=0..31\},\{k=0..31\}; \; /\# \; 1 \; \#/$$
$$c3(i,j,k) = BUS\_NS(b(k,j)) : \quad \{i=0..31\},\{j=0..31\},\{k=0..31\}; \; /\# \; 2 \; \#/$$
$$c1(i,j,k) = c2(i,j,k) * c3(i,j,k) + c4(i,j,k) : \{i=0..31\},\{j=0..31\},\{k=0..31\};$$
$$/\# \; 4.2 \; \#/$$
$$c4(i,j,k) = c1(i,j,k-1) : \quad \{i=0..31\},\{j=0..31\},\{k=0..31\}; \; /\# \; 4.1 \; \#/$$
$$c1(i,j,-1) = 0 : \quad \{i=0..31\},\{j=0..31\}; \; /\# \; 3 \; \#/$$
$$c(i,j) = c1(i,j,31) : \quad \{i=0..31\},\{j=0..31\}; \; /\# \; 5 \; \#/$$

INPUT

$$a(i,j) : \{i=0..31\},\{j=0..31\};$$
$$b(i,j) : \{i=0..31\},\{j=0..31\};$$

COMPUTE

$$c(i,j) : \{i=0..31\},\{j=0..31\}.$$

Spezifikation 8.1 *Matrizenmultiplikation: Datenfeld gleich PE–Feld*

8.1.3.2 Datenfeld größer als Prozessorfeld

In der abgebildeten ASL–Spezifikation 8.2 liegt der Fall vor, daß die Größe der Matrizen die Anzahl der Prozessorelemente übertrifft. Die Matrizen A und B sollen die Größen 4*2 und 2*4 mit folgendem Aussehen haben:

$$A = \begin{pmatrix} a_{11} & a_{12} \\ a_{21} & a_{22} \\ a_{31} & a_{32} \\ a_{41} & a_{42} \end{pmatrix} \qquad B = \begin{pmatrix} b_{11} & b_{12} & b_{13} & b_{14} \\ b_{21} & b_{22} & b_{23} & b_{24} \end{pmatrix}$$

Die Ergebnismatrix C = A × B hat dann die Größe 4*4. Diese Matrizenmultiplikation soll auf ein Prozessorfeld der Größe 2*2 abgebildet werden, wobei dabei schnell deutlich wird, daß eine Vervielfältigung der Daten, wie im Abschnitt 8.1.3.1 nicht mehr so einfach möglich ist. Eine Schlüsselrolle kommt der Verteilung der Werte auf die Prozessorelemente zu. Dafür gibt es verschiedene Methoden, wie Slicing oder Crinkling [Str91a], die diese Datenpartitionierung vornehmen.

In diesem Beispiel liegt das Vorgehen nahe, die Daten so zu partitionieren, daß später bei der Berechnung nur möglichst wenig Interprozessorkommunikation nötig ist und die meisten Daten bereits lokal in den entsprechenden Prozessorelementen beim Einlesen abgelegt werden. Dazu wird eine Art Crinkling verwendet, das benachbarte Datenwerte lokal in einem Prozessorelement abspeichert. Diese Strategie

---

ALGORITHM matmult2

DEFINE

    DEFAULT INT;

EQUATIONS

$c1(i,j,l) = a(i,j,l) * b(i,j,l) + a(i,j,l+1) * b(i,j,l+1) :$
$$\{i = 1..2\}, \{j = 1..2\}, \{l = 1\}; /\# \ 1 \ \#/$$

$c2(i,j,l) = SHW(b(i,j,l)) : \qquad \{i = 1..2\}, \{j = 1..2\}, \{l = 1..2\}; /\# \ 2 \ \#/$

$c1(i,j,l) = a(i,j,l) * c2(i,j,l) + a(i,j,l-1) * c2(i,j,l-1) :$
$$\{i = 1..2\}, \{j = 1..2\}, \{l = 2\}; /\# \ 3 \ \#/$$

$c2(i,j,l) = SHN(b(i,j,l)) : \qquad \{i = 1..2\}, \{j = 1..2\}, \{l = 1..2\}; /\# \ 4 \ \#/$

$c1(i,j,l) = a(i,j,l-2) * c2(i,j,l-2) + a(i,j,l-1) * c2(i,j,l-1) :$
$$\{i = 1..2\}, \{j = 1..2\}, \{l = 3\}; /\# \ 5 \ \#/$$

$c3(i,j,l) = SHW(c2(i,j,l)) : \qquad \{i = 1..2\}, \{j = 1..2\}, \{l = 1..2\}; /\# \ 6 \ \#/$

$c1(i,j,l) = a(i,j,l-3) * c3(i,j,l-3) + a(i,j,l-2) * c3(i,j,l-2) :$
$$\{i = 1..2\}, \{j = 1..2\}, \{l = 4\}; /\# \ 7 \ \#/$$

$c(i,j,l) = c1(i,j,l) : \qquad \{i = 1..2\}, \{j = 1..2\}, \{l = 1..4\}; /\# \ 8 \ \#/$

INPUT

    $a(i,j,l) : \{i = 1..2\}, \{j = 1..2\}, \{l = 1..2\};$
    $b(i,j,l) : \{l = 1..2\}, \{i = 1..2\}, \{j = 1..2\};$

COMPUTE

    $c(i,j,l) : \{i = 1..2\}, \{j = 1..2\}, \{l = 1..4\}.$

Spezifikation 8.2 *Matrizenmultiplikation: Datenfeld größer PE-Feld*

wird innerhalb des INPUT–Teils verwirklicht, indem die Reihenfolge der Raum– und Zeitindizes variiert wird. Die Indizes i und j stellen die Raum–Indizes dar, l bildet den Zeitindex. Für die so auf die vier Prozessorelemente verteilten Daten bietet sich keine Datenvervielfältigung zur Matrizenmultiplikation an, sondern ein Verschieben der Daten ähnlich dem Staggering.

Dazu werden die Kommunikationskonstrukte **SHW** und **SHN** benutzt, die ein zyklisches Verschieben der als Argument angegebenen Daten ermöglichen. Mit Hilfe von insgesamt 3 *„Shift"*–Operationen werden die Werte der Matrix B verschoben und an die für die Multiplikationen mit den Werten der Matrix A geeigneten Stellen gebracht.

Nach 8 Gleichungen steht das Produkt der Matrizenmultiplikation in der Variablen c, wobei für jedes Prozessorelement 4 Werte vorliegen. Diese Werte sind noch in der richtigen Reihenfolge auszulesen, was im COMPUTE–Teil beachtet werden muß.

8.1.3.3 Datenfeld kleiner als Prozessorfeld

Dieser Fall kann analog zum vorherigen Fall (Datenfeld gleich Prozessorfeld) behandelt werden. Hierbei sind die Prozessoren jedoch nicht voll ausgelastet.

An diesen Beispielen wird deutlich, daß eine effiziente Abbildung stets in Abhängigkeit zur aktuellen Problem- und Rechnergröße erfolgen muß. Im Gegensatz zur sequentiellen Programmierung wird hiermit ausgedrückt, daß neben der zeitlichen Komponente eine räumliche Komponente existiert, die ausschlaggebend für die Effizienz einer Abbildung sein kann.

8.1.4 Batcher's Bitonisches Sortieren

In der folgenden abgebildeten ASL–Spezifikation 8.3 wird eine bitonische Sequenz von 8 Werten auf einen Hypercube mit 2^3 Prozessoren abgebildet und anschließend sortiert. Der Hypercube bietet für das bitonische Sortieren sehr günstige Architekturmerkmale, da nur immer die Werte benachbarter Prozessoren verglichen und gegebenenfalls vertauscht werden.

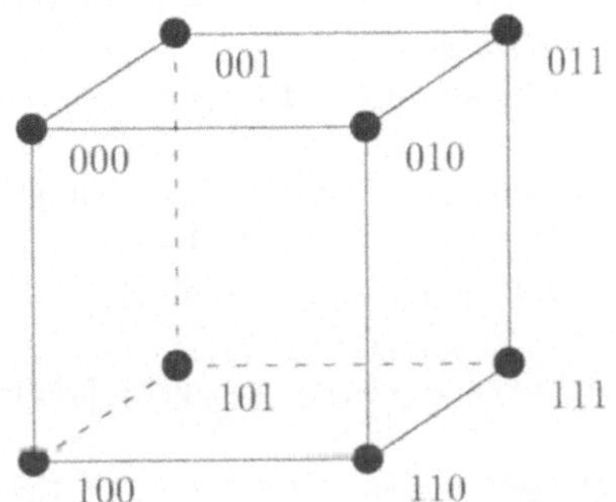

Abbildung 8.1: Hypercube mit 2^3 Knoten

Die Abbildung 8.1 zeigt die Form des Hypercubes, auf den in diesem Beispiel die Daten abgebildet werden. Die Knoten eines Hypercubes werden binär codiert, wobei in diesem Fall 3 Stellen notwendig sind. Dadurch existieren 3 Dimensionen, die für die Interprozessorkommunikation benutzt werden. In Abhängigkeit der Raumindizes i, j und k lassen sich somit folgende Kommunikationskonstrukte definieren:

$$
\begin{aligned}
Shift\ nach\ Oben: &\quad SHU(x(i,j,k)) \to x(i-1,j,k) \\
Shift\ nach\ Unten: &\quad SHD(x(i,j,k)) \to x(i+1,j,k) \\
Shift\ nach\ Hinten: &\quad SHB(x(i,j,k)) \to x(i,j,k+1) \\
Shift\ nach\ Vorne: &\quad SHF(x(i,j,k)) \to x(i,j,k-1) \\
Shift\ nach\ Links: &\quad SHL(x(i,j,k)) \to x(i,j-1,k) \\
Shift\ nach\ Rechts: &\quad SHR(x(i,j,k)) \to x(i,j+1,k)
\end{aligned}
$$

Folglich besitzt jede parallele Variable in der abgebildeten ASL–Spezifikation 8.3 die Raumindizes i, j und k.

ALGORITHM batcher

DEFINE

    DEFAULT INT;

EQUATIONS

$A(i,j,k,0) = bitonisch(i,j,k) : \{i=0..1\}, \{j=0..1\}, \{k=0..1\};$ /# 1 #/

$A0(i,j,k,p) = A(i,j,k,p-1) : \{i=0..1\}, \{j=0..1\}, \{k=0..1\}, \{p=1\}; /\# 2 \#/$

$A1(i,j,k,p) = SHU(A0(i,j,k,p)) : \{i=0..1\}, \{j=0..1\}, \{k=0..1\}, \{p=1\};$

                                                                      /# 3 #/

$A2(i,j,k,p) = SHD(A0(i,j,k,p)) : \{i=0..1\}, \{j=0..1\}, \{k=0..1\}, \{p=1\};$

                                                                      /# 4 #/

$a(i,j,k,p) = $ **IF** $A0(i,j,k,p) < A1(i,j,k,p)$ **THEN**

                   $A0(i,j,k,p)$

                   ELSE $A1(i,j,k,p)$ **FI** $: \{i=0\}, \{j=0..1\}, \{k=0..1\}, \{p=1\};$

                                                                       /# 5 #/

$a(i,j,k,p) = $ **IF** $A0(i,j,k,p) > A2(i,j,k,p)$ **THEN**

                   $A0(i,j,k,p)$

                   ELSE $A2(i,j,k,p)$ **FI** $: \{i=1\}, \{j=0..1\}, \{k=0..1\}, \{p=1\};$

                                                                       /# 5 #/

$A(i,j,k,p) = a(i,j,k,p) : $ $\{i=0..1\}, \{j=0..1\}, \{k=0..1\}, \{p=1\}; /\# 6 \#/$

$A0(i,j,k,p) = A(i,j,k,p-1) : \{i=0..1\}, \{j=0..1\}, \{k=0..1\}, \{p=2\}; /\# 7 \#/$

$A1(i,j,k,p) = SHB(A0(i,j,k,p)) : \{i=0..1\}, \{j=0..1\}, \{k=0..1\}, \{p=2\};$

                                                                      /# 8 #/

$A2(i,j,k,p) = SHF(A0(i,j,k,p)) : \{i=0..1\}, \{j=0..1\}, \{k=0..1\}, \{p=2\};$

                                                                      /# 9 #/

$a(i,j,k,p) = $ **IF** $A0(i,j,k,p) < A1(i,j,k,p)$ **THEN**

                   $A0(i,j,k,p)$

                   ELSE $A1(i,j,k,p)$ **FI** $: \{i=0..1\}, \{j=0\}, \{k=0..1\}, \{p=2\};$

                                                                     /# 10 #/

$a(i,j,k,p) = $ **IF** $A0(i,j,k,p) > A2(i,j,k,p)$ **THEN**

                   $A0(i,j,k,p)$

                   ELSE $A2(i,j,k,p)$ **FI** $: \{i=0..1\}, \{j=1\}, \{k=0..1\}, \{p=2\};$

                                                                     /# 10 #/

$A(i,j,k,p) = a(i,j,k,p) : $ $\{i=0..1\}, \{j=0..1\}, \{k=0..1\}, \{p=2\}; /\# 11 \#/$

$A0(i,j,k,p) = A(i,j,k,p-1) : \{i=0..1\}, \{j=0..1\}, \{k=0..1\}, \{p=3\};$

                                                                      /# 12 #/

$A1(i,j,k,p) = SHL(A0(i,j,k,p)) : \{i=0..1\}, \{j=0..1\}, \{k=0..1\}, \{p=3\};$

                                                                      /# 13 #/

$A2(i,j,k,p) = SHR(A0(i,j,k,p)) : \{i=0..1\}, \{j=0..1\}, \{k=0..1\}, \{p=3\};$

                                                                      /# 14 #/

$$a(i,j,k,p) = \textbf{IF} \quad A0(i,j,k,p) < A1(i,j,k,p) \ \textbf{THEN}$$
$$A0(i,j,k,p)$$
$$\textbf{ELSE} \quad A1(i,j,k,p) \ \textbf{FI} : \{i=0..1\}, \{j=0..1\}, \{k=0\}, \{p=3\};$$
$$/\# \ 15 \ \#/$$

$$a(i,j,k,p) = \textbf{IF} \quad A0(i,j,k,p) > A2(i,j,k,p) \ \textbf{THEN}$$
$$A0(i,j,k,p)$$
$$\textbf{ELSE} \quad A2(i,j,k,p) \ \textbf{FI} : \{i=0..1\}, \{j=0..1\}, \{k=1\}, \{p=3\};$$
$$/\# \ 15 \ \#/$$

$$A(i,j,k,p) = a(i,j,k,p) : \quad \{i=0..1\}, \{j=0..1\}, \{k=0..1\}, \{p=3\}; /\# \ 16 \ \#/$$
$$sortiert(i,j,k) = A(i,j,k,3) : \quad \{i=0..1\}, \{j=0..1\}, \{k=0..1\}; /\# \ 17 \ \#/$$

INPUT

$$bitonisch(i,j,k) : \{i=0..1\}, \{j=0..1\}, \{k=0..1\};$$

COMPUTE

$$sortiert(i,j,k) : \{i=0..1\}, \{j=0..1\}, \{k=0..1\}.$$

Spezifikation 8.3 *Sortieren auf einem 2*2*2–Hypercube*

Der Zeitindex p gibt den Schritt der Berechnung an. Insgesamt liegen 17 Gleichungen vor, wobei im INPUT–Teil eine bitonische Sequenz der Länge 8 eingelesen wird und jeder Prozessorknoten einen Zahlenwert zugewiesen bekommt. Nach der Abarbeitung der 17 Gleichungen liegt in der Variablen *sortiert* in jedem Prozessor ein Wert vor, so daß vom Prozessorknoten 000 bis 111 eine sortierte aufsteigende Zahlenfolge vorliegt.

Die Idee bei dieser Vorgehensweise ist die, daß jeweils die Werte der Prozessorknoten einer Dimension miteinander verglichen und gegebenenfalls vertauscht werden. Dazu sind zuerst die gegenüberliegenden Werte in die jeweils entgegengesetzte Richtung zu „shiften" und danach lokal in den Prozessorknoten die Vergleichsoperationen durchzuführen. Dies ist für alle 3 Dimensionen erforderlich, weshalb auch p=3 Schritte notwendig sind. Auffällig ist, daß einige Gleichungen den gleichen Order-Kommentar haben. Der Grund ist die parallele Ausführbarkeit dieser Gleichungen, da sie unabhängig voneinander sind.

Mit diesem Algorithmus ist das Sortieren einer bitonischen Sequenz auf einem Hypercube mit der Zeitkomplexität $O(ld\,n)$ möglich.

8.2 Zusammenfassung

Die Programmierung von Parallelrechnern widerspricht dem aktuellen Trend, Programme so zu gestalten, daß sie mit geringem Änderungsaufwand an die Anforderungen verschiedener Rechnertypen angepaßt werden können.
Ein Programm für einen bestimmten Parallelrechner muß stets in Abhängigkeit von dessen spezieller Programmiersprache und dessen spezifischen Hardware–Eigenschaften geschrieben werden.

Bei der Übertragung auf einen anderen Rechner ist das bereits vorhandene Programm nur noch in begrenzten Umfang verwendbar. Da eine Anpassung an die geänderten Hardware–Eigenschaften sehr aufwendig werden kann, ist es in der Regel sinnvoller, wenn nicht sogar notwendig, ein neues Programm zu entwickeln.

Hier wird ein Ansatz vorgestellt, der eine von der Hardware unabhängige Beschreibung eines Problems erlaubt. Diese in einer gebräuchlichen mathematischen Notation dargestellte Problembeschreibung kann aufgrund ihrer Rechnerunabhängigkeit als Basis für Programme der unterschiedlichsten Typen von Parallelrechnern verwendet werden.

Anstelle einer neuen Problembeschreibung braucht der Programmierer nur noch die zur Verfügung gestellten Werkzeuge aufzurufen, um ein an eine individuelle Hardware angepaßtes Programm zu erzeugen.

Die hier betrachteten Aufgabenstellungen, wie zum Beispiel das Lösen von (linearen) Gleichungssystemen, elementare Matrixoperationen, Sortierverfahren oder Optimierungsprobleme, stammen insbesondere aus den mathematisch–technischen Bereichen. Diese sind sowohl in der Forschung als auch in der Anwendung von elementarer Bedeutung.

Zahlreiche Beispiele dieser allgemeinen Problemstellungen werden problemgrößen- und hardwareunabhängig vorgestellt. Für ausgewählte Spezifikationen werden rechnerabhängige Transformation durchgeführt, die den Abbildungsprozeß repräsentieren.

Mit ASL (Algorithm Specification Language) wird letztlich eine prinzipiell neuartige Programmiertechnik vorgeschlagen, deren Zielsetzung es ist, den Grad der automatisch durchführbaren Transformationen im Rahmen einer effektiven und effizienten zielrechner–spezifischen Problemabbildung zu maximieren. Gleichzeitig findet eine Arbeitsentlastung für den Benutzer statt.

Damit wird im wesentlichen erzielt, daß Problem–Skalierbarkeit und Hardware–Portabilität für die parallele Softwareentwicklung genauso selbstverständlich werden, wie es bei der sequentiellen Softwareentwicklung schon lange der Fall ist.

8.3   Derzeitiger Stand und Ausblick

Das Gesamtkonzept zur Analyse, Transformation und rechnerspezifischen Abbildung
von ASL–Spezifikationen umfaßt sechs Phasen, wobei derzeit die ersten drei Phasen
vollständig implementiert sind.
Die Entwicklung der Sprache ASL ist syntaktisch und semantisch komplett abgeschlossen. Im Rahmen der ersten Phase des ASL–Compilers werden die syntaktische und semantische Analyse durchgeführt. Das Ergebnis dieser Phase ist
(eine korrekte ASL–Spezifikation vorausgesetzt) entweder ein Syntaxbaum in Interndarstellung oder wieder eine ASL–Spezifikation mit textuellen Substitutionen
und Expansionen, soweit Kurzschreibweisen verwendet wurden.

Neben der syntaktischen und semantischen Analyse führt der Compiler in der fol-
genden, zweiten Phase verschiedene algorithmus–spezifische hardware–unabhängige
Transformationen durch.
Insbesondere sind hierbei die problemgrößen–bestimmenden Parameter festzulegen.
Die wichtigsten Transformationen sind:

- Auflösung von OBTAIN-Konstrukten durch Einbindung der aufgerufenen Spezifikationen

- Auflösung und Ersetzung von benutzerdefinierten Funktionen

- Auflösung von FIRST-Konstrukten und Erzeugung einer IF-THEN-ELSE–
  Sequenz

Daneben werden alle unbekannten Datenstrukturen zerlegt und in mehrere Gleichun-
gen aufgeteilt. Das Ergebnis dieser zweiten Phase ist entweder ein transformierter
Syntaxbaum in Interndarstellung oder wieder eine neue (lesbare) transformierte
ASL–Spezifikation.

Die dritte und vorerst letzte vollständig implementierte Phase des Compiler–Systems
erzeugt die ASL–Normalform. Hierbei werden die elementaren Transformationen
realisiert, die – abhängig von den gegebenen Indexfunktionen – Berechnungs- und
Kommunikationsgleichungen voneinander trennen, also eine große Zahl völlig neuer
Gleichungen erzeugen. Auch in dieser Phase kann gewählt werden, ob die interne
Syntaxbaumrepräsentation als (lesbare) transformierte ASL–Spezifikation textuell
wieder ausgegeben werden soll. In Kapitel 7 werden dazu zahlreiche Beispiele
gegeben.

Zum gegenwärtigen Zeitpunkt wird daran gearbeitet, die Daten–Abhängigkeitsanalyse als Phase vier des Compiler–Systems zu implementieren. Dabei werden bekannte Analysetechniken verwendet, wie sie in der Literatur z.B. von Feautrier, Pugh
und Wolfe vorgestellt sind.

In der fünften Phase ist der rechnerspezifische Abbildungsprozeß durchzuführen.
Eine Reihe klassischer Verfahren, wie z.B. *slicing* oder *crinkling*, die insbesondere

bei SIMD–Rechnern angewendet werden, kommen hier in Betracht. Doch die Komplexität der potentiellen Abbildungsvarianten erfordert noch eine Reihe weiterer Techniken um ein effizientes Programm generieren zu können. Die theoretischen Arbeiten hierzu sind weltweit zentraler Forschungsgegenstand. Fast täglich werden neue Ergebnisse erzielt. Die besten Methoden werden nach und nach in Phase fünf integriert.

Die letzte, sechste Phase des Compiler–Systems wird ausführbare Maschinenprogramme erzeugen und zwar für beliebige Prozessortypen verschiedenster Rechnerarchitekturen. Die hierbei anzuwendenden Techniken werden aus der sequentiellen Programmiertechnik übernommen. Ein vorläufiges Testsystem erzeugt schon zum gegenwärtigen Zeitpunkt einen Pseudocode, der auf einem Simulator interpretiert wird, siehe hierzu Kapitel 7.

Parallel zu der Vervollständigung des Compiler–Systems wird eine Bibliothek von Standardalgorithmen angelegt, die dem Benutzer künftig die Spezifikation von Algorithmen in ASL sehr vereinfachen wird.

Zum Schluß sei noch auf die derzeitige Konzeption der aufwärtskompatiblen Weiterentwicklung von ASL zu ASL-II hingewiesen, womit zukünftig auch Probleme aus dem Bereich der μ-rekursiven Funktionen spezifiziert werden können.

Verzeichnis der Spezifikationen und Normalformen

Verzeichnis der BNF-Produktionen

Tabellenverzeichnis

Literaturverzeichnis

[And88]   E. Anderson. Parallel Implementation of Preconditioned Conjugate Gradient Methods for Solving Sparse Systems of Linear Equations. *CSRD Rpt. No 1035*, pages 25–36, August 1988.

[BBK84]   A. Bojanczyk, R. Brent, and H. Kung. Numerically Stable Solution of Dense Systems of Linear Equations using Mesh-Connected Processors. *SIAM Journal on scientific and statistical computing*, 5(1):95–104, März 1984.

[BC86]   M. Burke and R. Cytron. Interprocedural Dependence Analysis and Parallelization. In *SIGPLAN Symposium On Compiler Construction*, Juni 1986.

[Ber89]   J. Berntsen. Communication efficient Matrix Multiplication on hypercubes. *Parallel Computing*, 12:335–342, 1989.

[Bok81]   S. H. Bokhari. On the Mapping Problem. *IEEE Transactions on computers*, C-30(3):207–214, März 1981.

[Bra90]   T. Braeunl. *Massiv parallele Programmierung mit dem Parallaxis-Modell*. Springer Verlag, 1990.

[Bri89]   E. O. Brigham. *FFT Schnelle Fourier-Transformation*. R. Oldenbourg Verlag, München, 1989.

[Che86a]   M. Chen. A Parallel Language and its Compilation to Multiprocessor Machines or VLSI. In *Proceedings of the 13th Symposium on Principles of Programming Languages*, pages 131–139. ACM, 1986.

[Che86b]   M. C. Chen. A Design Methodology for Synthesizing Parallel Algorithms and Architectures. *Journal of Parallel and Distributed Computing*, 3(4):461–492, Dezember 1986.

[CK75]   S. C. Chen and D. J. Kuck. Time and Parallel Processor Bounds for Linear Recurrence Systems. *IEEE Transactions on Computers*, c-24(7):701–717, Juli 1975.

[CK91]   C. L. Cox and J. A. Knisely. A Tridiagonal System Solver for Distributed Memory Parallel Processors with Vector Nodes. *Journal of Parallel and Distributed Computing*, 13:325–331, 1991.

[CMP92]   P. Clauss, C. Mongenet, and G. R. Perrin. Synthesis of size-optimal toroidal arrays. *Parallel Computing*, 18(2):185–194, Februar 1992.

[Dei84]   H. Deitel. *An Introduction to Operating Systems.* Addison Wesley, 1984.

[DU87]   H. Dietsch and R. Ulrich. OCCAM - Eine Sprache für die Programmierung paralleler Prozesse. *Informationstechnik it*, pages 226–234, 1987.

[Erh90]   W. Erhard. *Parallelrechnerstrukturen.* Teubner Verlag, Stuttgart, Leipzig, 1990.

[ES92]   W. Erhard and M. Schwehm. Materialien zur Vorlesung Feldrechner – Struktur und Programmierung. Technical report, IMMD VII, Universität Erlangen-Nürnberg, 1992.

[FM67]   G. Forsythe and C. Moler. *Computer Solution of linear algebraic Systems.* Stanford University and University of Michigan, 1967. pp 132-136.

[FM84]   J. A. B. Fortes and D. I. Moldovan. Data broadcasting in linearly scheduled array processors. In *International Symposium on Computer Architecture*, pages 224–231, Juni 1984.

[FM85]   J. A. B. Fortes and D. I. Moldowan. Parallelism Detection and Transformation Techniques Useful for VLSI Algorithms. *Journal of Parallel and Distributed Computing*, 2(3):277–301, 1985.

[Fra93]   M. Franzmeier. Abhängigkeitsanalyse von abstrakten Algorithmus-Spezifikationen in ASL (in Arbeit). Studienarbeit, Universität Erlangen–Nürnberg, IMMD VII, 1993.

[FST89]   G. Fleig, A. Strey, and K. Thalhofer. Kurzhandbuch zur Einführung in die Programmierung des Feldrechners AMT DAP 510. Technical Report 8/88, Universität Erlangen IMMD VII, 1989.

[Gel93]   W. Gellerich. Charakteristische Eigenschaften und Konzepte von Programmiersprachen für Parallelrechner. Diplomarbeit, Universität Erlangen–Nürnberg, IMMD VII, 1993.

[GJ89]   C. Ghezzi and M. Jazayeri. *Konzepte der Programmiersprachen.* Oldenbourg Verlag, 1989.

[GR93]   M. M. Gutzmann and K. D. Reinartz. ψ-Rechner - Simulation und Leistunsbewertung massiv paralleler Architekturmodelle. Technical report, Universität Erlangen–Nürnberg, 1993.

[Gro93]   S. Gronemeyer. Realisierung von elementaren Kommunikationsmustern auf beliebigen Gitternetzwerken in ASL. Studienarbeit, Universität Erlangen–Nürnberg, IMMD VII, 1993.

[GS92]   M. M. Gutzmann and K. Steffan. PEPSIM-ST: a Simulator Tool for Benchmarking. In Goos and Hartmanis, editors, *CONPAR92-VAPP V*, pages 665–677. Springer Verlag, Lecture Notes in Computer Science 634, September 1992.

[Gut91]   M. Gutzmann. Performance Evaluation Of Parallel SIMD-Systems by Interpreting Automatically Transformed Algorithms On Simulated Architectures. In N.N.Mirenkov, editor, *Proceedings of the International Conference Parallel Computing Technologies*, pages 395–406. Computing Center Novosibirsk, USSR, World Scientific, September 1991.

[Gut93]   M. M. Gutzmann. *Leistungsbewertung von massiv parallelen Rechnermodellen.* Dissertation, Universität Erlangen–Nürnberg, 1993.

[HC80]   K. Hwang and Y. M. Cheng. VLSI Computing Structures for Solving LargeScale Linear System of Equations. In *Conference on Parallel Processing*, pages 217–227, August 1980.

[Hei92]   U. Heise. Korrektheitsanalyse von abstrakten Algorithmus-Spezifikationen in ASL (ASL-Anwendungs- und PSI-Parallelisierungsphase des PEPSIMProjektes). Diplomarbeit, Universität Erlangen–Nürnberg, IMMD VII, 1992.

[Hel76]   D. Heller. Some Aspects of the Cyclic Reduction Algorithm for Block Tridiagonal Linear Systems. *SIAM Journal on Numerical Analysis*, 13(4):484–496, September 1976.

[Hel89]   M. Helm. Analyse und Transformation von RGL-Gleichungsschablonen mit affinen Indexausdrücken. Studienarbeit, Universität Erlangen Nürnberg, November 1989.

[HJ88]   R. W. Hockney and C. R. Jesshope. *Parallel Computers 2: Architecture, Programming and Algorithms.* IOP Publishing Ltd., Bristol; Philadelphia, 2 edition, 1988.

[Hor89]   M. Hortmann. Berechnung zweidimensionaler laminarer Auftriebsströmungen mit Finite-Volumen-Mehrgittermethode. Diplomarbeit, Universität Erlangen–Nürnberg, Lehrstuhl für Strömungsmechanik, März 1989.

[Hos83]   F. Hoßfeld. *Parallele Algorithmen*, volume 64 of *Informatik-Fachberichte*. Springer-Verlag, Berlin; Heidelberg; New York; Tokyo, 1983.

[Iss92]   J. Isselhard. Automatische Codegenerierung für SIMD–Parallelrechner aus transformierten ASL-Spezifikationen. Studienarbeit, Universität Erlangen–Nürnberg, IMMD VII, August 1992.

[Joh87]   S. L. Johnsson. Solving Tridiagonal Systems on Ensemble Architectures. *SIAM J. SCI. STAT. COMPUT.*, 8(3):354–392, May 1987.

[KKP+81]   D. J. Kuck, R. H. Kuhn, D. A. Padua, B. Leasure, and M. Wolfe. Dependence Graphs and Compiler Optimizations. In *ACM Symposium on Principles of Programming Languages*, pages 207–218, Juni 1981.

[KLS77]   D. Kuck, D. Lawrie, and A. Sameh. *High speed computer and Algorithm Organization*, chapter Nonlinear recurrences and parallel computation, pages 317–320. D.S. Parker Jr., 1977.

[KMW67]   R. Karp, R. Miller, and S. Winograd. The Organization of Computations for Uniform Recurrence Equations. *Journal of the Association for Computing Machinery*, 14(3):563–590, 1967.

[KS73]   P. M. Kogge and H. Stone. A Parallel Algorithm for the Efficient Solution of a General Class of Recurrence Equations. *IEEE Transactions on Computers*, C-22(8):786–793, August 1973.

[KT77]   H. T. Kung and C. D. Thompson. Sorting on a Mesh-Connected Parallel Computer. *Communications of the ACM*, 20(4):263–271, April 1977.

[Kun80]   H. Kung. The structure of parallel algorithms. *Advances in computers*, pages 65–111, 1980.

[Kun82]   H. T. Kung. Why Systolic Architectures ? *IEEE Computer*, pages 37–46, Januar 1982.

[Lei92]   F. T. Leighton. *Introduction to Parallel Algorithms and Architecture: Arrays, Trees, Hypercubes*. Morgan Kaufmann Publishers, San Mateo, CA, 1992.

[LLBR75]   D. H. Lawrie, T. Layman, D. Baer, and J. M. Randal. Glypnir - A Programming Language for Illiac IV. *Communications of the ACM*, 18(3):157–165, 1975.

[McG82]   J. McGraw. The VAL Language: Desription and Analysis. *ACM Transactiopns on Programming Languages and Systems*, 4(1):44–82, 1982.

[ME91]   U. Meier and R. Eigenmann. Parallelization and Performance of Conjugate Gradient Algorithms on the Cedar Hierarchical Memory Multiprocessor. *CSRD Rpt. No 805*, pages 3–4, April 1991.

[MP87]   C. Mongenet and G. R. Perrin. *Lecture Notes in Computer Science*, volume 1, chapter Synthesis of Systolic Arrays for Inductive Problems, pages 260–277. J.W. de Baker, Juni 1987.

[MPC91]   C. Mogenet, G.-R. Perrin, and P. Clauss. A geometrical coding to compile affine recurrence equations on regular arrays. In *International Parallel Processing Symposium*, 1991.

[MSA⁺85]   J. McGraw, S. Skedzielewski, R. Allan, R. Oldehoeft, J. Glauert, C. Kirkham, B. Noyce, and R. Thomas. *Sisal Language Reference Manual Version 1.2*, 1985.

[NS79]   D. Nassimi and S. Sahni. Bitonic Sort on a Mesh-Connected Parallel Computer. *IEEE Transactions on Computers*, C-27(1):2–7, January 1979.

[Per79]   R. Perrott. A Language for Array and Vector Processors. *ACM Transactions on Programming Languages and Systems*, 1(2):177–195, Oktober 1979. (Beschreibung der Sprache Actus).

[Per88]   R. Perrott. *Parallel Programming*. Addison-Wesley, 1988.

[PFTV86] Press, Flannery, Teukolsky, and Vetterling. *Numerical Recipes - The Art of Scientific Computing*. Cambridge University, New York, 1986.

[PKK91] K. Psarris, D. Klappholz, and X. Kong. On the Accurancy of the Banerjee Test. *Journal of Parallel and Distributed Computing*, 12:152–157, Juni 1991.

[Qui84] P. Quinton. Automatic Synthesis of Systolic Arrays from Uniform Recurrent Equations. In *International Symposium on Computer Architecture*, pages 208–214, 1984.

[Raj89] S. V. Rajopadhye. Synthesizing systolic arrays with control signals from recurrence equations. *Distributed Computing*, 3(2):88–105, Mai 1989.

[RF87] S. V. Rajopadhye and R. M. Fujimoto. *Lecture Notes in Computer Science*, volume 1, chapter Systolic Array Synthesis by Static Analysis of Program Dependencies, pages 295–310. J.W. deBaker, Juni 1987.

[San93] T. Sandig. Abbildung von abstrakten Algorithmus-Spezifikationen in ASL auf PSI-Architekturen(in Arbeit). Studienarbeit, Universität Erlangen–Nürnberg, IMMD VII, 1993.

[Sed91] R. Sedgewick. *Algorithmen*. Addison-Wesley, Bonn; München; Reading,Mass. [u.a.], 1991.

[Sha88] E. Shapiro. A Subset of Concurrent Prolog and Its Interpreter. In E. Shapiro, editor, *Concurrent Prolog Collected Papers*. The MIT Press, 1988.

[Ste75] K. Stevens. CFD - A Fortran-Like Language for the Illiac IV. *ACM SIGPLAN Notices*, pages 72–76, März 1975.

[Sto73] H. S. Stone. An Efficient Parallel Algorithm for the Solution of a Tridiagonal Linear System of Equations. *Journal of the Association for Computing Machinery*, 20(1):27–38, Januar 1973.

[Str91a] A. Strey. *Ein Vergleich von Verbindungsnetzwerken für große SIMD-Parallelrechner*. Dissertation, Universität Erlangen–Nürnberg, 1991.

[Str91b] J. Stroiczek. Automatische Transformation von RGL-Spezifikationen mit affinen Indexausdrücken in eine SIMD-Normalform. Diplomarbeit, Universität Erlangen–Nürnberg, IMMD VII, März 1991.

[SZY89] Z. Shen, Z.Li, and P. Yew. An Empirical Study on Array Subscripts and Data Dependencies. In *International Conference on Parallel Processing*, volume 2, pages 145–152, August 1989.

[TH90] W. F. Tichy and C. Herter. Modula-2*: An Extension of Modula-2 for Highly Parallel, Portable Programs. Technical Report 4/90, Universität Karlsruhe, 1990.

[Tha89] K. Thalhofer. *Automatische Generierung von Programmen für SIMD–Parallelrechner aus Spezifikationen*. Dissertation, Universität Erlangen–Nürnberg, 1989.

[TS85]   J. Tremblay and P. Sorenson. *The Theory and Praxis of Compiler Writing*. McGraw-Hill, 1985.

[Ued88]   K. Ueda. Guarded Horn Clauses. In E. Shapiro, editor, *Concurrent Prolog Collected Papers*. The MIT Press, 1988.

[Wal88]   D. R. Wallace. Dependence of Multi-Dimensional Array References. In *International Conference on Supercomputing*, pages 418–428, Juli 1988.

[Wir85]   N. Wirth. *Programmieren in Modula-2*. Teubner Verlag, dritte edition, 1985.

[Xio92]   X. Xiong. Erweiterung und Implementierung der algorithmischen Spezifikationssprache ASL zur automatischen Erzeugung von Programmen für SIMD Parallelrechner. Diplomarbeit, Universität Erlangen–Nürnberg, IMMD VII, 1992.

[YC88]   Y. Yaacobi and P. Capello. *Lecture Notes in Computer Sciences*, volume 319, chapter Converting affine recurrence equations to quasi-uniform recurrence equations, pages 319–328. J.H. Reif, 1988.

Indexverzeichnis

Erhard/Fey
Parallele digitale optische Recheneinheiten

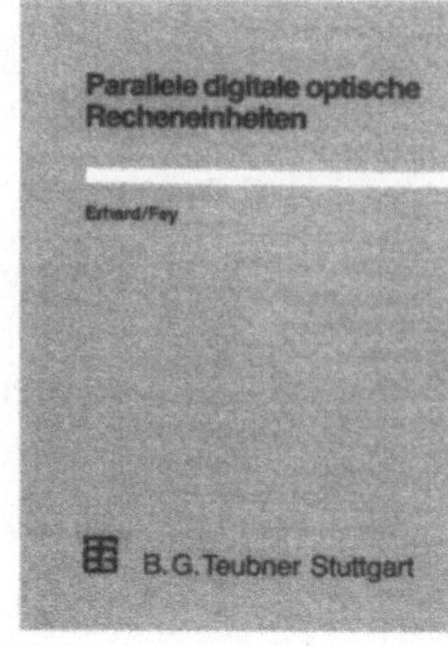

In den letzten Jahren wurden verstärkt Anstrengungen unternommen, Methoden der Optik für die Datenverarbeitung einzusetzen. Erste Anwendungen wurden insbesondere im Bereich der Kommunikation realisiert. Verstärkt wird aber auch versucht, die Verarbeitung von Daten optisch zu realisieren. Neben dem Nahziel, optische Datenübertragung und elektronische Datenverarbeitung in einem im weiteren als *»hybrid«* bezeichneten Rechensystem zu koppeln, wird in diesem Buch auch das Fernziel einer *rein optischen* Datenverarbeitung untersucht.
Die Schwerpunkte der Darstellung liegen in der Darstellung und Bewertung der unterschiedlichen Möglichkeiten optischer Datenverarbeitung. Dabei werden neben der reinen Hardware auch Bezüge zu darauf zu realisierenden Algorithmen hergestellt. Das Buch integriert neueste Forschungsergebnisse auf diesem Gebiet und ist im deutschen Sprachraum bisher in dieser Form und mit diesem Inhalt einmalig. Es ist aus der interdisziplinären Arbeit zwischen Informatikern und Physikern entstanden.

Von Prof. Dr.
Werner Erhard
und Dr.-Ing.
Dietmar Fey
Friedrich-Schiller-
Universität Jena

1994. 293 Seiten.
16,2 x 22,9 cm.
Kart. DM 42,–
ÖS 328,– / SFr 42,–
ISBN 3-519-02293-1

Preisänderungen vorbehalten.

B. G. Teubner Stuttgart